文物建筑

第 15 辑

河南省文物建筑保护研究院　编

科学出版社
北京

图书在版编目（CIP）数据

文物建筑. 第15辑 / 河南省文物建筑保护研究院编. —北京：科学出版社，2022.9

ISBN 978-7-03-073156-2

Ⅰ. ①文… Ⅱ. ①河… Ⅲ. ①古建筑－中国－文集 Ⅳ. ① TU-092.2

中国版本图书馆 CIP 数据核字（2022）第 168480 号

责任编辑：吴书雷 / 责任校对：杨 赛
责任印制：吴兆东 / 封面设计：张 放

科学出版社 出版
北京东黄城根北街 16 号
邮政编码：100717
http://www.sciencep.com

北京厚诚则铭印刷科技有限公司印刷
科学出版社发行 各地新华书店经销

*

2022 年 9 月第 一 版 开本：889×1194 1/16
2024 年 9 月第二次印刷 印张：13 3/4
字数：380 000

定价：**138.00 元**

《文物建筑》编辑委员会

顾　　问　杨焕成　张家泰

主　　任　杨振威

副 主 任　高　云

委　　员（以姓氏笔画为序）

马萧林　田　凯　吕军辉　孙英民　孙新民

任克彬　李光明　杜启明　陈爱兰　张得水

张斌远　张慧明　郑小玲　郑东军　赵　刚

贾连敏　秦曙光　徐　蕊　韩国河

主　　编　杨振威

本辑编辑　孙　锦

英文编辑　赵　莘

封面图片　付　力

主办单位　河南省文物建筑保护研究院

编辑出版　《文物建筑》编辑部

地　　址　郑州市文化路 86 号

E-mail　wenwujianzhu@126.com

联系电话　0371-63661970

文物建筑

目录

Contents

Traditional Architecture Research

文物建筑研究

中国典型倒塔——天宁寺塔建筑时代与抗震性能研究

杨焕成

（河南省文物局，郑州，450002）

摘 要：天宁寺塔系我国现存古塔中最典型的伞状倒塔，且运用部分因袭古制的袭古建筑手法，具有重要的研究价值。因历代修缮后遗留下来的建筑结构较为复杂等原因，其现存塔的建筑时代颇存争议，有建于五代后周说、宋金说、宋元说、金元说、元代说、明代说等，众说纷纭，莫衷一是。给该塔的保护、研究和利用工作带来很大困惑。本文根据现存塔不同时期的建筑结构、建筑手法、建筑材料、构件形制、雕刻内容、宋辽交界的塔位、不同特征辨析等进行比较研究，初步推定现存塔的建筑时代。并依其塔的选址、基础、建材、结构、施工及文献记载等，分析研究该塔的抗震性能。

关键词：天宁寺塔；建筑时代；抗震性能

我国现存最典型的伞状倒塔天宁寺塔（图一），位于河南省安阳市老城西北隅天宁寺内。系全国重点文物保护单位，安阳市地标性历史建筑。系八角形五级楼阁式砖木结构之塔，高 38.65 米，塔基周长 40 米。由于塔形奇特，受到社会各界的广泛关注。1963 年，由河南省人民委员会核准公布为河南省第一批文物保护单位，公布时代为"五代"；2001 年，此塔被公布为第五批全国重点文物保护单位，公布时代为"五代至清"。我国现有古代建筑史和有关古塔论著，无不将此塔作为中国名塔予以评介，但对塔之建筑时代有争议，有五代说、宋金说、宋元说、金元说、元代说、明代说等，众说纷纭，莫衷一是。给该塔的保护、研究与利用工作带来很大困惑；近年维修该塔时发现塔之选址、建筑结构、施工技术诸方面具有较强的抗震性能。有关同仁建议笔者就该塔的建筑时代与抗震性能问题发表看法。故冒昧撰此小文，请方家读者斧正。

图一 天宁寺塔

一、现存天宁寺塔建筑时代特征简析

　　天宁寺塔因其造型独特，加上频繁维修，故现存塔遗留下来的建筑材料、建筑结构、建筑手法等比较复杂，以一般鉴定古建筑的常规方法，难于准确判定该塔的综合建筑特征属于某个具体时代，只能将其分解为塔之某部分可能为哪个时代，或似有某时代的建筑风格，或依其最晚的建筑时代特征推测塔之建筑时代。如梁思成先生 1944 年编著的《中国建筑史》，将此塔归入元代建筑（见百花文艺出版社，1999 年版）；罗哲文《中国古塔》（中国青年出版社，1985 年版）言"五代后周广顺二年（952 年）就曾建有塔，现存之塔是明代建筑。"；张驭寰《中国名塔》（中国旅游出版社，1984 年版）："此塔可能建于金元时期，至于塔身的砖雕画像、图案、门窗装饰等又可能是明代增施的。"；罗哲文、刘文渊、刘春英《中国名塔》（百花文艺出版社，2000 年版）："此塔初建于五代，现塔是明代所建的，塔身塑饰佛、菩萨及佛传故事，均为明代风格。"；全国重点文物保护单位编委会《全国重点文物保护单位》（第一批至第五批）（文物出版社，2004 年版）："塔始建于五代后周广顺二年（952 年），宋、元、明、清历代均有修葺。塔身八根龙柱浮雕腾龙和卷云，八面门窗之上高浮雕……具有晚唐遗风。"；左满常《河南古建筑》（中国建筑工业出版社，2015 年版）："此塔初建于五代后周广顺二年（952 年），后经历代重修，现塔之结构保存了宋元时期风格。"；杜启明主编《中原文化大典·文物典·建筑》（中州古籍出版社，2008 年版）："此塔始建于五代后周广顺二年（952 年），现塔雕塑、铺作等部位有后维修特征"；河南省文物局《河南文物名胜史迹》（河南农民出版社，1994 年版）："此塔建于五代后周广顺二年（952 年），后经元、明、清及现代几番重修，下身辽式，上身藏式。"；甄学军《河南安阳天宁寺塔保护研究》（学苑出版社，2019 年版）："（塔）始建于五代后周广顺二年（952 年），北宋治平二年（1065 年）重修，元代延祐二年（1315 年）重修，明嘉靖三十九年（1560 年），清乾隆三十六年至三十七年（1771~1772 年）重修。"；国家文物事业管理局主编《中国名胜词典》（上海辞书出版社，1983 年版）："根据塔身造型、内部结构和檐下斗拱特点分析，此塔可能建于金、元时期，其砖雕画像图案及门窗等可能为明代增建"；河南省文物局《河南省文物志》上卷（文物出版社，2009 年版）："此塔初创于五代后周广顺二年（952 年），后经历代重修，现塔之结构保存了宋、元时期的建筑风格。"；杨宝顺《中国现存最典型的倒塔——安阳天宁寺塔》（《中原文物》2003 年第 3 期）："天宁寺内原在五代后周广顺二年（952 年）就建有塔。其时代应为创建于五代，现存之塔为金元时期重修的。"另有《中国古塔鉴赏》、《中国古塔精萃》等有关中国古塔或古建史、文物名胜辞典多记塔创建于五代后周广顺年间，未记现存塔的建筑时（年）代。可见现存塔由于重修（甚至重建）等原因，难以按古建筑建筑时代一般特征鉴定的常规，来准确认定某一个时代的塔，更不可能确定是某个年代之塔。所以才形成在上述有关记述此塔的论著中只记始建时代，而对现存之塔或回避建筑时代，或笼统记为具有金、元，或宋金时代的建筑风格。到目前为止未能形成有充分论据的建筑时代结论。笔者近年借出差安阳之机，到现场对塔之外部形象和建筑结构进行简单的考察，因为时间关系，未能深入勘测研究。仅就此次考察所获得的部分时代特征资料作如下探索性分析。

（一）建筑形制

此塔逆于我国古塔下大上小，形成外轮廓呈抛物线形，或下大上小形成锥体状的常规塔形，或呈现喇嘛塔、幢式塔、碑体塔等常见的传统塔形。而是下小上大成为伞状的倒置形的独特塔形。在塔之发源地印度至今尚无发现与此型塔相同的塔，窣堵波自汉代传入中国，与我国传统木构建筑相结合，创造出中国本土化佛教塔类建筑也均无此型塔。且根据古印度佛教几条传播路线传至世界各地的佛教建筑也无与此相同之塔。由中国传至朝鲜半岛和日本等地的佛教建筑也无此类塔形。我国虽在个别地方有下部稍小上部略大一点的古塔，但上下倒置不明显。唯有此塔呈下小上大伞状倒置形非常明显（图二），可谓已知最典型的"倒塔"。且不但塔身呈伞状的倒置形，而且最上层不是建攒尖形的塔顶，而是在第五层塔檐之上建起可容百人的大平台，平台周边采取安全措施，建造矮墙，既可礼佛，又可凭眺观光。更为殊妙的是在平台中央建起一座喇嘛塔（图三），成为整个塔体构造顶端直插云霄的塔刹，真可谓远观是塔刹，近看"塔上塔"，被誉为我国古塔建筑之奇葩。

图三　天宁寺塔塔顶平台与喇嘛塔

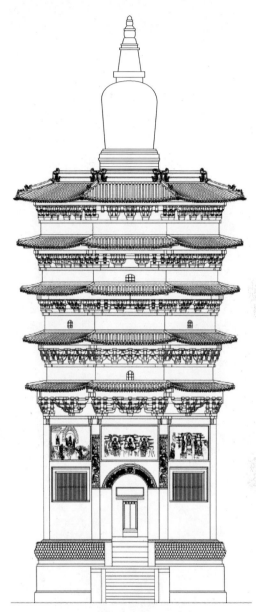

图二　天宁寺塔正立面图

（二）因袭宋、辽塔的特色及其建筑时代的推测

宋、辽相邻的交界地区，由于营造匠师多为汉人等原因，所以辽代建筑，特别是佛塔多受宋代建筑影响，具有宋代建筑特征。宋代建筑也受辽代建筑少部分建筑手法的影响。如河北定州开元寺塔（又名料敌塔）（图四）、河北武安市妙觉寺塔（图五），是两座高分别为83.7米和42.3米大型砖构楼阁式

宋塔，与豫北地区安阳县、滑县、内黄县、延津县等地现存的北宋时期大型砖塔的建筑形制是相同的，其建筑结构与建筑手法与宋《营造法式》的规定也相吻合。但与北京、内蒙古及东北地区的辽代塔的差异很大（图六）。安阳天宁寺塔，虽然建筑时代有争议，但塔身精美的高浮雕图像，业界多认为是明代增补的，甚至还有"晚唐遗风"之说。这些雕塑明显异于河南现存古塔的做法，有关著作认为是"辽式"做法。我国北方现存不少大型辽代砖塔，其造型是基台上建造须弥座，上置斗栱和平座，其上以莲瓣承托高大的塔身，表面再加装饰性的屋檐、门窗及枋、柱等，塔檐相距小而密，塔体雕塑较多为佛教故事的内容。这些建筑构造与特点，显然与时代相对应的宋代砖塔是不同的，特别是塔身满布雕塑佛传故事，河南境内现存古塔是不存在的。虽然河南等中原地区与之相对应的宋代大型砖塔塔身镶嵌有方形等佛像雕砖，但是这些佛像雕砖是单独一块一块嵌砌在一起，而北方辽代大型砖塔的雕塑是整体连续的反映某一佛传故事或建筑

图四　河北定州开元寺塔

图五　河北武安市妙觉寺塔

图六　辽宁辽阳白塔

形象，二者之不同是显而易见，具有不同的特
点。安阳天宁寺塔，在高达 10.5 米的塔身第一
层的八面壁体上，除辟门窗外，均雕塑有佛传故
事，正南面为三世佛像（图七；封二），中为法
身毗卢遮那佛，右为报身卢舍那佛像，左为应身
释迦牟尼佛。西南面为释迦佛说法像，其两侧为
侍立的弟子阿难、迦叶，其下为金刚力士像。正
西面为悉达多太子诞生像，右为王后出行仪仗，
左上角为二龙吐水浴太子像。西北面为释迦雪山
苦行修定像，左右为野鹿衔花、猴子送果供养
像。正北面为观音菩萨与善财龙女像，两边为护
法神像。东北面为天人说法佛像。正东面为释迦

图七　天宁寺塔塔身南面三世佛雕刻

佛涅槃像，其周围为诸大弟子像。东南面为波斯国王与王后侍佛闻法像，左右为侍臣送供像。这些
雕塑时代其上限不早于元代，其下限不晚于明代，其理由除雕塑内容和雕塑手法外，还有一条重要
的依据是雕塑图案中的格扇门为五抹格扇门（图八）。中国古建筑门窗的发展，宋代是一个重要时
期，因为一改以往只有板门、栅门的传统做法，从宋代早期出现了格扇门，故宋《营造法式》中对

图八　塔身雕塑"五抹格扇门"

格扇门有图、文并述，并对格扇门的组成构件
和雕刻内容等均有较详细的规定。这时的格扇
门为四个抹头的"四抹格扇门"，由抹头、格心、
腰华板、障水板四部分组成，且雕刻花纹比较
朴实。经辽金后，至元代出现"五抹格扇门"。
明代除仍使用五抹格扇门外，开始使用"六抹
格扇门"，如安徽徽州现存的明嘉靖年间的民居
六抹格扇门和河南郏县明代王韩墓出土的陶宅
院中的多座单体建筑的六抹格扇门等。已知清
代建筑使用六抹格扇门。由以上所述可知，即
从此塔的五抹格扇门推测塔身雕塑上限为元代，
下限为明代。再从此塔格扇门的格心、腰华板、
障水板的团龙、凤凰、牡丹等繁复雕刻看，推
断这些雕塑应为明代之作。

　　该塔身第一层檐下的大额枋出头雕刻与明
代建筑大额枋出头所雕刻的"类似霸王拳的做
法"基本相同（图九；封三），也佐证了塔身第一层砖雕图案的时代。此塔五铺作斗栱中竟使用批
竹昂形的耍头（图一〇），从昂形，特别是昂嘴薄而扁平的做法，与宋代建筑山西高平南赵庄二仙
庙大殿批竹昂的形制特点相似（见《文物》2019 年第 11 期），并与某些辽代中晚期建筑的批竹昂形
制相近。故此塔批竹昂之形制具有宋、辽中晚期批竹昂的特点。斗栱中使用斜栱（45°、60° 斜栱）

图九 大额枋出头雕刻

图一〇 斗栱之批竹昂形耍头

的做法（图一一），也应引起关注，因为辽代建筑中斗栱发生变化的最大特点是开始使用斜栱，不但出现 45°斜栱，稍后又出现了 60°斜栱（此时尚无斜昂）。宋代在与辽相邻地区也有少数建筑采用斜栱做法（图一二），此塔使用斜栱和批竹昂，不但说明塔建成后修缮次数较多，遗留不同时代的建筑构件和建筑手法也各不相同。造成不能以常规的古建筑鉴定特征判定此塔建筑时代的困难。根据塔身现存建筑材料，特别是塔砖的形制和尺寸分析。一部分较长、较薄的青砖可能为元代或元代以前的塔砖，塔身上部长仅为 30 厘米的小砖和塔身残破处修补的小型号砖，可能为清代补砌之砖。塔体砖砌技术，也表现出不同的时代特征（图一三），即大部分采用不岔分砌筑方法，系原塔体的主流砌法，部分岔分的做法，系后期补砌的做法。

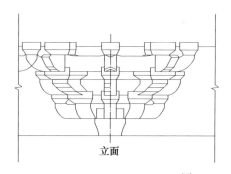

立面

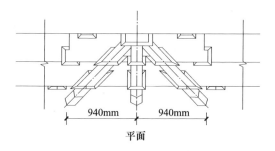

940mm 940mm

平面

图一一 一层补间铺作斜栱图

图一二 河北临城宋代普利寺塔斜栱

图一三 塔体砌筑方法

通过以上对该塔建筑结构和构件形制及建筑手法的简要分析（不含不露明隐蔽部分），可知现存之塔见不到五代后周初建时期的遗迹。也见不到清代重修时的主体遗存。清代，特别是清代乾隆三十六年至三十七年对天宁寺进行了较大规模的修建，据乾隆三十七年八月《重建古天宁寺图》碑（图一四）及其注释记载，共用银二万有奇，用时十九个月，其修建各种建筑物近五十座。并罗列修建殿、堂、楼、阁、亭等重建和重修具体情况。在记述天宁寺塔（又名文峰塔）时，仅记为"鼓楼之北为文峰塔，重为修饰"。未用记述其他殿宇时使用的"创建""重修"之词，而是用"修饰"一词，可见这次大规模修建，重在扩大寺院占地规模，"创建""重建"和"重修"木构殿宇，建造围墙等，而对此塔，仅是维护性的小修小补的"修饰"，故塔之露明部分尚无见到明显的清代"大修"痕迹，更无发现五代后周显德二年创建时的建造结构和建筑时代特征。因此可排除现存之塔建于五代后周和清代的可能性。加之塔顶平台上所建的元代砖构喇嘛塔，以及碑刻文献所记天宁寺始建于隋仁寿初，后周广顺、显德间重修；宋治平二年造浮图宝塔，元代延祐二年重修，明代重修（塔）后立于巨碑记之。结合现存塔的建筑结构、建筑材料、建筑手法等，综合研判，塔之建筑时代基本可定为宋元时期砖木结构楼阁式佛塔，明代大修增补壁体雕塑和更换部分构件，形成现存的塔型。

二、建筑特色探微

（1）独特的塔形：本文前述，该塔逆于中外古塔的传统塔形，不但塔体下小上大形成伞状形的"倒塔"，并且塔顶修建一座完

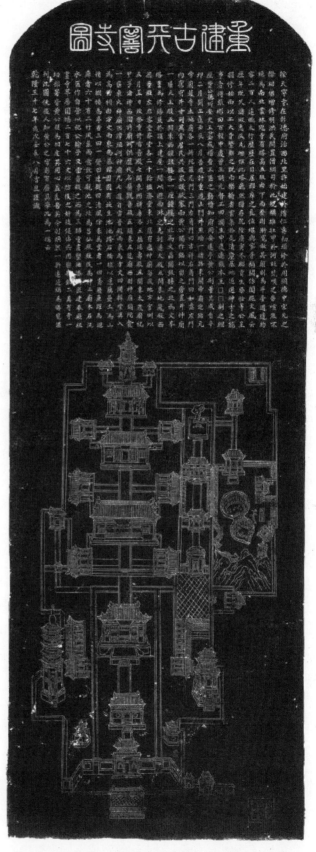

图一四　清乾隆三十七年八月《重建古天宁寺图》碑拓片

整的砖构喇嘛塔，形成"塔上塔"的独特塔形，成为塔类建筑的孤例。为古塔建筑研究提供了珍贵的实物例证。

（2）河南境内，现存的宋、金、元、明时期砖石塔，均使用传统的砖、石建筑材料，仅部分砖石塔使用木角梁、木刹柱（杆）及部分木（竹）筋等木质材料。此塔除使用木角梁等外，檐部使用圆形木质檐椽和方形木质飞椽，且椽头均无卷杀（图一五）。河南全省现存地面起建独立凌空的 600多座古塔中，使用木质檐椽和飞椽的砖石塔，仅此一例，洵为研究河南古塔非常重要的实物资料。

（3）斜栱和批竹昂的使用：我国辽代建筑和接近辽地区的北宋建筑中出现了"斜栱"（图一六）。此为斗栱结构的重大变革，一直影响着以后斗栱结构的发展变化。在河南境内现存的北宋木构建筑和砖石结构建筑，除此之外，均无使用"斜栱"之例。因安阳市在历史上与辽地较近，受其建筑影响，故使用"斜栱"。且与河北省临城县普利寺北宋塔双抄五铺作斗栱的斜栱相似（见《文物春秋》2004 年第 5 期 75 页）。此不但是该塔的建筑特点之一，更是研究该时期砖塔斗栱结构的重要实物例证。

图一五　圆形檐椽、方形飞椽（椽头均无卷杀）　　　图一六　河北正定隆兴寺宋代摩尼殿斜栱

该塔斗栱所使用的批竹昂耍头的形制特点也具有早期建筑的建筑风格，故也为此塔的建筑特征之一，为研究宋、辽塔相互影响的关系提供了重要的实物资料。

（4）塔身一层檐下五铺作斜栱栱头上的单材耍头所置齐心斗；斗栱中斗之耳、平、欹三者高度之比基本符合宋《营造法式》规定的 4：2：4 的比例关系；斗欹之𩑠度较深，制作规范等。均与早期斗栱制作手法相吻合。

（5）该塔现存的建筑结构、建筑工艺等，虽表现出多时代的特点，但总体上均为中原地域建筑手法，此为该塔非常突出的建筑特色。

（6）本文前述，该塔优美的造型。塔身满布雕塑图案，其雕塑技艺高超，雕刻手法娴熟，布局匀当，人物生动栩栩如生，犹如艺术殿堂。对研究佛教文化、造型艺术和雕塑艺术等具有重要的参考价值。

三、抗震防震性能初探

自然灾害中的地震，对古建筑造成不同程度的破坏，轻者建筑物局部损伤，重则全部坍塌夷为平地。该塔建成至今数百年来，粗略统计，安阳市（县）发生地震三十余次。特别是清代道光十年闰四月二十二日（1830年6月12日），河北省磁县彭城一带发生7.5级大地震，震中烈度达十度，安阳市（县）距震中最近处仅十余公里，其影响烈度达九度（部分地方影响烈度八度）。据地震后的碑碣（图一七、图一八）记载寺庙等古建筑"庙貌神像一时倾圮，即基址亦不周全""地震如雷，倏忽之间，庙宇倾圮""地震如雷，转眼间，居宅墙垣一并为之尽倾，而庙貌神像悉等于沙泥""地震成灾，凡寺所有尽皆倾圮""道光庚申年（地震），地裂山亦崩，倾倒房无数"，足见此次破坏性大地震对安阳古建筑造成的严重破坏。而天宁寺塔仍巍峨挺拔，屹立于安阳大地。究其原因，经勘查可知，该塔具有良好的抗御地震破坏力的性能。

图一七　安阳地震碑拓片

图一八 安阳地震碑拓片

（一）选址与基础

　　该塔建在地形开阔平坦，土质干燥密实之地，且塔之基础较深，地基面积也较大。据近年编制的《天宁寺塔地质勘察报告》可知"不存在对工程安全有影响的活动断层、滑坡、崩塌、采空区、地面沉降、地裂缝、泥石流等不良地质现象，也未发现河道、沟浜、墓穴、防空洞、孤石等对工程不利的埋藏物。""也未发现震陷等影响场地地质稳定的不良现象，故场地稳定适宜工程建设。……根据《建筑抗震设计规范》'本场地可划分为建筑抗震一般地段。'"这样的选址和塔之基础处理，其地基承载力能够满足防御地震的要求，不啻增强了塔体的整体性能，而且也使承载力比较一致，避免了不均匀沉降等弊端，使之基础部分的抗震能力得到了提高。

（二）塔体结构

　　① 经测算该塔在自重工况下，最大拉应力为 1.451MPa，最大压应力为 0.185MPa；在自重和风荷载工况下，最大拉应力为 1.456MPa，最大压应力为 0.186MPa，均未超过砌体的抗压强度标准值和弯曲抗拉强度标准值。从而可以看出，塔之整体结构在以上两种工况下是稳定的。利于抗御地震力的破坏。

　　② 塔体之体形整体较为简约规整，没有特别凸出或凹进等突变部分，使之结构连续对称，有较好的整体性能，是其抗御地震水平运动和垂直运动破坏力的重要条件之一。

　　③ 该塔塔门设置位置合理，即逐层变换门洞之方位（图一九），避免一些古塔由于各层门位集中设置在上下层同一方位，而削弱塔体的强度和整体性，造成通体或局部垂直裂缝的弊端。从而增强了抗震强度。

　　④ 塔檐下砌筑严实的额枋，起到了近现代建筑"圈梁"的作用，增强了塔身壁体的强度和整体性，提高了抗震能力。

　　⑤ 该塔的檐下使用用材较大的木质圆形檐椽和方形飞椽、角翼使用木质角梁等，因木材质富

图一九 变换塔门方位

于弹性，并起到了"木骨"的作用。这种木质的弹性结构有良好的抗震性能。

⑥ 塔身壁体的抗震作用，此塔壁厚达 3.7～4.8 米，且壁体高度一致，还设置有塔心木刹柱和隔断墙。提高了整体性能，增大了稳定强度，减少了地震时各部分运动的不协调。

（三）建筑材料与施工

建筑材料的选择和使用，对于增强古塔的抗震性能也是非常重要的。此塔虽为砖木混合结构之塔，但主要建筑材料为青砖，多数塔砖具有泥质细、火候高、品质优的特点，且砌筑方法运用得当，有利于抗御地震力的破坏。塔檐的木质橡飞原为柏木，此材质强度等级高，且耐腐蚀，具有塔体稳定抗震性能强的特点。

精心施工。工程施工质量优良是文物建筑抗御地震破坏力的重要条件之一。在相同的地震震级和地震烈度、震源深度的情况下，由于施工质量优劣的差异，建筑物受到震害的程度悬殊很大。通过对该塔详细考察，发现施工质量总体是良好的，塔之壁体砌筑平直，无论是几顺几丁的砌筑方法，也不论是采用灰缝岔分与不岔分的建筑技术，塔体上下层砖与砖之间均留有不规律（不岔分）或规律（岔分）的适度错开灰缝，且灰缝厚度误差小，比较均匀，这样不宜造成塔壁裂缝，使之具有良好的整体性；黏合剂选配得当，多数黏合剂黏结度强。砖体壁面干净，砖与砖间灰浆饱满，未发现带刀灰现象（即只在塔砖的砖体边、角处涂抹灰浆，形成砖体四边有灰浆，中间则成空洞的现象）。有的砌砖明显表现出经过水磨现象，不啻墙体美观，更使墙体稳固。特别是该塔壁体的转角处（此为砖塔建筑结构的薄弱部位）砌筑有砖与砖互相咬衔牢固的角柱，有利于抗御地震的性能。

根据有关专业单位的检测，该塔在抗震方面也存在不足之处，如在地震荷载作用下的剪应力不能满足现行建筑抗震规范要求，应引起文物保护部门的高度重视，以便采取相应的保护措施。

四、今日天宁寺塔

历史文物，不但有研究历史，传承中华文明，进行爱国主义教育和建设文化强国的巨大推动作用，还有其无可比拟的观赏性。特别是古代建筑中犹如"擎天巨柱，玉笋嵌空"的座座古塔，体现着"一塔嵯峨窘堵坡，凌云倒影壮山河。能于亭台楼阁外，点缀神州胜景多"的壮观绚丽的景观作用。我国著名建筑大师梁思成先生曾在他的著作中指出"作为一种建筑上遗迹，就反映和突出中国风景特征而言，没有任何建筑的外观比塔更为出色了"。通过上述对古塔的风景特征的评价，充分说明巍峨挺拔、绚丽多姿的古塔建筑在鉴赏古塔建筑艺术和发挥观光旅游作用之弥足珍贵的资源载体价值和非凡的魅力。而天宁寺塔除具备一般古塔共有的上述鉴赏和旅游价值及作用外，它独特的伞状倒塔的造型艺术之美和下为楼阁之塔上为喇嘛塔的"塔上塔"的奇观，以及精美的塑雕佛像和佛传故事，更是惟妙惟肖、婀娜多姿、栩栩如生。其画面布局匀适，线条柔和，雕刻精湛，形象生动，是古代塑雕艺术的珍品。甚至全国重点文物保护单位编委会编撰的《全国重点文物保护单位》（第一批至第五批）一书，认为这些塑雕"形象生动，古朴、端庄、丰满，具有晚唐遗风"。诸多涉及此塔造型和塑雕的论著均对其科学与艺术价值予以很高的评价。1977 年 9 月，时任全国政协副主席、著名佛学家赵朴初先生来豫考察工作时，专程参观考察此塔，并赋诗赞曰"层伞高擎窣堵波，洹河塔影胜恒河。更惊雕像多殊妙，不负平生一瞬过"。

此塔经过维修后，得到妥善保护，并成立了专门保护管理机构，常年对外开放，国内外游客络绎不绝。达到了文旅融合，保护与利用的良性循环。起到了弘扬传承我国优秀传统文化、增强民族自尊心和自信心，促进文化强国建设的重要作用。

Construction Era and Seismic Performance of the Typical Inverted Tianning Temple Pagoda

YANG Huancheng

(Henan Provincial Administration of Cultural Heritage, Zhengzhou, 450002)

Abstract: Tianning Temple pagoda is the most typical inverted umbrella-form pagoda among the existing ancient pagodas in China, and the using of ancient architecture techniques have significant research value. Due to the complex architectural structure left after the restoration of the past, the construction era of the existing pagoda is quite controversial. There are theories that the pagoda was built in the later Zhou Dynasty, Song-Jin Dynasties, Song-Yuan Dynasties, Jin-Yuan Dynasties, Yuan Dynasty, Ming Dynasty and so on, which brings great confusion to the protection, research and utilization of the pagoda This paper analyzes the architectural structure, architectural techniques, architectural materials, component forms, carving contents, towers at the junction of Song-Liao Dynasties, and discrimination of different features of the existing towers in different periods comparatively, so as to preliminarily infer the architectural age of the existing pagoda. Based on the site selection, foundation, building materials, structure, construction and literature records, the seismic performance of the pagoda is also studied.

Key words: Tianning Temple Pagoda, construction era, seismic performance

河南登封少林寺塔林金代喇嘛塔勘测与研究

吕军辉

（河南省文物建筑保护研究院，郑州，450002）

摘　要： 河南省现存金代古塔 23 座，主要以佛寺塔和墓塔为主，金代佛教墓塔主要分布在登封市少林寺塔林，共计 16 座，其中喇嘛塔 9 座。少林寺塔林喇嘛塔形制简洁，造型优美，时代特征显著，具有较高的科学、艺术研究价值。

关键词： 现状勘测；建筑形制；形制研究

一、少林寺塔林金塔概况及历史沿革

（一）概述

少林寺位于河南郑州市登封西北 13 公里的中岳嵩山南麓，东距河南省会郑州市 100 公里，西北与古都洛阳隔山相望。郑少洛高速公路穿城而过，交通便捷。少林寺因处于少室山脚密林之中，故名少林寺。少林寺始建于北魏太和十九年（495 年）。背依五乳峰，周围山峦环抱、错落有致。

少林寺塔林位于常住院西 280 米的坡地上，南临少溪河，北依五乳峰，塔林内古塔巍然屹立、形象各异，古塔周边古树参天，松柏茂密，故有"塔林"之称。少林寺塔林现存古塔 243 座，其中金代古塔 16 座，具有较高的历史、科学、艺术价值。

登封背依嵩山，东北与巩义市搭界，西北与偃师市相连，西部为九朝古都洛阳，西南与汝州市连接，东南与禹州市接壤，东部与新密市、郑州毗邻，郑少洛高速、永登高速穿城而过，交通便捷。

登封处于豫西山地向豫东平原过渡地区，山地、丘陵面积占全市总面积的 90%。境内有雄伟险峻的嵩山、箕山、大小熊山等；有错综起伏的丘陵如玉案岭、卢店岭、牧子岗、花椒岭等。形成了西北高、东南低的倾斜地势，地貌形态复杂，有山地、有丘陵、有盆地，也有河谷平原。嵩山属伏牛山系，是中国五岳之一，通称为中岳。

（二）历史沿革

登封是因女皇武则天封禅嵩山而得名，嵩山与泰山、衡山、华山、恒山并称为中国"五岳"名山。考古资料证明，距今 10 多万年以前，这里就有人类劳动、生息和繁衍后代。据清乾隆五十二年《登封县志》卷三载："夏阳城，《孟子》'禹避舜之子於阳城'……《史记·五帝本纪·正义》引魏王泰《括地志》'禹居洛州阳城者，避商均非时久居也'"。说明夏禹王曾建都或居住于登封告成（古称阳城），故有"禹都阳城"的记述。春秋、战国时期，阳城又先后成为郑国和韩国西面的军事重镇之一。秦、汉时，均设阳城县治。西汉元封元年（公元前 110 年），武帝刘彻游嵩山，划崇高山（嵩山）下三百户居民为崇高县（登封市前身）。隋大业元年（605 年），改崇高县为嵩阳县。唐通天元年（696 年），女皇武则天登嵩山封中岳神为天中王，为纪念这次"盛大典礼"的成功，改嵩阳县为登封县，改阳城县为告成县。五代后周显德五年（958 年），把告成县并入登封县。"登封"县名沿用至今未改。1949 年以前，登封县属河南府（府治在洛阳）管辖。中华人民共和国成立后，登封县先后归郑州市、开封专区、郑州市管辖。1994 年撤县设市，属郑州市管辖。2010 年 8 月 1 日联合国教科文组织第 34 届大会审议通过，将"天地之中" 8 处 11 项历史建筑列为世界文化遗产，其中包括少林寺建筑群（常住院、初祖庵、塔林）。

二、少林寺塔林金代喇嘛塔现状勘测

（一）衍公长老窣堵波

1. 外部形制及结构

衍公长老窣堵波位于塔林北区，建于金宣宗兴定二年（1218 年）。坐北面南，南偏东 12°。衍公长老窣堵波青石叠砌，由塔基座、塔身、塔刹三部分组成（图一），通高 2.33 米。

衍公长老窣堵波基座由基台和须弥座组成，基台三层青石叠砌，底层青石 98 厘米 × 98 厘米见方，高 34 厘米，青石四边素面，青石顶斜抹角 5 厘米。二层青石 82 厘米 × 82 厘米见方，高 31 厘米，青石四边素面，青石顶抹角 5 厘米。三层青石 70 厘米 × 70 厘米见方，高 23 厘米，青石四边素面，青石顶斜抹角 5 厘米。三层青石基座均略有收分。基座上为须弥座，须弥座为合莲、束腰、仰莲层组成，合莲层八角形，高 21 厘米，每边底边长 60 厘米，顶边长 21 厘米，每面雕刻蕉

图一 衍公长老窣堵波

叶壶门装饰，在转角处形成反叶足饰。束腰层八角形，高 23 厘米，每边长 21 厘米，南面、东南、西南、西面刻壶门，门内雕惹草如意头装饰图案。另外四面阴刻楷书"西京灵源禅院衍公禅师塔铭并序……兴定二年十月十五日志隆同建"。仰莲层做圆形仰莲露盘，高 21 厘米，露盘下部直径 5 厘米，上部直径 7.4 厘米，露盘浮雕三层仰莲瓣，露盘上为塔身。

衍公长老窣堵波塔身青石制作为圆钟形，高 80 厘米，直径 60～70 厘米，塔身顶直径 30 厘米，塔身下部阴刻伞状纹，塔身南面雕刻塔额，楷书"西京灵源院衍公长老窣堵波"。

塔身顶部有卯洞，按窣堵波式塔的形制推断，其上可能有与卯洞相配装的构件或塔刹。

2. 建筑及结构形制研究

（1）据文献记载，衍公（？～1215 年），法名

慧衍，西京大同里人，西京灵源院僧人金贞祐三年（1215 年）圆寂，世寿四十七，僧腊二十五。
金兴定二年（1218 年），其门徒明德和少林寺住持志隆为其建塔安葬灵骨于少林寺塔林。衍公长老
窣堵波在束腰处阴刻楷书"西京灵源禅院衍公禅师塔铭并序……兴定二年十月十五日志隆同建"。
明确了塔的建筑年代，弥足珍贵。

（2）印度的桑契大塔是早期佛教窣堵波的典型代表。衍公长老窣堵波系保存印度式古塔特征较
多的石构窣堵波，特别是塔身采用鼓形（半圆形球体）的做法，与印度式塔塔身极为相近。据吴庆
州先生所写《中国佛塔塔刹形制研究》一文（图五、3），具有较高的科学研究价值。

（3）衍公长老窣堵波基座采用三层青石叠落的做法，与隋大业七年（611 年）济南神通寺四门
塔及河南安阳宝山灵泉寺北齐双塔基座做法相同，衍公长老窣堵波具有早期古塔的建筑特征。

（4）衍公长老窣堵波须弥座合莲层每面蕉叶壸门装饰，在转角处形成反叶足饰。束腰层采用壸
门内雕惹草如意头装饰图案及仰莲层采用圆形仰莲露盘，浮雕三层仰莲瓣的做法，在现存河南唐宋
古塔塔刹中较为常见。

（二）铸公禅师之塔

1. 外部形制及结构

铸公禅师之塔位于塔林北区，窣堵波式石塔，建
于金哀宗正大元年（1224 年）。坐北面南，南偏东
13°。铸公禅师之塔青石叠砌，由塔基座、塔身、塔刹
三部分组成（图二），通高 2.70 米。

铸公禅师之塔基座由基台和须弥座组成，基台三
层青石叠砌，底层青石 120 厘米 ×120 厘米见方，高
23 厘米，底层青石下部埋于地下无法勘测，青石四边
素面，青石顶抹圆弧边。二层青石 90 厘米 ×90 厘米
见方，高 36 厘米，青石四边素面，青石顶抹圆弧边。
三层青石 77 厘米 ×77 厘米见方，高 38 厘米，青石四
边素面，青石顶抹圆弧边。三层青石顶上为须弥座，
须弥座由合莲、束腰、仰莲层组成，合莲层八角形，
高 34 厘米，每边长 26 厘米，每面雕刻蕉叶壸门装饰，
在转角处形成反叶足饰。束腰层八角形，高 31 厘米，
每边长 21 厘米，南面、东南、西南三面刻壸门，门
内雕惹草如意头装饰图案。其余五面阴刻碑铭，楷书

图二　铸公禅师之塔

"铸公禅师塔铭……师姓杜，应州浑源人也……世寿五僧腊二十有八。大金正大元年重五日立"。仰
莲层做圆形仰莲露盘，高 24 厘米，露盘下部直径 57 厘米，上部直径 64 厘米，露盘浮雕二层仰莲
瓣，露盘上为塔身。

铸公禅师之塔身青石制作为圆钟形，高 85 厘米，直径 60～74 厘米，塔身下部阴刻伞状纹，塔身

顶圆弧形，且顶部有卯洞，深 3.5 厘米，直径 5 厘米。塔身南面雕刻塔额，楷书"铸公禅师之塔"。

依据窣堵波式塔的形制推断，塔身顶部卯洞可能有与卯洞相配装的构件或塔刹。

2. 建筑及结构形制研究

（1）据文献记载，铸公法名广铸，应州浑源人，少林寺住持。正大元年圆寂，建塔安葬灵骨于少林寺塔林。铸公禅师塔在素腰处阴刻楷书"铸公禅师塔铭……师姓杜，应州浑源人也……世寿五僧腊二十有八。大金正大元年重五日立"。明确了塔的建筑年代，弥足珍贵。

（2）铸公禅师之塔与衍公长老窣堵波形制、做法相同，依据印度式塔的特征，具有较高的科学研究价值。

（3）铸公禅师之塔须弥座合莲层每面蕉叶壶门装饰，在转角处形成反叶足饰。束腰层采用壶门内雕惹草如意头装饰图案及仰莲层采用圆形仰莲露盘，浮雕三层仰莲瓣的做法，与衍公长老窣堵波相比，铸公禅师之塔的雕刻工艺更加细腻、精美，具有较高的艺术研究价值。

（三）德公殿主之塔

1. 外部形制及结构

德公殿主之塔位于塔林北区，石构喇嘛塔，坐北面南，南偏东 20°。德公殿主之塔青石叠砌，由塔基座、塔身、塔刹三部分组成（图三），通高 2.16 米。现状勘测塔铭中尚能辨识"大定三年春"五字，故推测此塔可能为金大定三年（1163 年）或金大定年间建筑。

图三　德公殿主之塔

德公殿主之塔青石基座为须弥座做法，具体做法：牙脚石 95 厘米 ×95 厘米见方，高 12.5 厘米，四边雕刻惹草纹。罨牙石 95 厘米 ×95 厘米见方，高 12.5 厘米，四边素面。束腰 75 厘米 ×75 厘米见方，高 12 厘米，四边素面。涩平石层 95 厘米 ×95 厘米见方，高 8.5 厘米。涩平石上为圆形覆钵，高 12 厘米，覆钵下部直径 88 厘米，上部直径 78 厘米，覆钵雕刻覆莲。再上为圆形露盘，露盘高 30 厘米，其下部直径 78 厘米，上部直径 88 厘米，露盘雕刻三层仰莲。露盘上为圆鼓形塔身。

塔身圆鼓形，高 93 厘米，上下直径 54 厘米，中间圆鼓形直径 66.5 厘米，塔身南面阴刻塔铭"嵩山少林禅寺殿主德公"并叙"大定三年春"等字，其他字字迹风化不可识。塔身背面阴刻塔铭"德公殿主之塔"。显然塔背刻文应为塔额，按照前额后铭的常规，此塔前后位置应为放置颠倒或后人维修时所为。塔身上为石质八角形亭阁式宝盖。宝盖雕刻有脊和瓦饰，塔檐高 6 厘米，塔檐伸出塔身 19 厘米。塔檐翼角微微翘起，顶部塔刹已不复存在。

2. 建筑及结构形制研究

（1）据碑铭和相关资料记载，德公法名道德，俗姓李，孟州河阳□水人，出家少林寺，任殿主。德公殿主之塔塔身南面阴刻塔铭"嵩山少林禅寺殿主德公"并叙"大定三年春"等字。塔身背面阴刻塔铭"德公殿主之塔"。明确了塔的建筑年代。

（2）铸公禅师之塔须弥座采用菎牙石、束腰、涩平石等做法，具有较典型的宋《营造法式》须弥座的特点，该塔沿袭了宋代须弥座的建筑特征，具有较高的研究价值。

（3）铸公禅师之塔不仅保留了印度窣堵波塔的建筑特点，同时在塔基、塔身采用了覆钵、露盘、宝盖的做法，传承了中国佛教古塔的建筑特征，如唐代登封法王寺唐塔塔刹、广西桂林唐代木龙洞石塔等，具有较高的科学研究价值。

（四）无名塔 I

1. 外部形制及结构

该塔位于塔林北区，建于金世宗大定二十年（1180 年）。石构喇嘛塔，坐北面南，南偏东 22°。塔由基座、塔身、塔刹三部分组成（图四），通高 1.69 米。

塔基座须弥座由于土壤掩埋，无法勘测，从现场勘测发现，其须弥座与德公殿主之塔较为相近，现存须弥座涩平石层 87 厘米 ×87 厘米见方，高 8 厘米，青石四边素面。涩平石上为圆形覆钵，高 4 厘米，覆钵下部直径 63.6 厘米，上部直径 51.6 厘米。覆钵上束腰做圆鼓形绶花，上下直径 51.6 厘米。再上为圆形露盘，露盘高 29 厘米，其下部直径 51.6 厘米，上部直径 78 厘米，露盘雕刻二层仰莲。露盘上为圆鼓形塔身。

塔身圆鼓形，高 75 厘米，上下直径 45.6 厘米，中间圆鼓形直径 66.8 厘米，塔身南面阴刻塔铭从现状勘测塔铭中尚能辨识"塔之记，大定十年四月日建"。故此塔为金代大定年间建筑。塔身上为石质八角形亭阁式宝盖。宝盖雕刻有脊和瓦饰，塔檐高 6 厘米，塔檐伸出塔身 17 厘米。塔檐翼角微微翘起，顶部塔刹已不复存在。

图四　无名塔I

2. 建筑及结构形制研究

（1）据塔铭看，"塔之记，大定十年四月日建"。故此塔为金代大定年间建筑，塔的建筑年代明确，弥足珍贵。

（2）该塔与德公殿主之塔形制及造型极为相近，属保存印度窣堵波式古塔特征较多的石构喇嘛塔，具有较高的科学研究价值。

（3）塔的覆钵、圆鼓形绥花、露盘等做法，具有较典型唐、宋时期塔刹的建筑特点，具有较高的研究价值。

（五）无名塔Ⅱ

1. 外部形制及结构

该塔位于塔林北区，石构喇嘛塔，坐北面南，南偏西9°。该塔青石叠砌，由塔基、塔身、塔刹三部分组成（图五），通高1.38米。

图五　无名塔Ⅱ

塔基由上、下两部分组成，现状塔基被滑坡土体掩埋，自然地面以上仅露出方形基座54厘米×54厘米见方，高10厘米，基座上部为八边形基台，基台顶做小覆盆，总高26厘米，基台边长52厘米×52厘米见方，基台每面均为素面。

塔身为圆鼓形，高51厘米，上下直径44厘米，中间鼓形直径50厘米。西面开半圆拱形塔门，门高25.5厘米，宽30厘米，门扉上残留有石雕门锁。塔身背面刻塔铭，风化严重，无从辨识。

从喇嘛塔形制看，该塔刹系后人从他处移置，非原有刹件。

2. 建筑及结构形制研究

此塔虽无建筑年代的直接证据，但该塔造型与相近的金代石构喇嘛塔相似，且与其他金塔位置相邻，为同时期寺僧建塔之地。又根据塔基、塔身雕刻及特征分析，该塔应为金代建造。

（六）无名塔Ⅲ

1. 外部形制及结构

该塔位于塔林北区，石构喇嘛塔，坐北面南，南偏东28°。该塔青石叠砌，由塔基、塔身、塔刹三部分组成（图六），通高1.90米。

塔基座须弥座由于土壤掩埋，无法勘测，从现场勘测发现，其须弥座与无名塔Ⅰ较为相近，具体做法为：牙脚石79厘米×79厘米见方，高10厘米。牙脚石上为罨牙石71厘米×71厘米见方，高6厘米。束腰67厘米×67厘米见方，高6厘米。牙脚石、罨牙石、束腰四边均为素面。涩平石层74厘米×74厘米见方，高7厘米。涩平石上为圆形覆钵，高4厘米，覆钵下部直径60厘米，上部直径 50 厘米，覆钵雕刻覆莲。覆钵上束腰做圆鼓形绶花，绶花雕饰双菱图案，下部直径 50 厘米，上部直径 34 厘米。再上为圆形露盘，露盘高 20 厘米，其下部直径 34 厘米，上部直径 70 厘米，露盘雕刻三层仰莲。露盘上为圆鼓形塔身。

塔身为圆鼓形，高 65 厘米，上下直径 50 厘米，中间鼓形直径 56 厘米。塔身南壁刻塔额，额书"□□和尚之塔"，额下刻方形塔门，宽 20 厘米，高 27 厘米，上槛雕门簪二枚。双扇实榻门各雕门钉三路，每路三钉。门前雕刻方形门墩。塔身上为石质八角形亭阁式宝盖。宝盖雕刻有脊和瓦饰，塔檐高 6 厘米，塔檐伸出塔身 20 厘米。塔檐翼角微微翘起。

塔刹仅存露盘，露盘雕刻仰莲瓣一周，高 20 厘米，顶部直径 40 厘米，底部直径 27.4 厘米。露盘顶部塔件遗失。

图六　无名塔Ⅲ

2. 建筑及结构形制研究

（1）该塔与无名塔Ⅰ形制较为相近，塔的覆钵、圆鼓形绶花、露盘等做法，具有较典型唐、宋时期塔刹的建筑特点，具有较高的研究价值。

（2）塔门形制及门簪做法系宋、元时期的传统做法，根据与相邻几座金代石构喇嘛塔的特点比较分析，该塔应为金代建造。

图七　无名塔Ⅳ

（七）无名塔Ⅳ

1. 外部形制及结构

该塔位于塔林北区，系石构喇嘛塔，坐北面南，南偏东 15°。该塔青石叠砌，由塔基、塔身、塔刹三部分组成（图七），通高 1.41 米。

塔基底部牙脚石八角形，每边长 26 厘米×26 厘米见方，高 5 厘米，牙脚石八边素面。牙脚石上为圆形覆钵，高 5 厘米，覆钵下部直径 60 厘米，上部直径 54 厘米，覆钵雕刻覆莲。覆钵上束腰做圆鼓形绶花，高 9 厘米，绶花无雕饰，上、下直径 54 厘米。再上为圆形露盘，露盘高 20 厘米，其下部直径 54 厘米，上部直径 78 厘米，露盘雕刻二层仰莲。露盘上为圆鼓形塔身。

塔身为圆鼓形，高 76 厘米，上下直径 54 厘米，中间鼓形直径 64 厘米。塔身南壁拱券形塔门，宽 28 厘米，高 40 厘米，直高 30 厘米，上槛雕方形门簪二枚。双扇实榻，门上刻门锁，门前雕刻方形门墩。塔身上为石质八角形亭阁式宝盖。宝盖雕刻有脊和瓦饰，塔檐高 3 厘米，塔檐伸出塔身 14 厘米。塔檐翼角微微翘起。塔身背面刻塔铭，因风化严重已无法识别。

塔刹上现为二层圆形刹座，高 13 厘米，疑为后人从他处移置，非原有刹件。

2. 建筑及结构形制研究

（1）该塔与无名塔三形制较为相近，塔的覆钵、圆鼓形绶花、露盘等做法，具有较典型唐、宋时期塔刹的建筑特点，具有较高的研究价值。

（2）塔门形制做法系宋、元时期的传统做法，根据与相邻几座金代石构喇嘛塔的特点比较分析，该塔应为金代建造。

（八）方公监寺塔

1. 外部形制及结构

方公监寺塔位于塔林北区，石构喇嘛塔，坐北面南，南偏东 30°。该塔青石叠砌，由塔基、塔身、塔刹三部分组成（图八），通高 1.58 米。

方公监寺塔基座为青石须弥座做法，现牙脚石埋于地下。合莲石 41 厘米 ×41 厘米见方，高 4 厘米。束腰 37 厘米 ×37 厘米见方，高 5 厘米。仰莲石 41 厘米 ×41 厘米见方，高 5 厘米。合莲石、束腰、仰莲石四边均素面。再上为涩平石层 53 厘米 ×53 厘米见方，高 8 厘米。涩平石上为圆形覆钵，高 4 厘米，覆钵下部直径 47 厘米，上部直径 43 厘米，覆钵雕刻覆莲。覆钵上束腰做圆鼓形绶花，上下直径 43 厘米。再上为圆形露盘，露盘高 20 厘米，其下部直径 43 厘米，上部直径 63 厘米，露盘雕刻三层仰莲。露盘上为圆鼓形塔身。

塔身为圆鼓形，高 71 厘米，塔身南面刻有塔额，额文风化不可识别。塔额下雕刻双扇实榻门，每扇门横向雕三路门钉，纵向雕四路，门高 30 厘米，宽 18 厘米。塔身背面刻有塔铭，依稀可识"方公监寺塔铭，法师俗姓李，法讳口方，五十三……而少林寺"等字。塔身上为石质八角形亭阁式宝盖。宝盖无脊和瓦饰，宝盖檐高 3 厘米，伸出塔身 17 厘米。其翼角微微翘起，顶部塔刹已不复存在。

图八　方公监寺塔

2. 建筑及结构形制研究

（1）据塔背面阴刻碑铭"方公监寺塔铭，法师俗姓李，法讳口方，五十三……而少林寺"，加之塔的形制做法与相邻几座金代石构喇嘛塔的特点比较分析，此塔建筑年代应为金代。

（2）方公监寺塔形制与上述金塔形制较为相近，塔的覆钵、圆鼓形绶花、露盘等做法，具有较典型唐、宋时期塔刹的建筑特点，具有较高的研究价值。

（九）淳公之塔

1. 外部形制及结构

淳公之塔位于塔林北区，石构喇嘛塔，坐北面南，南偏东30°。该塔青石叠砌，由塔基、塔身、塔刹三部分组成（图九），通高1.69米。

塔基座基座边长100厘米×100厘米见方，高12厘米。基座上为八角形牙脚石，每边长27厘米，高15厘米。其上为合莲石每边长25厘米，高3厘米。束腰每边长24厘米，高6厘米。仰莲石每边长25厘米，高3厘米。合莲石、束腰、仰莲石均素面。再上为涩平石层每边长27厘米，高7厘米。涩平石上为圆形覆钵，高7厘米，覆钵下部直径59厘米，上部直径53厘米，覆钵无雕刻图案。覆钵上为露盘，露盘雕刻一层仰莲。露盘上为圆鼓形塔身。

塔身为圆鼓形，高60厘米，塔身南面刻有塔额"淳公之塔"。塔身背面塔铭，因风化严重，铭文不可识。塔身上为石质八角形亭阁式宝盖。宝盖雕刻有脊和瓦饰，宝盖檐高4厘米，伸出塔身13厘米。其翼角微微翘起，顶部塔刹已不复存在。

图九 淳公之塔

2. 建筑及结构形制研究

（1）据塔南面阴刻碑铭"淳公之塔"，该塔无论从形制做法和与相邻几座金代石构喇嘛塔的特点比较分析，此塔建筑年代应为金代。

（2）淳公之塔形制与上述金塔形制较为相近，塔的覆钵、圆鼓形绶花、露盘等做法，具有较典型唐、宋时期塔刹的建筑特点，具有较高的研究价值。

三、结　语

少林寺塔林金代窣堵波和喇嘛塔不仅传承了印度喇嘛塔的特征，而且在形制上融入了中原佛教文化特点，在河南省唐、宋古塔的调研中未发现窣堵波和喇嘛式塔，自金代后元、明、清河南出现了大量喇嘛式塔，因此，少林寺塔林金代窣堵波和喇嘛塔对后世佛教文化传播与发展影响深远，具有较高的研究价值。

参 考 文 献

郭黛姮主编:《中国古代建筑史·宋辽金西夏建筑》, 中国建筑工业出版社, 2003 年。

(清)洪亮吉、陆继萼等纂:《登封县志》(中国方志丛书), 成文出版社有限公司印行, 1976 年。

吴庆洲:《中国佛塔塔刹形制研究》,《古建园林技术》1994 年第 4 期。

杨焕成:《塔林》, 少林书局, 2007 年。

Investigation and Research on the Lama Pagoda of Jin Dynasty in Shaolin Temple of Dengfeng in Henan

LV Junhui

(Henan Provincial Architectural Heritage Protection and Research Institute, Zhengzhou, 450002)

Abstract: There are existing 23 pagodas of Jin Dynasty in Henan, mainly Buddhist temple pagoda and tomb pagoda. A total of 16 Buddhist tomb pagodas are mainly located in Pagoda Complex of Shaolin Temple in Dengfeng, including 9 lama pagodas. These lama pagodas have concise shape, elegant style, significant era characteristics, and prominent scientific and art research value.

Key words: current situation survey, architectural form, form research

蓟州古塔调查与考述

彭　昊　罗心舒　刘荣浩

（南开大学历史学院，天津，300000）

摘　要：蓟州位于天津市北部，具有悠久的佛教信仰历史，遗留下丰富的与佛教相关的不可移动文物资源。其中，古塔作为重要的佛教建筑具备特殊的研究意义。蓟州的古塔大致分为密檐式塔、楼阁式塔、亭阁式塔、幢形塔、喇嘛塔等几种形制；塔的属性大致都和舍利的瘗埋有关。开展对于蓟州古塔的梳理，将有利于推动古建筑、地方史、宗教史研究工作的深入开展。

关键词：蓟州；古塔；盘山；佛教建筑

在中华大地上存在着众多历经沧桑、巍巍矗立的古代建筑——古塔。作为一种专门的建筑门类，古塔具有其独特的建筑风格和精神意涵。由于塔在中国的创始与营建多与佛教的传播有关，并在地方群众的精神生活领域扮演重要角色，所以古塔的价值已经超出其作为建筑物本身所体现出的古代营建技术与建筑装饰工艺等方面的价值，成为地方宗教环境空间与自然环境空间的重要组成。

蓟州坐落于燕山南麓，辽金时期便成为京畿地区佛教活动的重镇，有着悠久的古塔修建历史和历时完整的古塔建筑发展脉络，以及存世数目可观的古塔类不可移动文物遗存。这些古塔形制繁多，属性不同，对蓟州佛教发展历程、探究中国古代建筑营建历程、探究宗教建筑布局与景观互动具有重要的研究意义。

一、现存蓟州古塔的形制类型

蓟州的古塔营建最早见于唐代，一直延续到清代乃至民国。按照形制划分，大致可将这些古塔分成密檐式塔、楼阁式塔、亭阁式塔、幢形塔、钟形塔和喇嘛塔等。

（一）密檐式塔

密檐式塔产生于南北朝时期，在宋辽金之后成为古塔建筑中的主流形制之一。其主要特征是：第一层塔身高大，而其上每层距离又特别短，层层塔檐紧密相接。在第一层塔身上多开辟佛龛、门窗、仿木结构砖石柱子和斗栱，有些还带有造型多样的砖雕[①]。蓟州地区现存众多密檐式古塔。

①天成寺舍利塔。又称"古佛舍利塔"。位于盘山天成寺大雄宝殿西侧。始建于唐，辽天庆年间重修。塔为八角密檐十三级砖塔，沟纹砖垒砌，通体淡黄色，塔身通高22.67米，边长3.38米。塔基建在石砌台基之上。台基分上下两层，下层为正方形，上层为八角形，台基上建八角束腰须弥座，全部用石条层层垒砌，为明代重修时改砌，高2.8米，束腰处无砖雕，每面隔板两块，中间用

---

①　夏志峰、张斌远：《中国古塔》，浙江人民出版社，1996年，第185页。

宝瓶相隔，转角立柱。束腰须弥座上出平台，台上砌出仰莲三层，承托八角亭式塔身。塔身八面均有仿木作雕刻。正南面设门，通过门洞可进入塔室。东、西、北皆为砖雕假门，砌出门楣、抱框、门簪等仿木构造。门为四抹槅扇，格心式样，有斜方格纹和联环纹，素裙板。其余四面雕斜方格纹方窗，窗外加笼形格子，倚柱作八角形的一半，墙面起凹，砌出阑额和普拍枋，各转角出五铺斗栱一朵单抄单下昂。中间施补间斗栱一朵，出斜栱，承托高大的十三层密檐，檐叠涩，檐缘出凹，出檐逐层递减，轮廓略呈卷杀（图一）。

②多宝佛塔。又称"少林寺塔"。位于盘山少林寺遗址东，龙首岩上。明崇祯七年始建，清顺治九年竣工。该塔为八角实心密檐式，由塔基、塔身、塔刹组成。塔基石砌，设栏围护；塔身前有门可入塔内，内设佛龛。左右后三面有砖雕假门，东北、东南、西北、西南四面，各有砖雕槅扇窗；有密檐十三层，下放上收；仿木砖雕五踩斗栱，檐上铺瓦件小兽；塔刹风铎铜制，下粗上细（图二）。

图一 天成寺舍利塔 图二 多宝佛塔

③万松寺普照禅师塔。位于盘山万松寺仙人桥东侧。建于明万历二年。平面六角形，砖木结构。塔高10米。由塔基、塔身和塔刹组成。塔基为石砌，砖雕斗栱平座，转角处雕出塔幢，上接五层密檐和塔刹（图三）。

④万松寺太平禅师塔。位于盘山万松寺前。建于明万历四十三年。平面六边形，砖石结构。塔高12米。由塔基、塔身和塔刹组成。塔基为石砌，砖雕斗栱平座，转角处雕出塔幢，上接五层密檐和塔刹（图四）。

图三 万松寺普照禅师塔

图四 万松寺太平禅师塔

⑤彻公长老灵塔。位于盘山天成寺古佛舍利塔西侧，元大德元年五月二十五日建。塔身平面八角形，花岗岩构件叠砌。塔高约4米。由塔基、塔身、密檐、塔刹组成。塔基呈须弥座，上枭和下枭分别呈莲花座样式，束腰出龟首。塔身正面刻有"彻公长老灵塔"塔铭（图五）。①

⑥上方寺和尚塔。位于盘山上方寺周围。始建年代不详。共三座。两座位于上方寺西侧山坡，东西排列，均为花岗岩密檐式实心塔，由基座、塔身、相轮和塔刹组成，塔基下有地宫。其中东边塔为六角形塔基，六角柱形塔身，六角形五层相轮，南面刻有塔铭，塔已倾圮。

⑦白岩庵塔体。位于盘山九华峰下白岩庵西侧约500米处，依坡临涧。始建年代不详。共有石塔九座。均为花岗岩实心密檐塔，由塔基、塔身和塔刹组成。塔基上有莲花托载塔身，塔身均为六角柱形，三至五层不等。

图五 彻公长老灵塔

① 本书编写组：《天津 河北古建筑》，中国建筑工业出版社，2015年，第86页。

⑧古中盘塔林中约有 14 座此类型的墓塔。主要分为六边形塔身密檐石塔和球体塔身密檐石塔两种形式。六边形塔身密檐石塔一般为须弥座塔基；塔身形似微缩版的密檐塔，但塔身无繁缛装饰，正立面一般留出长方形凹龛。塔刹由仰莲和宝珠组成。球体塔身密檐石塔一般为须弥座塔基；塔身第一层为椭球体，有的为实心，有的开拱形券龛，内部有中空龛室。密檐式塔顶向上收分，形似宝相轮样式。

（二）楼阁式塔

楼阁式塔有砖砌、砖石混筑、木制等几种材质。后逐渐产生了砖石仿木构的实心塔体，蓟州现存的楼阁式塔有蓟州白塔、定光佛舍利塔和福山塔。

①蓟州白塔。蓟州白塔又叫"独乐寺塔"或"观音寺塔"。位于蓟州独乐寺南部，塔有院，白塔位于塔院正中，延续了塔式建筑传入中国初期作为寺院主体建筑的布局思想。

蓟州白塔塔体分为内、外两层（图六、图七）。内部塔体建于辽代，今天我们可以见到的外部是明代重修后的遗存。外塔全高 30.6 米。白塔由塔座、重檐塔身、半球状覆钵和十三天相轮组成。塔基须弥座设砖雕平座、每面三间、柱头四铺作。须弥座另刻有 24 组伎乐俑砖雕，各角有汉雕像，姿态生动，像是在极力支顶塔身。上下 3 层各角共有 24 只惊鸟铃。塔身把楼阁的底层尺寸加大升高，而将以上各层的高度缩小，使各层屋檐呈密叠状。首层四面设券门，塔身下层八角各有小型幢塔，檐与檐之间不设门窗。白塔上部砌作覆钵式。顶刹为十三天相轮。

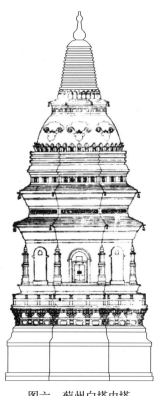

图六 蓟州白塔内塔
（图片采自《天津蓟县独乐寺塔》）

图七 蓟州白塔外塔
（图片采自《天津蓟县独乐寺塔》）

包砌在内的辽塔，为平面八角形组合式覆钵楼阁式砖塔。残高 24.5 米。剥掉包砖得知，塔自第一层檐向上全经包砌，并且有二次包砖大修。第一次从覆钵向上包，重建十三天相轮。第二次包砌了第一层檐上的八面柱状体．又扒去覆钵东半部第一次包砖重包，在覆钵南面砌佛龛；并在塔身南面开门，改假门为真门，通下层塔室，在室内建佛坛，门道立碑，形成现在面貌。被包砌部分的内容是，第一层宽 40 厘米，八面，带状缠枝莲花。花带上出第二层檐。檐上做壶门，高 40 厘米，八面，每面三个，内各镶高浮雕戴宝冠的坐像一尊。壶门往上至覆钵间有 1.6 米因外皮剥落，情况不明。覆钵高 2.75 米，浮雕悬鱼八组，正南有门通上层塔室。覆钵上又作八面柱状体，每面置壶门二，内镶砖雕奔兽、花卉图案。中立瓔项，转角立宝瓶。其上又出第三层檐，叠涩内收，八角皆挂风铎。①

② 定光佛舍利塔。位于盘山挂月峰顶。唐咸通九年建，后经辽、明、清多次重修。八角形砖塔。高 13.3 米。石砌须弥式座，上侧刻仰莲花饰一周。第一层塔身南面设门，楣嵌"定光佛舍利塔"字样，其余各面均为仿木砖雕门窗，门窗下各镶高浮雕跏跌坐石造像三尊。上部砌砖雕斗栱承托叠涩塔檐，檐上为第二层塔身，每面设佛龛三个。再上为叠涩锥尖形塔顶，上置塔刹（图八）。②

③ 福山塔。位于蓟州区五百户镇段庄子村东南福山顶上。建于辽代。塔通高 21 米，砖石结构，平面呈八角形。整体分为塔座、塔身和塔刹三部分组成。

塔座下部为八角形条石基座，由五层青石条垒砌而成。基座之上建束腰须弥座。上部为青砖砌成，外皮为民国三年重修时包砖，砌成柱状八面体。正南面镶有民国三年重修记事碑一通，碑文为"古浮屠"三个大字，落款为"中华民国甲寅乙巳四村敬立"。束腰四周八面均饰砖雕，内容有松柏、葡萄、凤凰、牡丹、花木、桥梁、山水、人物等。转角立扁柱，雕刻花卉。其上接一层平座斗栱，每面各饰五铺作重栱计心造一朵，转角处置转角铺作，栱眼壁用"剔地起突"法雕宝相花。斗栱之上挑出平座，平座之上起盆唇形仰莲，托起整个塔身。

图八　定光佛舍利塔

塔身为八角形，高 2.32 米。正南面开门洞，砌出门楼，硬山坡顶，额枋上书"观音大士"。东、西、北面雕仿木结构假门，有门簪、门楣、抱框等。门楣雕宝相花，整门板上雕一花瓶，内插

---

① 中国考古学会：《中国考古学年鉴（1984）》，文物出版社，1984 年，第 76 页；天津市历史博物馆考古队、蓟县文物保管所：《天津蓟县独乐寺塔》，《考古学报》1989 年第 1 期；本书编写组：《天津、河北古建筑》，中国建筑工业出版社，2015 年，第 85~86 页。

② 国家文物局：《中国文物地图集 天津》，中国大百科全书出版社，2002 年，第 116 页。

鲜花，坐于莲台之上，表示奉花于佛之意。门两侧上方有一对飞天。飞天正中和两侧各雕一座方形小塔。东南、东北、西南、西北四面各有两个砖砌塔幢，塔幢为半八面体凸出塔面。转角处为半八角形倚柱，柱与柱之间置阑额，柱头上施普拍枋，上面分置五铺作重栱计心造的补间铺作和转角铺作斗栱一朵，承托伸出的叠涩檐。

图九 福山塔

塔身以上是三层阁楼，与塔身相接。一层阁楼平座斗栱出一跳，栏杆华版呈卧棂状，栏板花饰内容为瓜果、花草等。平座上仍作仰莲，以上用立棱砌砖，仿佛木构直棂窗。转角各出兽头伸出塔外，呈吐水嘴状。其上为仰莲与第二层阁楼平座斗栱相接，斗栱上承出檐。每层皆以斗栱挑出双重栏板，斗栱为四铺作单抄华栱一跳，八个转角处各一朵，补间各一朵。下层雕卧棂栏杆，上层雕花卉。栏板上亦出小盆唇形仰莲，承托每层塔身。每层塔身上用竖砖砌成叠涩，呈栏杆状。上覆小叠涩。层层内收，减低。

最上为塔刹，早年已毁。根据砖雕偈语的描述，后世重修时，重新设计了下为覆钵、中作露盘、上承相轮宝珠的砖制塔刹样式（图九）。

（三）亭阁式塔

亭阁式塔是印度窣堵坡与我国传统亭阁建筑结合的产物。初期见于石窟的石刻之中，后来被一般用作高僧墓塔。早期多石制塔体，体型较小；后期变得高大，多为砖砌。

① 黑石崖和尚塔。位于五百户镇黑石崖村南震虎峪，始建于明万历二年。塔基面积 16 平方米，八角形亭阁式砖塔。高约 6 米。塔身上为二层砖雕檐，再上为覆钵，顶立葫芦形石雕塔刹，刹座为砖雕仰莲。塔身北侧有 "阿弥陀佛" 横额，另有竖写 "弘治十二年五月吉时，万历元年□□□四日子时" 等字样，落款为 "万历二年五月"。塔基北侧、南侧均有盗洞，塔身南半部被掏空。塔顶和北面的横额均已丢失（图一○）。

② 五龙山和尚塔。位于五百户镇五龙村南，五龙山南坡下。始建年代不详。塔身通体砖砌，高 4 米。平面六角，塔基砖砌须弥式基座，顶做仿木砖檐，塔顶残缺。塔身、塔底都有盗洞，塔身略向东南倾斜，塔基损毁严重，南面塔檐下有镶嵌的匾额上书 "五龙山蓬莱万古长春"。塔四周还有散落的青砖，东南侧存碑座一个（图一一）。

③ 上方寺石塔。坐落于盘山上方寺东 "峻极于天" 石牌坊西北，年代不详。又称 "老和尚坟"，块石垒成，六角形，高 2 米。其中一面上开有一方形石龛。檐叠涩，檐缘出凹。塔刹不存（图一二）。

④ 觉先和尚塔。位于盘山天成寺西部。塔始建年代不详，现塔为当代修建。方形单层亭阁式砖结构墓塔。正面刻有 "觉先和尚塔" 塔铭。[1]

---

① 倪景泉：《蓟州谈古》，天津人民出版社，2005 年，第 272 页。

⑤普化和尚塔。疑建于唐代。位于盘山天成寺飞帛涧西侧，近年，盘山管理处在清基时发现石构件，现已复原、归安，传为普化和尚塔，是方形亭式石塔。塔为三块花岗岩叠砌，通高3米。平面呈方形，塔身略有残缺，塔顶攒尖（图一三）。①

⑥古中盘塔林中约有七座亭阁式石塔。这类墓塔一般塔基呈须弥座；塔身为方形或六边形。四角攒尖顶。塔正面多设石供桌。

图一〇　黑石崖和尚塔

图一一　五龙山和尚塔
（图片采自《天津古代建筑》，第38页）

图一二　上方寺石塔

图一三　普化和尚塔

---

① 本书编写组：《天津古代建筑》，天津科学技术出版社，1989年，第38页。

（四）幢形塔

这一类型的塔形如石幢，多为和尚墓塔性质。

行明禅师塔。位于盘山千像寺西南 500 米，建于明成化十年。塔通体高 7 米，保存较好。塔基呈须弥座，上有仰覆莲花承托塔身。塔身五面有线刻佛像，一面为塔铭，惜已无存。塔身呈六角幢形，有塔檐五级。顶设露盘宝瓶塔刹。塔前原有碑，现仅存碑座。塔前原有砖塔数座，现仅存塔基（图一四）。

图一四 行明禅师塔

（五）喇嘛塔

也称窣堵坡塔。方形基座，塔身下宽上窄，形如倒扣的钟。实心塔体，顶部微隆起。塔的正面有的镌刻塔铭。

①法天恒公和尚塔。位于盘山西甘涧净土庵遗址东侧。建于清代乾隆年间。石砌，方形基座，上有钟形圆形塔身，高 1.5 米。塔旁另有两座造型相同的石塔，高 1.6 米（图一五）。

②古中盘塔林中见有两座该型墓塔，形似法天恒公和尚塔，石砌，只是均未刻有塔铭。

③万松寺砖塔。位于盘山万松寺周围。年代不详。塔体下部为一券顶石室，中部收束，上部呈椭球状，开有尖顶小龛（图一六）。

图一五 法天恒公和尚塔

图一六 万松寺砖塔

④ 观音庵石塔。位于盘山观音庵东侧。始建年代不详。和尚灵塔两座，均高 1.5 米。一座为八角形石砌，一座为方形石砌基座，覆钵式塔身。

二、中国古塔发展历程中的蓟州古塔

蓟州的古塔基本都和舍利的瘗埋有关。塔所埋藏的舍利，从等级上来说有两种：一种是佛的舍利，包括佛的真身舍利或者影身、感应舍利等；而另一种则是"灰身塔"所埋葬的高僧舍利[①]。蓟州古塔的舍利埋藏兼具这两种情形，本文将安置佛舍利，形制上宏大雄伟的称"佛舍利塔"；埋葬高僧火化后骨灰的"灰身塔"称作僧人墓塔，这两种类型是蓟州古塔的基本属性。

首先讨论佛舍利塔，佛舍利塔一般都作为寺院的建筑重要组成部分，有塔院的主体建筑和寺院的附属建筑两种。

塔作为塔院的主体建筑即早期佛寺建造理念中的"中心塔"——寺庙的兴修围绕其展开。蓟州白塔在相当一段时期内被认为是此思想指导下的建筑实践。《蓟州志》有记载曰："白塔寺在州西南隅，不知创自何年，以寺内有白塔故名。于乾隆六十年直隶总督梁公肯堂奉旨重修白塔。"[②] 这说明在明清时期人们认为白塔寺是围绕白塔兴修起来的，白塔是"白塔寺"建寺的核心。但梁思成曾指出白塔正建立在独乐寺之南北中线上，自阁远望，则不偏不倚；故其建造应该和独乐寺的修建是一体规划的，可谓独乐寺平面配置中之一部分[③]。在无法探明白塔寺的具体兴修年代之前，二说都不可偏废。不过蓟州白塔的性质是明确的，由于在塔室中出土有清宁四年纪年的舍利函，上刻"释迦佛舍利六尊"和"定光佛舍利十一尊"的字样，该塔即归属于佛舍利塔之列。[④]

寺院围绕佛塔修造的实例还有盘山上的云罩寺和定光佛舍利塔。定光佛舍利塔追溯修建源流可至唐代，傅光宅在《重修佛舍利塔碑记》中有载："盘山佛刹如棋布，舍利塔独踞山之巅，隆起云霄间，远可以百里望见。唐道和中，智源禅师建，藏佛舍利六十颗、佛牙一具。自建迄今，千有余岁，代有修者。太康中惠源、成化中本源、嘉靖中圆成，以次营葺，并有碑记。"而云罩寺根据文献记述"构宇则始自道宗，旧名降龙庵，万历三十年敕赐云罩寺"[⑤]，这里的"道宗"并非指辽道宗，而是唐代僧人"释道宗"。塔位于山峦的顶峰之上，在其平台可俯瞰云罩寺，这一建寺行为是为更好供奉定光佛舍利和佛牙，在建筑群的主次关系上当为塔在前，寺在后。

作为寺院的附属建筑存在的舍利塔一般位于寺院的外围的院落，或在寺院中的一隅。天成寺舍利塔就是其中之一（图一七）。塔坐落于天成寺西部，塔内藏"神龙亲奉舍利三万余颗"，据记载始建于唐代，辽天庆年间重修；天成寺也始建于唐代，旧名福善寺，后赐名天成寺[⑥]。大致可理解为塔和寺庙是同时兴修的。而从天成寺的建筑布局上看并不同白塔寺相仿，以白塔为中心修建佛堂与殿宇——而是塔与佛堂建筑并列（图一二）。这种塔殿并列的布局唐代开始流行，究其原因，是塔和

---

① 谷赟：《辽塔研究》，中央美术学院博士学位论文，2013 年。
② 道光《蓟州志》卷之三《坛庙》，第 60 页。
③ 梁思成：《蓟县观音寺白塔记》，《中国营造学社汇刊》1932 年第三卷第二期"独乐寺专号"。
④ 天津市历史博物馆考古队、蓟县文物保管所：《天津蓟县独乐寺塔》，《考古学报》1989 年第 1 期。
⑤ 乾隆《钦定盘山志》卷 5《寺宇》，第 27~28 页。
⑥ 乾隆《钦定盘山志》卷 5《寺宇》，第 6~7 页。

殿同为佛，同为崇拜对象之故。西方是日没处，是涅槃的主要归宿处，因此，瘗埋舍利的塔建于西侧，殿建于东侧①。同时，这一时期的古塔多置身寺院园林环境之中，兼容自然空间与宗教空间。古塔壮丽的建筑形象对于雕琢自然环境，使之向园林化方向发展具有不可替代的作用。

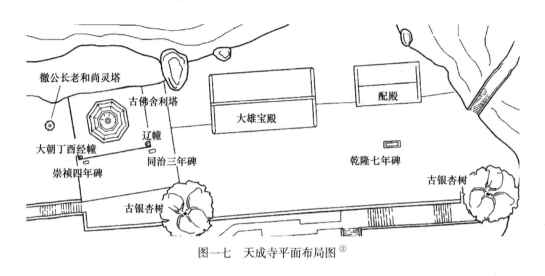

图一七　天成寺平面布局图②

　　再谈及僧人墓塔。这类佛塔其用意是为盛放高僧大德的舍利或骨灰；不同于瘗埋佛舍利的古塔，这类塔体态一般较小，形制上有密檐式、亭阁式、楼阁式和和尚墓塔等多种类型。其形制演变具有较为明显的发展脉络，即由大到小，由繁趋简。早期的墓塔有个别体型十分高大，如少林寺的多宝佛塔。多宝佛塔始建年代不详，可知该塔起先高有二百尺，元代至元年间被道士毁坏，直至清顺治末年才得以重建完成。关于其属性，文献中有言："宝积禅师塔。康熙壬寅大博禅师曾于上方塔院中见断碣，上有宝积塔字，疑建塔承之……乃多宝佛塔也，在寺东北隅。"③这说明多宝佛塔是宝积禅师的墓塔。其始建年代虽然不能确定，但至迟到元代至元年间；相比盘山上残存的诸多高僧墓塔，其积年久长，在形制和布局上也具有独一无二的特性。多宝佛塔坐落在紧靠寺庙建筑群东北的龙首岩上，尽管不存在于寺庙之中，不从属于寺庙内的建筑空间，但在设计时应考虑到了塔与佛殿的互动，共同组成了少林寺的宗教空间。考虑到建于唐代的普化和尚塔和元代的彻公长老灵塔均坐落于天成寺寺庙范围之内，我们推测蓟州早期的僧人墓塔营建是将其与殿宇建筑的组合纳入寺庙布局考量的。

　　明清之际的僧人墓塔并不高大，材质上分石制和砖砌两种。体量上看石塔一般小于砖塔。蓟州明清时期的墓塔形制十分多元。建于明成化年间的行明禅师塔为幢形石塔；建于明弘治的黑石崖和尚塔是砖砌亭阁式塔；建于明万历的万松寺普照禅师塔是砖砌密檐式塔……有的塔是独立建立的，如黑石崖和尚塔；有的墓塔成集群状态，如古中盘塔林。塔的高低、大小和层数的多少，有研究认为根据和尚们生前佛学造诣的深浅、威望高低、功德大小来决定；也有学者认为是根据和尚坐化时

　　① 罗哲文：《中国塔》，山西人民出版社，2000 年，第 61 页。
　　② 天成寺平面布局图采自：天津大学建筑学院、蓟县文物保管所：《天津蓟县盘山天成寺"大朝丁酉"悉昙梵字经幢》，《文物》2016 年第 7 期。
　　③ 乾隆《钦定盘山志》卷 4《塔》，第 26 页。

的高低来决定①。尽管蓟州现存古塔资料很难有力佐证这一推断,但万松寺两座命名为"禅师塔"的确实相较"法天恒公和尚塔"在体态上更高大,装饰也更繁复,似可作一项参考。

此时在建筑布局上看,这些墓塔尽管其分布可能距离生前禅修寺院不远,但僧人墓塔一般不再从属于寺庙建筑群的规划当中,即不再和寺院组成整体的宗教空间;并出现了塔林这一僧众群葬的形式。

僧人墓塔与蓟州地区的佛教活动密切关联,在明代之前仅见于盘山地区,此时蓟州的佛教信仰活动,尤其是僧人的禅修也大多发生在盘山地区;而明代时在五龙山地区出现了砖制佛塔,间接印证了佛教活动在五龙山地区的发展。现存僧人墓塔一般集中在明清时期,一方面在于明清时期佛教在蓟州的广泛传播,另一方面也在于距今时间跨度不大,自然营力对于古塔建筑的破坏并不严重。

三、古中盘塔林的建造年代问题及相关问题考

寺院中的高僧、祖师圆寂后在寺院的祖茔墓地安葬,由于人数逐渐增多,形成塔林。塔林中的诸塔是高僧圆寂后为标明身份,便于门徒与信众瞻仰祭拜的标识建筑。其中古中盘塔林是其中具有历史积淀的典型代表(图一八)。

图一八 古中盘塔林各式墓塔

古中盘塔林位于盘山正法禅院东侧山沟里。塔林分布较为分散,略为集中的地方约 800 平方米,今已修整 23 座,均为石砌。有六边形塔身密檐石塔、亭阁式石塔、球体塔身密檐墓塔、钟形墓塔等多种形式。塔高 1.03~2.8 米不等;有的有檐,有的无檐;有的实心,有的空心。均为花岗岩雕凿,个别凿山崖成窟建于崖洞内。

文献和碑刻资料中未见有相关古中盘塔林始建年代的记述,所以钩沉塔林边上正法禅院和所处的古中盘区域的历史便十分重要。在正法禅院遗址出土有《创建盘山古中盘正法寺碑》,该碑由太子太傅兼礼部尚书杜立德撰文,常汝贵喜舍碑石,陈天机书丹;立于康熙十四年。碑文中载有正法禅院选址地"盖形势难以馨陈大要,碧嶂崎岖,怪石峥嵘,源水涌流,野花长葛以围庐,青松绿柏

---

① 吕承佳:《山东地区的古塔》,《文物建筑》(第 5 辑),科学出版社,2012 年。

以绕舍，洋洋大观"①，通观全文，并没有提及寺院修建时周边环境中存在塔林。另在正法禅院遗址出土有《古中盘正法寺修建塔院碑记》，尽管题名中带有"塔院"字样，不过其中的"塔"并非指代古中盘塔林，而应该指位于挂月峰上的定光佛舍利塔②。这一立于康熙十五年的碑石也未有记述有关塔林的内容。汪晋徵在其诗文《盘山》一篇中提及自己曾前往古中盘游历，文曰："更上古中盘，怪石争奇。赏正法禅院，开户外一峰榜。"③文中并没有提及有关塔林的内容。

智朴编纂的《盘山志》中在提及清代了宗禅师的归葬地时有载"徙函骨归葬盘山古中盘"。了宗禅师圆寂在"康熙乙丑"，即康熙二十四年，这说明至迟在康熙二十四年古中盘就作为瘗埋僧人骨灰的场所了④。而瘗埋僧人骨灰和舍利的地面标识物正是和尚墓塔。

综上来看，康熙十四年、康熙十五年兴建正法禅院时没有有关塔林的记述，作为重要的人文景观，塔林在此时应尚未形成或尚未完备；而康熙二十四年古中盘明确成为高僧的骨植瘗埋地，可知塔林在此时正处在形成的过程中——所以推断，至迟到康熙二十四年，古中盘塔林就已经始建。

在形制上看，古中盘塔林中的两座钟形墓塔同法天恒公和尚塔形制类似，都为石砌，方形基座，上有钟形圆形塔身。而根据方志记载，恒公和尚圆寂在乾隆三年⑤，故塔林中的两座墓塔也当建于本时段前后。古中盘塔林的诸塔从大小到形状也可以同国内其他地区的墓塔进行对比。如古中盘塔林中的圆形塔身的墓塔形似江西真如寺建于乾隆二十三年的云居山塔子坑佚名祖师塔和建于乾隆三十年的古鉴和尚塔⑥。古中盘塔林中的亭阁式墓塔也形似河南丹霞禅寺的清代墓塔⑦。通过形制分析，塔林中的大多数墓塔都应是清代的建筑风格。

也就是说，古中盘塔林的大规模营建应在清康熙之后。

四、结　语

蓟州古塔分布在渔阳镇、五百户镇、盘山山区等地，在分布范围上不局限在一地，却也有着较为明显的集聚现象。这些古塔基本都和舍利瘗埋有关，即与佛事活动息息相关，其分布也大致可以反映出不同时期蓟州不同地域的佛教发展状况。蓟州的佛塔建造兴于唐，发展于辽金元，盛于明清。尤其在清代时，朝廷多次赐金拨款，在盘山大规模兴建、扩建和整修寺庙，使其具有号称72座寺庙，千余众僧尼，使其成为京东的佛教圣地，一度享有"东五台"的赞誉。而此时蓟州的古塔许多一并得到了整修，并兴起了塔林这种墓塔布局形式。

此外，蓟州古塔雕刻带有鲜明的宗教主题，其题材多是与佛教有关的人物、植物和动物图像，用以宣传佛教教义和佛教精神；但它仍然具有不可替代的美学价值，对美化古塔形象起着非常关键

---

① 赵海军：《蓟县文物志》，天津人民出版社，2014年，第174页。
② 碑文中关于塔的描述仅见一句："登盘山塔，海阔天高。"盘山可登临的塔仅有定光佛舍利塔，而惟缘其位于山顶，方有"海阔天高"的观感。
③ 乾隆《钦定盘山志》卷14《艺文五》，第4页。
④ 康熙《盘山志》卷2《人物》，第39页。
⑤ 乾隆《钦定盘山志》卷9《方外二》，第22～23页。
⑥ 汤移平：《真如寺僧人墓塔研究》，《设计艺术研究》2019年9月第2期。
⑦ 袁亦昕、柳肃：《豫西南丹霞禅寺塔林建筑演变研究》，《古建园林技术》2021年第6期。

的作用。[①]

蓟州古塔具备高超的建筑技艺，丰富的砖石纹饰、多变的形制与组合，对于研究塔类古建筑，钩沉京畿地区佛教史事具有重要意义。

（天津市蓟州区文化和旅游局在实地考察和资料上给予了慷慨的帮助，南开大学历史学院刘毅教授、贾洪波教授对论文写作给予了宝贵意见，田德宁同学在实地走访和资料整合方面发挥了重要作用，在此一并表示由衷谢意。）

附表　蓟州古塔信息

名称	年代	位置	形制	文物保护等级	文字记述
蓟州白塔	内塔建于辽代，外塔修于明代	蓟州独乐寺南部，白塔寺内	楼阁式	全国重点文物保护单位	康熙《蓟州志》、道光《蓟州志》、《重修渔阳郡塔记》、《重修蓟州观音寺宝塔碑记》、《重修蓟州观音寺宝塔碑记》、《乾隆六十年春奉旨重修观音寺塔》、《重修白塔寺碑记》
天成寺舍利塔	始建于唐，辽天庆年间重修	盘山天成寺大雄宝殿西侧	密檐式	天津市文物保护单位	康熙《盘山志》、乾隆《钦定盘山志》、《天成寺重修古佛舍利塔记》、《天城兰若重修舍利宝塔记》
多宝佛塔	明崇祯七年始建，清顺治九年竣工	盘山少林寺遗址东，龙首岩上	密檐式	天津市文物保护单位	康熙《盘山志》、乾隆《钦定盘山志》
万松寺普照禅师塔	明万历二年	盘山万松寺仙人桥东侧	密檐式	天津市文物保护单位	乾隆《钦定盘山志》、《普照大师行实碑记》、《承先启后碑记》
万松寺太平禅师塔	明万历四十三年	盘山万松寺前	密檐式	天津市文物保护单位	
定光佛舍利塔	唐咸通九年建，后经辽、明、清多次重修	盘山挂月峰顶	楼阁式	天津市文物保护单位	康熙《盘山志》、乾隆《钦定盘山志》、《重修佛舍利塔碑记》、《重修盘山云罩寺舍利塔碑记》
黑石崖和尚塔	明万历二年	五百户镇黑石崖村南震虎峪	亭阁式	蓟州区文物保护单位	
五龙山和尚塔	不详	河湾镇七百户村，五龙山南坡下	亭阁式	蓟州区尚未核定公布为文物保护单位的不可移动文物	
上方寺石塔	不详	坐落于上方寺东"峻极于天"石牌坊西北	亭阁式		
福山塔	辽代	五百户镇段庄子村东南福山顶上	楼阁式	天津市文物保护单位	
彻公长老灵塔	元大德元年	盘山天成寺古佛舍利塔西侧	密檐式		康熙《盘山志》、乾隆《钦定盘山志》
上方寺和尚塔	不详	盘山上方寺周围	密檐式，共3座		

---

① 夏志峰、张斌远:《中国古塔》，浙江人民出版社，1996年，第23～24页。

续表

名称	年代	位置	形制	文物保护等级	文字记述
白岩庵塔体	不详	盘山九华峰下白岩庵西侧约 500 米处	密檐式，共 9 座		
觉先和尚塔	始建年代不详，今存为当代重修	盘山天成寺西部	亭阁式		
普化和尚塔	疑建于唐代	盘山天成寺飞帛涧西侧	亭阁式		康熙《盘山志》、乾隆《钦定盘山志》
行明禅师塔	明成化十年	盘山千像寺西南 500 米	幢形		康熙《盘山志》、乾隆《钦定盘山志》
法天恒公和尚塔	清乾隆年间	盘山西甘涧净土庵遗址东侧	喇嘛塔，旁边另有 2 座形制一致的石塔		乾隆《钦定盘山志》
万松寺砖塔	不详	盘山万松寺周围	喇嘛塔		
观音庵石塔	不详	盘山观音庵东侧	喇嘛塔		
古中盘塔林	清代	盘山正法禅院东侧山沟里	各形状的和尚墓塔，共 23 座	天津市文物保护单位	
非觉大师塔	辽太康年间	盘山甘泉寺	不详，仅见于古籍记载	未有现状资料，或已不存	康熙《盘山志》、乾隆《钦定盘山志》
严慧大师塔	辽乾统年间	盘山甘泉寺	不详，仅见于古籍记载	未有现状资料，或已不存	康熙《盘山志》、乾隆《钦定盘山志》
先师台塔	不详	盘山先师台附近	不详，仅见于古籍记载	未有现状资料，或已不存	康熙《盘山志》、乾隆《钦定盘山志》
九华庵石塔	不详	不详	不详	未有现状资料，或已不存	
西大佛塔	唐、辽时期	官庄镇西大佛塔村西 500 米，官庄敬老院东 100 米	八边形砖塔，具体形制不明；已倒塌	"西大佛塔遗址"是天津市文物保护单位	
甘泉寺圆照通和尚塔	金大定五年	不详	不详，仅见于古籍记载	未有现状资料，或已不存	康熙《盘山志》、乾隆《钦定盘山志》
香水寺头陀大师灵塔	金代	不详	不详，仅见于古籍记载	未有现状资料，或已不存	康熙《盘山志》、乾隆《钦定盘山志》
无量寺石塔	不详	盘山无量寺	六边形的和尚墓塔，已残		
白严寺庆寿裕公塔	不详	盘山千像寺东部	不详，仅见于古籍记载	未有现状资料，或已不存	康熙《盘山志》、乾隆《钦定盘山志》
日照寺圆复法师舍利塔	金大定九年	崆峒山下	不详，仅见于古籍记载	未有现状资料，或已不存	乾隆《钦定盘山志》

参 考 文 献

本书编写组：《天津古代建筑》，天津科学技术出版社，1989 年。

本书编写组：《天津 河北古建筑》，中国建筑工业出版社，2015 年。

道光《蓟州志》。

谷赟：《辽塔研究》，中央美术学院博士学位论文，2013 年。

国家文物局：《中国文物地图集 天津》，中国大百科全书出版社，2002 年。

康熙《盘山志》。

梁思成：《蓟县观音寺白塔记》，《中国营造学社汇刊》1932 年第三卷第二期"独乐寺专号"。

罗哲文：《中国塔》，山西人民出版社，2000 年。

吕承佳：《山东地区的古塔》，《文物建筑》（第 5 辑），科学出版社，2012 年。

倪景泉：《蓟州谈古》，天津人民出版社，2005 年。

乾隆《钦定盘山志》

汤移平：《真如寺僧人墓塔研究》，《设计艺术研究》2019 年第 2 期。

天津大学建筑学院、蓟县文物保管所：《天津蓟县盘山天成寺"大朝丁酉"悉昙梵字经幢》，《文物》2016 年第 7 期。

天津市历史博物馆考古队、蓟县文物保管所：《天津蓟县独乐寺塔》，《考古学报》1989 年第 1 期。

夏志峰，张斌远：《中国古塔》，浙江人民出版社，1996 年。

袁亦昕、柳肃：《豫西南丹霞禅寺塔林建筑演变研究》，《古建园林技术》2021 年第 6 期。

赵海军：《蓟县文物志》，天津人民出版社，2014 年。

中国考古学会：《中国考古学年鉴（1984）》，文物出版社，1984 年。

Investigation and Textual Research of Jizhou Ancient Pagodas

PENG Hao, LUO Xinshu, LIU Ronghao

(Faculty of History, Nankai University, Tianjin, 300000)

Abstract: Jizhou, located in the north of Tianjin, has a long history of Buddhist belief, leaving rich immovable cultural relics related to Buddhism. Among them, the ancient pagoda, as an important Buddhist architecture, has special research significance. The ancient pagodas in Jizhou can be roughly divided into several forms, such as covered bowl pagodas, dense eaves padogas, pavilion padogas, flower padogas, monk's tomb padogas and so on. The properties of the pagoda are roughly related to the burial of the relics. The research of ancient pagodas in Jizhou will help promote the in-depth study of ancient architecture, local history and religious history.

Key words: Jizhou, ancient pagodas, Panshan, Buddhist architecture

山西长治晋城地区10～13世纪歇山建筑山面构架特征探微

段智钧[1]　谷文华[1]　赵娜冬[2]

（1.北京工业大学城市建设学部，北京市历史建筑保护工程技术研究中心，北京，100124；

2.天津大学建筑学院，天津，300072）

摘　要：本文主要针对区域内有关歇山建筑案例进行探访对照验证，结合对已有研究论证差异理解，通过丁栿连接上部梁架的方式进行实例分析归纳。在此基础上，进一步尝试进行相关时代特征的初步探析。

关键词：宋金时期；歇山建筑；丁栿；梁架

一、引　言

现山西省东南部长治市（古潞安府）、晋城市（古泽州府）地区保存有大量早期木构建筑遗存，其营造年代自唐末五代至宋、金、元皆有分布，地域分布相对集中且营造技术发展关联清晰，且地处晋、冀、豫等省区交界位置，其有关历史建筑在一定程度上反映了晋东南及周边地区的同期古代木构建筑演变体系、过渡脉络等众多重要特征，是相关建筑史研究的关键性实物遗存案例群。

已有学者对山西长治晋城地区相关木构建筑（大多为歇山建筑）有了较全面的统计（图一），其中，宋代遗存24座（长治地区7座，晋城地区17座）；金代76座（长治35座，晋城41座），其年代跨越10～13世纪（以一般历史朝代划分的方式来概括这个技术发展时期可能并不够准确）。在此基础上，我们近些年已对其中大部分进行了有针对性的探访，本文尝试就所见歇山建筑的一些特征（重点关注山面构架的丁栿连接上部梁架）展开讨论。

丁栿为早期歇山屋顶木构建筑中多用于承山面屋盖的重要构件，因其与横向屋架上的大梁在平面上呈"丁"字相互叠垒关系，故名"丁栿"。丁栿的主要结构作用有两个方面，一为丁栿是连接上部梁架并将屋盖荷载向下传递的渠道之一；二是丁栿连接（组合）外檐铺作与上部梁架，使其成为整体以共同作用，有利于增加木构架（特别是歇山山面）的稳定性和整体性。可以认为，丁栿是反映早期歇山建筑山面构架特征的关键构件之一，通过丁栿连接上部梁架的类型或方式入手，来考察山面构架特征形态是本文主要的思考路径（图二）。

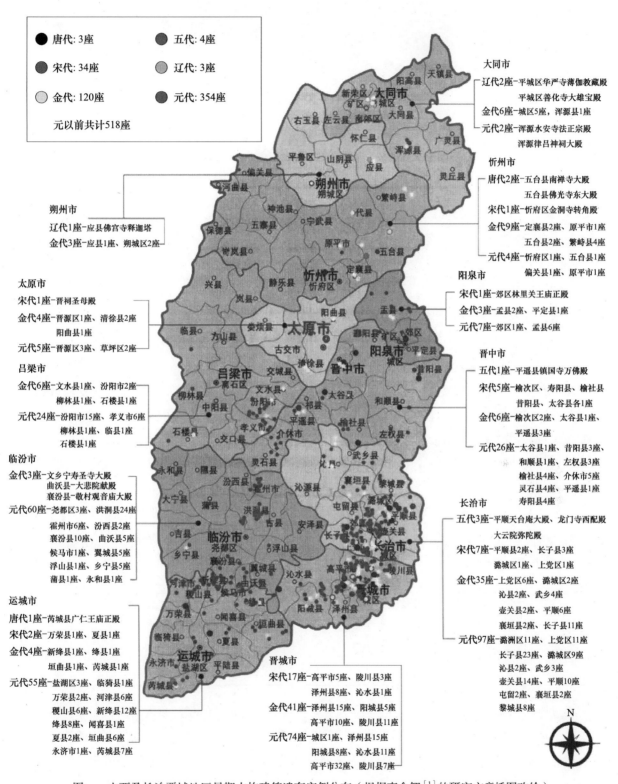

图一　山西及长治晋城地区早期木构建筑遗存实例分布（根据李会智[1]的研究文章插图改绘）

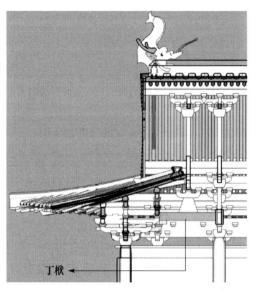

图二 丁栿在歇山建筑木构架中的常见剖面位置（李丹彤绘）

二、丁栿连接上部梁架方式的已有讨论

从以往对各地典型遗存实例的讨论来看，宋、金时期木构歇山建筑中采用丁栿做法应较为普遍，其中，丁栿的样式多样且灵活，特别是歇山建筑的山面梁架构造较为复杂，屋架荷载通过丁栿分配也比较大，已有不少专家学者直接、间接就丁栿连接上部梁架的一些问题进行过讨论。

梁思成先生曾做出具体解释：丁栿梁首由外檐铺作承托，梁尾搭在檐栿上，与檐栿（在平面上）构成"丁"字形[①]。潘谷西先生也给出过明确的时代定义：在房屋山面（丁头）所做顺身方向的梁，草栿、明栿均可（清式称顺梁、扒梁）[②]。近年也有就丁栿的不同位置形式、丁栿的支垫构件、受力特征等方面进行的一些讨论，但具体观点因入手点、研究方向等差异又略有不同（表一）。

表一 已有关于丁栿连接上部梁架方式的主要见解

	赵春晓的研究[2]	刘妍、孟超的研究[3, 4]
丁栿连接上部梁架的方式	1. 丁栿与递角栿架歇山草架 2. 丁栿与转角铺作下昂后尾架歇山草架 3. 双丁栿及角梁后尾架系头栿 4. 单丁栿及角梁后尾架系头栿	1. 梢间 N 椽栿上直接架系头栿 2. 丁栿与递角栿架系头栿 3. 双丁栿及角梁后尾架系头栿 4. 单丁栿及角梁后尾架系头栿

通过比较相关观点可知：其一，由于各研究对遗存实例中构件的理解角度不同，例如不同地域建筑中呈现较多微小的地方或匠师技艺做法差异，又如，在不同研究中往往对梁架中的递角栿、下昂后尾与角梁后尾等相近位置构件（常见为平面与纵横向均成 45° 角度的有关构件）多不加以明显区分，且难以在类型意义中明确结构功能差异。

① 梁思成：《营造法式注释》，生活·读书·新知三联书店，2013 年，第 151 页。
② 潘谷西、何建中：《营造法式解读》，东南大学出版社，2005 年，第 63 页。

与之对应，根据我们前期的研究发现①，因丁栿与外檐铺作连接存在多种位置差别，这也就造成与转角铺作等协同结角的丁栿会具有俯仰复杂性和具体构件差异性，若分类深入至此，又明显存在过于细密而难以类型化的两难之处。

其二，李会智[1, 5]和刘妍、孟超[3]的研究中均有提到"单丁栿"与"双丁栿"的表述（即3、4项），通过观察案例中其与上部梁架相互受力情况，发现其仅为梁架平面的前后对称与否之差异。

本文认为，在平面上来看，就梁架前后对称性而呈现的所谓单、双丁栿形式差异，与上部梁架的关系，与前述（即1、2项）不同构件连接差异的分类标准相比，并不具有对等的划分依据。

三、对象遗存实例所见丁栿连接上部梁架方式

关于山西长治晋城地区10～13世纪（宋、金为主）木构歇山建筑的对象遗存实例，丁栿连接上部梁架方式主要可以有两类观察方向：第一类，从关注丁栿后尾与前述平面成45°角的转角梁栿（递角梁栿、铺作昂后尾、角梁后尾等）的共同承托及其联系差异出发；第二类，则主要面向丁栿后尾与上部横向梁架的位置关联变化（如表二）。

表二　山西长治晋城地区10～13世纪（宋、金为主）案例中丁栿连接上部梁架的主要方式

观察方向	第一类：丁栿与平面成45°角的转角梁栿共同承托。对象案例可见二种情况：（1）丁栿后尾与转角梁栿承N椽栿；（2）丁栿与递角栿上承系头栿	第二类：丁栿后尾与横向梁架，特别是N椽栿（如四椽栿、六椽栿等）相互搭接。对象案例可见三种情况：（1）丁栿后尾搭于N椽栿之上（直接搭接）；（2）丁栿后尾位于N椽栿之下；（3）丁栿后尾置于N椽栿之上且交于梁栿上的蜀柱
一般情况	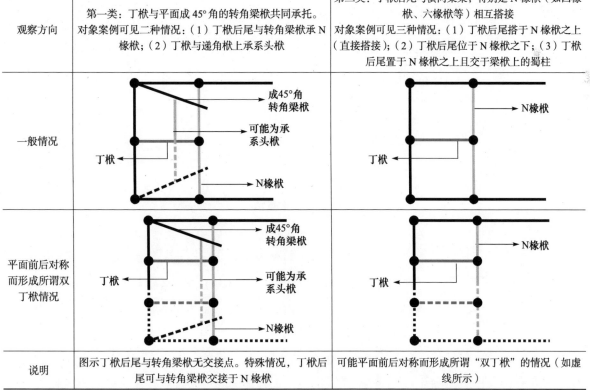	
平面前后对称而形成所谓双丁栿情况		
说明	图示丁栿后尾与转角梁栿无交接点。特殊情况，丁栿后尾可与转角梁栿交接于N椽栿	可能平面前后对称而形成所谓"双丁栿"的情况（如虚线所示）

① 岳雅琦、段智君：《山西唐五代宋金歇山建筑所见丁栿与铺作层营造做法初探》，《第六届建筑遗产保护与可持续发展天津学术会议论文集》，天津大学出版社，2021年。

分别依据本文对象遗存案例示例说明如下：

（一）丁栿后尾与成 45° 角的转角梁栿共同承托上部梁架的情况

由于歇山建筑屋顶木构复杂程度较高，用料较大，因此，多见由转角铺作向身内延伸的成 45° 角的多种转角梁栿（以下简称"转角梁栿"）与丁栿交会，并共同承托上部梁架的做法。根据丁栿与转角梁栿共同承托的上部梁栿不同大致可见两类：承 N 椽栿 [①]；承系头栿。

1. 丁栿后尾与转角梁栿承 N 椽栿

作为较特殊的案例，晋城崇明寺大殿北端可见这种做法（图三），外檐铺作下昂尾向内延伸为上、下二丁栿（或可认为上下二丁栿的前端，夹持下昂尾），上下丁栿后尾又分居 N 椽栿上下（上丁栿与转角梁栿交会叠置 N 椽栿上，下丁栿入 N 椽栿下顺栿串），使得丁栿与转角梁栿后尾共同与 N 椽栿形成有力的整体交接点。

更为多见的是丁栿后尾与转角梁栿共同承托 N 椽栿的做法，而丁栿后尾与转角梁栿并未有交接点，仅各居一端作为 N 椽栿的下部支座。如晋城崔府君庙山门实例（图四），其中，递角栿作为四椽栿的端支座，而丁栿压于四椽栿中点以下。

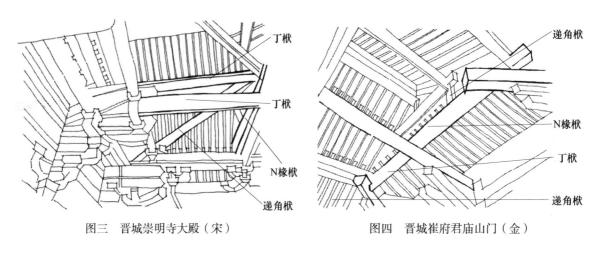

图三　晋城崇明寺大殿（宋）　　　　　图四　晋城崔府君庙山门（金）

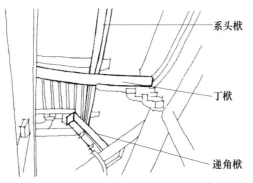

图五　长治平顺河东村九天圣母庙大殿（北宋）

2. 丁栿与递角栿上承系头栿

系头栿是指山面屋架承受两山出际部位荷载的大梁，类似清官式里的"踩步金"或"踩步梁"功能，而加工有所不同。因系头栿不落在柱头上，就需要用其他的屋架构件来承托。如长治平顺河东村九天圣母庙大殿实例（图五），可见丁栿后尾与转角梁栿（此处为递角栿）共同承托系头栿的情况。在不同的实例中，还可见丁栿上立蜀柱、驼峰等间接承托系头栿的方式，类似于

① N 椽栿是指：由于古建筑木构规模进深空间差异，与丁栿后尾相互关联的横向梁栿的椽数不定，多以四椽栿、六椽栿等形式出现。

丁栿与递角栿二者共同来调节高度以承托系头栿，并形成稳定的构架关系。

以上做法可见丁栿后尾与不同的转角梁栿承托山面横向梁架的变化，并共同传递上部屋架荷载的情况。

（二）丁栿后尾独立搭接上部横向梁架（N 椽栿）的情况

1. 丁栿搭于 N 椽栿之上（直接搭接）

丁栿后尾搭于 N 椽栿之上是常见的做法，以长治平顺车当村佛头寺（图六）、长治西上枋村汤王庙（图七）等为例，此类丁栿后尾与梁架连接方式相对较简单，丁栿常见从柱头铺作向内延伸，尾端顺势搭于对应上部梁架结构的 N 椽栿之上，且搭接多不做固定，这种做法在宋金遗构中均较常见。

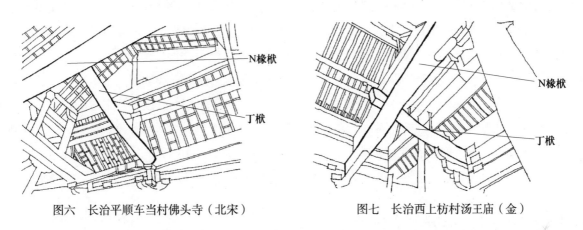

图六　长治平顺车当村佛头寺（北宋）　　　　图七　长治西上枋村汤王庙（金）

关于这种做法还可以补充一个山西长治晋城地区附近的较晚一些的临汾广胜上寺前殿的案例（图八），此例中，丁栿后尾搭于 N 椽栿并继续延至平梁，此种做法是丁栿与 N 椽栿搭接中非常少见的一种，其中的丁栿长度较大且斜直，前端位于外檐柱头铺作之上，后尾压于四椽栿之上并继续延伸，直至平梁，并承托山面构架出际。此例也许可理解为对宋、金的一种延续。

2. 丁栿后尾位于 N 椽栿之下

丁栿后尾位于 N 椽栿下的做法也较常见，一般丁栿后尾多见入柱，以晋城陵川龙岩寺释迦殿（图九）为例，其中，丁栿由柱头铺作向内延伸形成，后端平直插入内柱[①]，并与内柱铺作紧密结合，以共同承托 N 椽栿，将上部屋架荷载向下传递。这种做法的丁栿与歇山屋顶山面的相关梁架均可拉结紧密，相对于前一种做法构架的整体性可能更好。

3. 丁栿后尾置于 N 椽栿之上且交于梁栿上的蜀柱

丁栿后尾压于 N 椽栿之上且交于梁栿上蜀柱的做法，可以理解为是丁栿后尾在 N 椽栿上加以固定的方式而非直接搭接，且从遗存实例来看多见丁栿用弯形构件，以晋城西溪真泽二仙庙后殿（图一〇）为例，其面阔三间，进深六椽，梁架结构为四椽栿对前乳栿用三柱，因前檐设廊，所以

---

① 此时关于丁栿功能、位置、名称均可能有不同理解，在此仅为行文统一从此说。

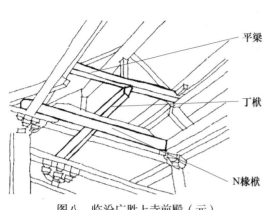

图八　临汾广胜上寺前殿（元）

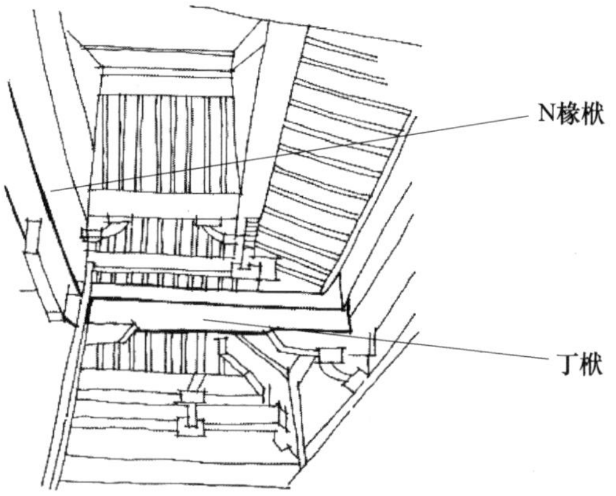

图九　晋城陵川龙岩寺释迦殿（金）

在山面屋架结构中为"单丁栿"（就结构平面前后对称关系而言），丁栿前端置于两山柱头铺作之上，尾端斜弯搭压于四椽栿之上，并且交接入梁栿上的蜀柱。这种做法中，与丁栿交接的蜀柱，其上又多见为支承屋架上平槫，使得丁栿与屋架结合相对紧密，受力合理，构架也较稳定。类似的做法还可见于晋城高平河西西李门二仙庙中殿（图一一）及中坪二仙宫正殿（图一二）等。

　　类似做法还有平面用"双丁栿"的情况（平面前后结构对称而致），以长治平顺阳高村淳化寺大殿（图一三）为例，N椽栿前后对称，两丁栿均压于N椽栿之上且插入梁栿上的蜀柱，因建筑进深方向为通檐用两柱，平面前后对称形式又不设内柱，两丁栿形式相同，同样对称插入相对应位置蜀柱，蜀柱上再承托屋架上平槫。这种双丁栿情况在我们探访过的对象案例中的运用也是较常见。

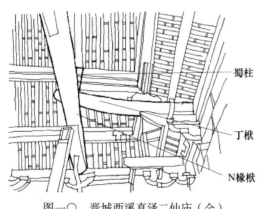

图一〇　晋城西溪真泽二仙庙（金）

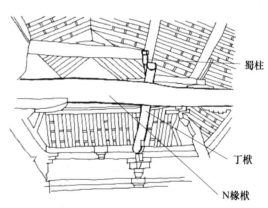

图一一　晋城高平河西西李门二仙庙（金）

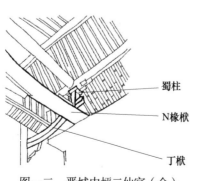

图一二　晋城中坪二仙宫（金）

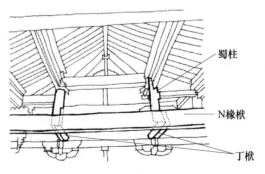

图一三　长治平顺阳高村淳化寺（金）

四、丁栿连接上部梁架的可能时代特征

由于丁栿在歇山建筑山面构架中作用很大，以上根据屋架结构需要或是平面布置对结构的要求，丁栿与N椽栿的相对位置会随之进行灵活调整，满足山面屋架结构的同时，也体现了此时宋、金案例木构建筑灵活变通，因地制宜的特点。

从前述相关遗存实例分布（图一四）中可以明确：丁栿与转角梁栿共同上承系头栿的相对较复杂做法主要见于宋代案例；丁栿上承N椽栿的做法，则时间跨度较大，从北宋初期即可见实例遗存，到金代晚期仍有运用，而且形式相对多变灵活，可见是经过当时当地匠师不断摸索，才得出的适合整体建筑稳定的结果。

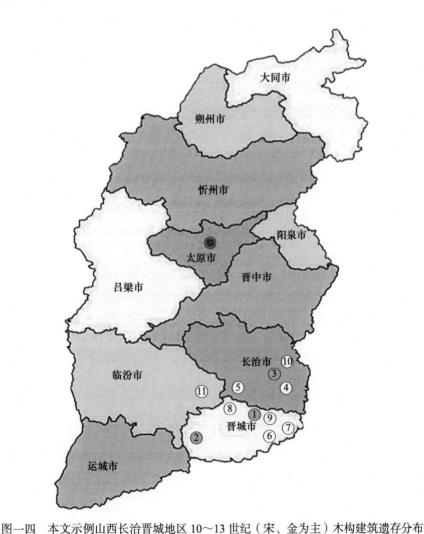

图一四 本文示例山西长治晋城地区 10～13 世纪（宋、金为主）木构建筑遗存分布

① 崇明寺大殿（崇明寺中佛殿）（971 年）北宋—山西晋城市 ② 崔府君庙山门（1184 年）金—山西省晋城市 ③ 平顺河东村九天圣母庙大殿（1101 年）北宋—山西长治市 ④ 平顺车当村佛头寺（960～1127 年）金—山西省长治市 ⑤ 西上枋村汤王庙（1140 年）金—山西省长治市 ⑥ 陵川龙岩寺释迦殿（1129 年）金—山西晋城市 ⑦ 西溪真泽二仙庙（1142 年）金—山西晋城市 ⑧ 高平河西西李门二仙庙（1157 年）金—山西晋城市 ⑨ 中坪二仙宫正殿（1172 年）金—山西晋城市 ⑩ 平顺阳高村淳化寺（1169 年）金—山西长治 ⑪ 广胜上寺弥陀殿（前殿）（1305 年）元—山西临汾市

虽然我们的探访尚未完全覆盖区域内所有相关木构建筑遗存，但仍可尝试做出类似常见做法的初步时代小结（表三）：

表三 山西长治晋城地区 10～13 世纪案例中丁栿连接上部梁架各主要方式与时代特征

丁栿连接上部梁架情况	类型	年代	本文示例涉及的相关案例
丁栿后尾与递角栿共同承托上部梁架的情况	丁栿后尾与递角栿架 N 椽栿	北宋至金	·崇明寺大殿，北宋—山西晋城市 ·长子崇庆寺千佛殿，宋—山西长治 ·崔府君庙山门，金—山西省晋城市
	丁栿与递角栿上承系头栿	宋代	·平顺河东村九天圣母庙大殿，北宋—山西长治市 ·陵川小会岭二仙庙正殿，宋—山西晋城市
丁栿后尾独立承托上部横向梁架（N 椽栿）的情况	丁栿搭于 N 椽栿之上（直接搭接）	宋、金	·高平游仙寺毗卢殿，宋—山西晋城市 ·平顺车当村佛头寺，金—山西省长治市 ·西上枋村汤王庙，金—山西省长治市
	丁栿后尾位于 N 椽栿之下	宋、金	·潞城区原起寺大雄宝殿，宋—山西长治 ·陵川龙岩寺释迦殿，金—山西晋城市
	丁栿后尾置于 N 椽栿之上且交于梁栿上的蜀柱	宋、金	·平顺龙门寺大雄宝殿，宋—山西长治 ·泽州北义城玉皇庙玉皇殿，宋—山西晋城市 ·泽州周村东岳庙龙王殿，宋—山西晋城市 ·高平河西西李门二仙庙，金—山西晋城市 ·中坪二仙宫正殿，金—山西晋城市 ·平顺阳高村淳化寺，金—山西长治市 ·潞城李庄文庙大成殿，金—山西长治市 ·沁县普照寺大殿，金—山西长治市 ·武乡县会仙观三清殿，金—山西长治市

五、结　语

以上为近年来有关遗存实例探访的识见之一，重点就山西长治晋城地区 10～13 世纪所见木构歇山建筑山面构架的丁栿连接上部梁架方式的有限讨论，在整个区域与更长时段来看，皆可视为一隅，然而却可能有承上启下、见微知著的关键意义。虽欲历叙精详，却受实例掌握全面性与自身视野所限，仅作基本形态类型的局部简要总结，挂一漏万，略述大端，仅供同好参考比较，敬望多多批评指正。

说明：本文所有未注明图片均为自绘或改绘。

参 考 文 献

［1］李会智：《山西元以前木构建筑分布及区域特征》，《自然与文化遗产研究》2021 年第 6 卷第 1 期，第 1～28 页。

［2］赵春晓：《宋代歇山建筑研究》，西安建筑科技大学博士论文，2010 年。

［3］刘妍、孟超：《晋东南歇山建筑"典型"做法的构造规律——晋东南地区唐至金歇山建筑研究之四》，《古建园林技术》2011 年第 2 期，第 7～11 页。

［4］ 孟超、刘妍:《晋东南歇山建筑的梁架做法综述与统计分析——晋东南地区唐至金歇山建筑研究之一》,《古建园林技术》2008 年第 2 期, 第 3～9 页、第 40 页。

［5］ 李会智:《山西现存元以前木结构建筑区期特征》,《三晋文化研讨会论文集》, 山西省三晋文化研究会, 2010 年, 第 72 页。

The Characteristics of Mountain Frame of Saddle Roof Buildings in the 10th-13th Century in Jincheng Area, Changzhi Area, Shanxi Province

DUAN Zhijun[1], GU Wenhua[1], ZHAO Nadong[2]

(1. Faculty of Architecture, Civil and Transportation Engineering, Beijing University of Technology; Beijing Historical Architecture Protection Technology Research Center, Beijing, 100124; 2. School of Architecture of Tianjin University, Tianjin, 300072)

Abstract: This paper mainly conducts regional visits, comparisons and verifications of Saddle Roof Buildings, moreover, analyzes and summarizes the method of Ting Fu connecting the upper beam frame, combining with the understanding of the differences in existing research. On this basis, the authors carry out a preliminary analysis of these characteristics of the relevant era.

Key words: Song and Jin Dynasties, saddle roof building, Ting Fu, upper beam frame

青海洪水泉古清真寺建筑文化考释*

牛 乐

（西北民族大学，兰州，730030）

摘 要：青海洪水泉清真寺是伊斯兰建筑本土化的重要实例，也是多民族共创的文化成果，其并未固化的延续中国传统建筑形式，而是依据地域自然环境和人文环境进行了兼容并蓄的再创造。在此过程中，中华传统文化始终是其知识背景和人文底色，多民族文化的共同滋养则使其形成了独特的建筑语言和多元的文化风貌。

关键词：伊斯兰建筑；中国化；文化交融

洪水泉村地处湟水河中游南部山区，位于青海省平安区西南方向的洪水泉回族乡，距县城 30多公里。村落地处洪水泉山梁，最高海拔 2725 米，最低海拔 2203 米，属于黄土高原半干旱丘陵山区农业类型区。洪水泉村村域面积 10.5 平方公里，村庄整体坐落于山顶缓坡，地势中部高，四周低，三面环山，地理环境相对封闭。全村分四社，户籍人口 1480 人，常住人口 497 人，以回族居民为主。村落依据山地形势布局，每户民居用地形状各异，分布呈大分散、小集中"围寺而居"。①

一、建筑格局与形制

洪水泉清真寺始建于明代，后经 5 次扩建，其中清乾隆年间最大的一次扩建形成现在规模，现为全国重点文物保护单位（2013 年 3 月 5 日公布）。清真寺位于洪水泉村入口位置，院落入口位置朝南，两进院落，主要建筑有礼拜殿及后窑殿、唤醒楼、山门殿、照壁、二门、配房等，采用中国古典汉式庙宇建筑风格，规划布局严谨，建筑结构及做工极为考究。洪水泉清真寺的装饰设计融合了汉、回、藏等民族的文化风格和特点，具有极高的艺术价值，是河湟地区各民族交往交流交融的历史缩影，也是研究伊斯兰教建筑中国化历史不可多得的文化样本。

（一）照壁及山门

照壁位于清真寺正门正前方，为南北方向，长 10 米、高 6 米、宽 0.86 米，是一座青砖仿木砌成的庑殿顶一字形影壁建筑。照壁通体比例匀称，顶部为仿歇山瓦顶，正脊花饰立体感强烈，正中放置一座砖雕脊刹（吉星楼）。檐头部分为砖仿木斗拱，滴水、勾头等饰件具足，两边砖墩做成莲花须弥座。

---

* 本文为 2020 年度国家社科基金重大项目"中华传统伊斯兰建筑遗产文化档案建设与本土化发展研究"（项目编号：20&ZD209）阶段性成果。
① 资料引用自青海新闻网，网址：https://www.sohu.com/a/52143542_115496.

照壁朝南面嵌有一幅菱形内嵌八边形砖雕堂心，雕有麒麟和凤凰图案，寓意"麟凤呈祥"。照壁背面的砖雕称作"百花墙"，由255朵六瓣砖雕花卉构成，花心图案丰富，包括柿子、石榴、佛手、葫芦、牡丹、月季、芍药、梅花等花卉果蔬，细观还有狮子、蝙蝠等瑞兽及阴阳、八卦、寿字图形，均以四方连续排列。堂心边饰为连续的"万字不断头"图案，并有"瓣玛"①半圆线条基座装饰，设计和雕工均极致精美，民俗文化气息浓厚。

照壁后为寺门，寺门朝南开，长12米、宽8米，为单檐歇山顶斗栱式建筑。山门顶上花脊为透雕花饰，正中设置三座高耸的砖雕宝瓶，两端有砖雕螭吻、鸱尾，垂脊有戗兽，当地称"凤尾挑梁"、"龙凤呈祥"。照壁两侧为带须弥座的八字形照壁，分别刻有"鼠戏葡萄"和"麒麟苍松"砖雕堂心。

寺门共三大间，斗栱体量较大，上部有苗檩，下部有多层木雕花牵及额枋，图案为花卉及"瓣玛"纹，带锤头及镂空雕刻的花牵板。柱间有拱形木雕雀替，花卉图案均繁复富丽。门内两侧有廊心墙砖雕，用繁花锦地砖雕装饰。其顶部无大梁，全由短横木交错摆架支撑寺门顶部负荷，俗称"二鬼挑担"。此种顶部结构为河湟寺庙建筑的特色，适合在局促空间中营造大体量屋顶。

（二）唤醒楼

中国传统清真寺建筑的唤醒楼亦称作"邦克楼"②，与西亚清真寺建筑的宣礼塔功能相同。洪水泉清真寺的唤醒楼位于寺院的第一进与第二进院落中间的位置，楼高20米，为三重檐六角攒尖顶楼阁式建筑。基座为砖砌，二、三层为大木结构，全塔由两根贯通楼体的巨柱支撑，俗称"通天柱"，③用于增强楼体稳定性（图一）。

唤醒楼底层为四方体砖砌建筑，形似抱厦，南北两侧各开两个砖雕圆拱门，西侧为四扇方门，东侧为圆拱形实扇门。底层四周为素色砖砌墙壁，立面中心饰有砖雕堂心，图案为"石桐菊"及"喜鹊登梅"。建筑共三层，每层斗栱形制不同，富于变化。阁楼中心为六边井栏式天井，一层建于砖砌月台上，外设环形木栏。二、三层阁楼建有六边形环廊，二层设置隔扇木门及六边形雕花木窗，三层设置圆形木窗。整体结构密致紧凑，装修精美，木雕、砖雕极具特色。

图一　洪水泉清真寺唤醒楼
（作者自摄）

（三）礼拜殿

礼拜殿为洪水泉清真寺的主体建筑，建筑朝向严

---

① 来自于藏语音译，意为莲花，此种半圆形装饰线来源于佛教建筑，常见于须弥座装饰。
② 阿拉伯语音译，意为尖塔、高塔，是伊斯兰教清真寺建筑的重要组成部分。
③ 部分资料来源于洪水泉清真寺博物馆。

格遵循伊斯兰教礼拜殿坐西朝东的规则。该殿为七架穿叉梁铺瓦的歇山顶汉式宫殿建筑，屋脊为镂空琉璃砖花脊，中间放置脊刹（吉星楼），两旁各置 3 个琉璃葫芦宝瓶装饰，正脊及垂脊两段均有蛟兽。

礼拜殿由前廊、大殿和后窑殿组成，由 12 根大柱和 8 根明柱支撑，面阔五间、进深七间。礼拜殿前殿与后窑殿相连，形成组合殿。礼拜殿采用"勾连搭"形式，前出廊，前廊顶部做内卷棚，后为大殿的歇山式大屋顶，顺次往后为横向布置的四坡顶后窑殿，形成中式清真寺典型的"卷棚（前廊）—大殿—后窑殿"形制（图二）。

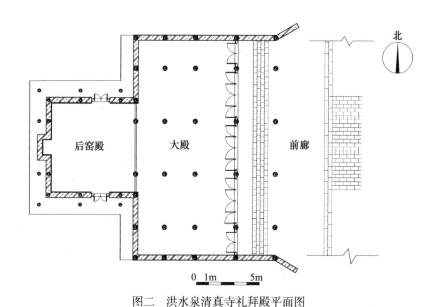

图二　洪水泉清真寺礼拜殿平面图
（黄跃昊绘）

礼拜殿前廊宽阔，是进入礼拜殿的缓冲空间。两侧有八字形照壁，中间为磨砖对缝空白堂心，边饰为砖雕暗八仙。廊心墙各有四条砖雕屏，图案为"喜鹊登梅""孔雀牡丹""笔生如意""一品青莲""瓶生富贵""鸳鸯荷花""榴开百子"以及博古、四艺、如意等杂宝器物。

图三　洪水泉清真寺礼拜大殿檐下做法
（作者自摄）

前廊木作华丽，前檐廊柱头上用托木承担梁架，柱式底端略粗，上端渐细，柱头有藏式建筑风格。前檐圈口牙子（雀替）上嵌有"二龙戏珠"和"丹凤朝阳"木雕装饰，这在我国清真寺建筑中较为罕见。柱头两侧连接拱形大额枋，其上依次为"瓣玛"枋、透雕花板和平板枋，穿插梁随枋做卷草雕刻，上置河湟地域建筑常用的三角形斗栱（图三）。前殿明间及次间均安置四扇木雕槅门，上部雕刻"三交六椀"图案，为清式建筑最高等级的槅心装饰，绦环板为木雕"暗八仙"[①] 及

① "暗八仙"来源于道教图像，用葫芦、团扇、鱼鼓、宝剑、莲花、花篮、横笛、阴阳板等八种器物替代、象征八仙的形象。

"八吉祥"① 图案,门下部裙板为"团寿"雕刻,整体做工精美细致。

后窑殿前承大殿,与大殿连为一体,为重檐歇山十字脊梁建筑。后窑殿面阔、进深各三间,屋顶形式为重檐庑殿顶。殿顶做木雕斗栱八边形藻井,精美别致,形似巨伞,被称作"天落伞"。殿内三面装有木雕壁板,全部装饰山水、花卉、博古木雕条屏,下部墙裙板为木雕"团寿"图案。中央壁板中设置瓶状米哈拉布(圣龛),两侧有精美的木刻"瓶生牡丹"图案,上部为"戟磬"图案。殿内西侧二层有木栏杆,后部安装雕花格窗,可以从外部楼梯进入殿内二层平台(图四)。

图四　洪水泉清真寺后窑殿顶部装饰
(作者自摄)

二、建筑文化考释与研究

(一)建筑年代考证

国内学界关于洪水泉清真寺的专门研究不多,最早的学术文献见于刘致平先生 20 世纪 60 年代撰写的《中国伊斯兰教建筑》一书,其他研究主要为许显成、象多杰本、梁莉莉、罗惠翾、陶红、李懿等学者的文章。

1994 年版《青海百科大辞典》中载洪水泉清真寺始建于明代,后经五次扩建,其中以清代乾隆年间历经 13 年的扩修工程形成现在规模,参与扩修的工匠来自山。1996 年版《平安县志》中载洪水泉清真寺建于明永乐二年(1404 年),清乾隆年间由陈姓木工主持扩建。由于青海古代地方志中并无关于洪水泉清真寺的记载,故以上官方文献中的信息应来自于建筑行业和宗教人士的口传资料。刘致平先生在 20 世纪 60 年代调查时根据寺院内阿訇的口述判断"约为清初至中叶",并认为"邦克楼建筑比较古老,斗栱的做法还保持清代鼎盛时期的做法,与后来过分装饰化、刻板化不同,而是非常灵活,富于变化。"②

根据洪水泉村村民的口述,清真寺大殿内旧时曾置"万岁牌",此为清初各宗教寺院特有的制度,可证实大殿扩建的年代。象多杰本的文章中提到,窑殿槅门木雕上有一处题诗的落款为"岁在庚午仲秋□□",并根据此题记的干支纪年将年代判断为清康乾年间③。从各地的文物建筑资料来看,中国内地的清真寺虽多初建于元、明时期,但是均在清代进行了多次改建、扩建,尤其是清代雍正、乾隆年间改建最多,此历史也是其形制逐渐本土化的过程。

---

① "八吉祥"为海螺、宝伞、宝幢、法轮、双鱼、金刚结、莲花、宝瓶,来源于藏传佛教文化。

② 刘致平:《中国伊斯兰教建筑》,中国建筑工业出版社,2011 年版,第 215 页。

③ 根据其干支纪年推断,窑殿木雕的创作年代应为公元 1690 年(清康熙二十九年)或公元 1750 年(清乾隆十五年),符合当地人士的口述史及刘致平先生的判断。象多杰本:《洪水泉清真寺的建筑文化及始建年代论略》,《青海社会科学》2006 年第 2 期,第 100 页。

纂于清乾隆年间的《循化厅志》是唯一记载了河湟清真寺建筑的青海地方志。

循化志·卷六·寺院·二十三

十二月同知台装英阿造册阖属礼拜寺共五十九座，内大寺九座，小寺五十座，回约五十九名。本城大寺一座在文庙西，崖慢张哈工大寺各一座，一在崖慢庄，一在张哈庄；小寺十二座，朱格庄、思我家庄、衣力孟庄、铁木什但庄、三近庄、五伦上白庄、下白庄、里章庄、羊拉庄、拉边庄、查汉克庄、札木庄；清水打连古工大寺一座在河东庄，小寺四座：河西庄、红庄、打连古庄、瓦匠庄；孟打工大寺一座，在孟打庄；小寺四座：汉坪庄、□同庄、他撒坡庄、木厂庄。

上述文献记载的循化县清真寺中有 6 座迄今保存完好，同为国家级文物保护单位。笔者从塔沙坡清真寺唤醒楼的立面砖雕上发现一处清乾隆二十年（1755 年）题记，可确证其建造年代。经过考察比对，两座清真寺的建筑规格，装饰形制较为接近，故判断洪水泉清真寺的主体部分修建于清初是合理的。

青海乐都县的瞿昙寺与洪水泉清真寺处于同一地域，但由于瞿昙寺为明初皇家敕建的藏传佛教寺院，故地方志中的记载明确而翔实，而洪水泉清真寺则仅有民间口述资料。从建筑风格来看，瞿昙寺的隆国殿为典型的明代官式建筑形制，洪水泉清真寺则有浓郁的地域风格。临夏永靖县古建筑艺人口述史中认为瞿昙寺与洪水泉清真寺同为其先祖所建，此后洪水泉清真寺历次扩建均为白塔寺木工主持，其中最近的一次整修在清末，主持修建者是陈来成掌尺[①]。这些口述信息虽无官方文献佐证，但其年代、人名及传承谱系确凿，可结合建筑遗存判断河湟建筑由官方到民间的风格演变过程。

（二）建筑风格

从历史情况看，中国伊斯兰教建筑的本土化演变经历了较长的历史过程。明代之前修建的清真寺多采用半圆拱顶的砖砌无梁窑殿结构，至明初演化为砖木结构的窑殿。为了扩大使用面积，礼拜殿也改造为勾连搭[②]形式，形成中式礼拜殿的基本格局和结构。此外，明代之后的中式清真寺还形成了以中轴线为中心的对称布局，有呈现工字形、山字形、纵长形、丁字形等多种布局形式[③]

从现存的古建筑遗产来看，清初河湟地区的清真寺已广泛采用中式建筑风格，其在格局和建筑结构上已经完全摆脱了中国早期清真寺的阿拉伯式样，形成以中华传统建筑为主体，多元民族风格兼容并蓄的地域样式。除洪水泉清真寺外，青海循化县清水河东清真寺、孟达清真寺、塔沙坡清真寺、张尕清真寺、科哇清真寺，化隆县的卡力岗清真寺等古寺均表现出趋同的建筑风格，应为同一历史时期修建，表现出河湟民族建筑多元交融的文化特点。

---

① 河湟建筑行业对技艺高超的木工师傅及工程负责人的称呼，主要工作为掌握木作尺度。
② 多栋房屋顶部沿进深方向相连接，其目的是扩大建筑室内的空间，常见于中国清真寺礼拜殿建筑。
③ 刘宇、韩晓旭：《大运河文化带影响下的清真寺建筑形制汉化演进研究》，《艺术与设计（理论）》2020 年第 2 期，第 73 页。

与同一时期内地清真寺建筑相比,洪水泉清真寺的多层亭式唤醒楼极具河湟地域特色,其顶部形状不同于内地伊斯兰教古建筑(如北京牛街礼拜寺、杭州凤凰寺)的普通攒尖顶形式,呈现饱满的"盔式"攒尖顶样式,河湟地区称"元宝顶"。此外,河湟地区伊斯兰拱北[①]建筑中的"八卦亭"[②]亦体现了类似设计。唤醒楼与八卦亭的基本结构与明清时期中国多层亭阁式建筑相同,具有中华传统建筑平稳庄重的视觉特征,同时融入了阿拉伯建筑圆润高拔的视觉意象,成为中—伊两种建筑文化的有机结合体。从实际效果看,唤醒楼亦成为洪水泉清真寺建筑群的点睛之笔,使其形成了高低错落、分布有致的空间布局,此亦为河湟伊斯兰教建筑的共有特征。

洪水泉清真寺唤醒楼除基座外,上部楼体呈六边形结构,其不符合明清时期中国亭式建筑常见的八边形构造,刘致平先生亦曾提到六边形结构是中国伊斯兰教建筑中常见的平面结构[③]。在世界建筑史上,此种六边形建筑在伊斯兰建筑中的应用较为普遍,应与伊斯兰教特殊的宇宙观有关。

此外,洪水泉清真寺大殿维修时,曾于地基处发现刻有阿拉伯语经文的砖雕,应为清代扩建洪水泉清真寺奠基时所用,可见洪水泉清真寺在初建时即采用了中国传统建筑风俗。从历史情况看,明清中国民间宗教建筑常运用阴阳理论为建筑堪舆选址,亦常将易经八卦的数理内涵应用于建筑结构,故洪水泉清真寺不仅采用了传统中式建筑形式和工艺,在文化层面亦表现出深刻的本土化特征。

(三)建筑装饰工艺

当代国内建筑学界将甘青地区民族建筑划分为秦州、河西、河州三个地域建筑体系[④],洪水泉清真寺建筑则是典型的河州建筑风格,尤其体现了河湟地域建筑形成时期的样式和形态。

洪水泉清真寺集合了河湟建筑中的大木作与小木作技艺,尤以装饰木雕等小木作技艺见长,具有代表性的是"苗檩花牵"、"花板踩"等河湟地区特有的檐下建筑装饰结构。"花牵"和"花板"的意思基本相同,均为用雕刻的花板代替斗栱的横栱,以同时获得力学和装饰效果。其中"苗檩花牵"多见于河州(甘肃临夏)地区各民族建筑,"花板"则多见于甘肃河西地区的建筑。苗檩花牵在清代官式木作中被称作"挑檐檩",实际是斗栱结构的变体和简化形式,所不同的是比斗栱结构更具进行复杂装饰的空间。一般来说,苗檩花牵结构多用于没有斗栱的檐下装饰结构,但是亦有重要建筑使用斗栱和苗檩花牵相结合的形式,洪水泉清真寺的大门、礼拜殿以及窑殿顶部装饰均同时使用斗栱和花牵装饰。

河湟古建行业将斗栱称作"踩"或者"踩栋",称雀替为"戳木"或"圈口牙子"。洪水泉清真寺建筑的斗栱形制比较独特,多为河湟古建筑中常见的"粽子踩"(亦称"三角踩")、"凤凰踩"。比较独特的是,卷棚顶部隐藏在大殿屋面之下,称作"明流暗卷",属于典型的地方作法,临夏永靖县古建筑艺人家族的内部资料详细记载了"明流暗卷"的做法(图五)。

---

① "拱北"为中国西北地区对伊斯兰教先贤墓园的称呼,来自于阿拉伯语 Qubbah 的音译,愿意为拱顶建筑。
② 八卦亭是伊斯兰教拱北的核心建筑,是多层楼阁式的墓庐。
③ 刘致平:《中国伊斯兰教建筑》,中国建筑工业出版社,2011年,第215页。
④ 李江:《明清甘青建筑研究》,天津大学硕士学位论文,2007年;唐栩:《甘青地区传统建筑工艺特色初探》,天津大学硕士学位论文,2004年。

图五　洪水泉清真寺礼拜大殿檐下"明流暗卷"做法
（作者自摄）

明流暗捲样 ①

詹柱一丈，明担大八寸，斗六寸五分，拌一寸五分，彩子大四寸，厚二寸，工子大三寸，升子大三寸六分，彩呈一尺二寸，义樑大五寸五分，长六尺，苗林大五寸，暗捲托手四寸。瓜柱长七寸，弯椽大三寸，水每尺起三寸，全柱一丈四尺四寸五分，樑大八寸（专一丈五尺），林子五寸，水每尺六寸，瓜柱一尺四寸二，架樑大六寸，长七尺五寸，林子大四寸五分，脊瓜柱三尺三寸五分，林子大五寸，水每尺九寸，暗捲林子大四寸，后山柱长一丈三尺，义樑大六寸，长六尺，林子大五寸。

　　除保留了清式建筑的基本形制和法式外，洪水泉清真寺的檐下装饰亦有浓重的多民族建筑装饰特征，如"蜂窝"② 装饰和"瓣玛"圆线装饰即为典型的藏式建筑装饰样式，此种多元融合的风格体现了"重装饰、轻结构"的河湟民族建筑习俗。

　　除木工外，华丽的砖雕是洪水泉清真寺建筑装饰的另一个亮点。在河湟民族建筑中，木雕和砖雕的搭配与呼应至为重要，可以产生相映生辉的艺术效果。同时，砖雕与木雕的做法十分相似，既用于有结构承重作用的建筑体，亦用于纯粹的檐下及墙面装饰，尤其在大照壁等建筑上，砖雕的创意和雕刻技巧十分高超，其艺术水准可以和辽代砖塔、宋金墓室砖雕相媲美。

　　比较特别的是，洪水泉清真寺整体不施彩绘，但这一做法并未使建筑失去光彩，反而强化了砖雕和木雕的材料美感，突出了精美质朴的艺术效果。从历史情况看，不施彩绘的建筑装饰习俗在河湟伊斯兰建筑中较为常见，应与明代的建筑等级制度有关，并隐含崇尚"低调奢华"的士商文化传统，但是其在长期发展中已经成为一种特殊的地域审美习俗，并影响了河湟地区的多民族建筑。

（四）装饰图案

　　洪水泉清真寺建筑上多见鸟兽图案雕刻，从建筑文物遗存来看，明清至民国时期的河湟伊斯兰教建筑广泛采用汉族民俗图案装饰，只是对部分图案的解释具有伊斯兰文化特征，可以窥见中华传统文化在多民族地区的影响力。与此相比，内地明清时期的伊斯兰建筑却鲜用此类图案，或仅在清真寺外照壁及门前抱鼓石上雕刻有少量瑞兽图案。

　　基于特定的文化习俗，洪水泉清真寺中的装饰图案总体遵循了伊斯兰教的图像禁忌，一般而言，唤醒楼、诵经殿、照壁等主要建筑物上的图像规范比较严谨，附属建筑的图像则比较随意。这些图案大致可分为抽象纹饰和具象图案两类，抽象纹饰多为十字、回字、万字等传统锦地，边角、

---

① 资料由国家级非物质文化遗产"永靖古建筑修复技艺"代表性传承人胥元明先生提供。
② 藏式建筑特有的装饰形式，为小方块材料堆砌而成，外形酷似蜂窝。

线条装饰多用卷草、螭龙，与明清时期广泛流行的民俗装饰纹样无异，但是密集的装饰更体现出鲜明的地域民族文化品味。

与抽象图案相比，丰富的具象图案更能体现洪水泉清真寺的中华文化特色，除花卉、蔬果、博古等民俗图像之外，亦包括暗八仙、七珍、八吉祥等道教和佛教图案，龙、凤、鹿、狮子、蝙蝠、仙鹤、喜鹊等吉祥瑞兽图案亦十分常见。比较典型的组合图案是"石桐菊"（谐音十世同举）、"喜鹊登梅"、"猫蝶长寿"（谐音耄耋）、"兔守白菜"（谐音百财）、"鼠戏葡萄"（寓意多子）、"麒麟苍松"、"二龙戏珠"、"丹凤朝阳"、"麟凤呈祥"，这些图像均为典型的中国民俗吉祥图案，在明清时期的建筑雕刻、彩绘，室内装修、家具装饰、博古器物以及地毯、织物上广泛使用，体现了近古中国社会礼俗互动的社会文化特征（图六）。

大殿中比较特别的装饰是后窑殿的圣龛（米哈拉布）雕刻图案，其在中央壁板中设置凹陷瓶花造型，上方悬挂阿拉伯语经文牌匾，两侧木刻装饰为"瓶生（谐音平生）牡丹（象征富贵）"图案，上部为"戟磬（谐音吉庆）"图案，按照伊斯兰文化的解释，其寓意应为"两世平安"及"两世吉庆"，是洪水泉清真寺中最具伊斯兰文化特征的装饰。

除常见的民俗化图像外，洪水泉清真寺大照壁的"百花图"砖雕以新颖的设计创意闻名遐迩，成为河湟民族艺术的经典作品。在当地人士的口述史中，此图案来源于施工期间厨房制作的丰富的面食图案，是中国黄河流域民间食品面塑文化的体现（图七）。

图六　洪水泉清真寺大殿廊心墙砖雕
（作者自摄）

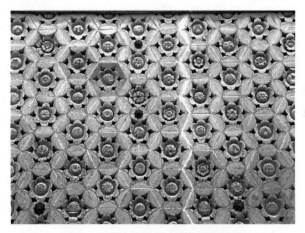

图七　洪水泉清真寺大照壁砖雕图案
（作者自摄）

照壁背面则雕刻了多组形态各异的面食用具和食品图案。相传，该寺前后共修建了13年，在这13年中数百名工匠吃了多少种面食、蔬菜，就将所吃的食物全部雕刻在照壁上。①

此说虽为民间传说，但是却表现出鲜明的民俗性和生活特征，从一个侧面说明了施工群体的多地域构成，呈现了河湟文化中的农耕文化传统，并生动隐喻了多民族共创文化的历史图景。另一个具有特殊象征意义的传说是清真寺大殿正脊上三只彩塑砖雕宝瓶，据说这是大殿落成时藏传佛教寺院赠送的礼物，体现了当时河湟地区和睦的民族关系和多民族对中华文化的认同。

---

① 许显成：《洪水泉清真寺的建筑艺术与民俗图案》，《青海民族研究》2005年第4期，第160页。

（五）工匠群体

不论文化的变迁如何主导了地域建筑文化的发展，工匠群体仍然是其文化风貌得以呈现的媒介。河湟地区的建筑装饰行业由汉、回、藏等多民族匠工群体构成，体现了跨民族、跨文化的协作关系，使河湟古建筑呈现多元交融的风格。此种多民族合作的模式亦优化了河湟建筑行业的技术传统，促进了建筑文化的创新性，为河湟古建筑装饰行业赢得了广泛的声誉。

清代至民国时期河湟地区的公共建筑多为汉族建筑艺人承建，其中以永靖县白塔寺的木工世家最具代表性，根据胥氏家族的口述史，其先祖于明初从山西迁居河州，已传承数十辈，他们为河湟地区各民族、宗教设计营建的公共建筑至今仍为河湟古建筑的典范和样本。白塔寺木工比较系统的继承了明清官式古建的建筑结构、形制，但是由于长期在河湟多民族地区设计施工，其建筑结构和装饰习俗明显受到了回族、藏族建筑装饰趣味的影响，形成了特有的地域建筑风格，对河湟各民族建筑形成了示范效应。

除白塔寺木工之外，临夏（河州）砖雕艺人在河湟地区享有盛名，高质量的建筑砖雕多由河州回族工匠制作。根据砖雕行业的口传史，临夏砖雕艺人主要为明清时期山西、陕西等地区的回族移民，他们将中国内地成熟的砖雕艺术移植到西北河湟地区，并在清末至民国时期涌现了马伊努斯、马忠良、绽成元、周声普等砖雕大师。

关于木工和砖雕艺人的合作关系，当地的传说中有如此描述，当时修建清真寺的木工和砖雕艺人在图案样式上互相攀比、模仿，相互竞争，这是清真寺的木雕和砖雕丰富多彩、争奇斗艳的重要原因。此传说基于一定的历史事实和生活事实，形象地表达了河湟不同建筑工种之间默契的合作关系，亦间接体现了多民族劳动群体共创中华文化的历史。

三、结　语

洪水泉清真寺地处河湟多民族聚居区的腹地，其地缘文化具有浓厚的多元色彩。可以确定的是，洪水泉清真寺现在的风貌是经过多次改建、扩建的结果，在此过程中，多民族文化符号和习俗持续融入其建筑语言中，成为甘青地区民族文化多元共生的集中体现。

在河湟地区，不论伊斯兰建筑、藏传佛教建筑还是汉族的寺庙道观，其装饰形制、装饰手法、审美倾向存在鲜明的趋同性。从历史情况看，此种建筑文化习俗与多民族互嵌、杂居的社会格局具有显著的关联，蕴含了丰富的宗教、民俗、工匠传统。也可以认为，洪水泉清真寺建筑受到了中华本原文化、多元宗教文化和地域民俗文化的多层次影响，表现为多民族文化之间微妙的共生与对话关系。

作为多民族共创的文化成果，洪水泉清真寺并未固化的延续中国建筑传统，而是依据地域自然环境和人文环境进行了入乡随俗、兼容并蓄的再创造。在此过程中，中华传统文化始终是其知识背景和人文底色，而多民族文化的共同滋养则使其形成了独特的建筑语言和文化风貌。

Investigation and Interpretation on the Architectural Culture of Hongshuiquan Ancient Mosque in Qinghai

NIU Le

(Northwest Minzu University, Lanzhou, 730030)

Abstract: Qinghai Hongshuiquan Mosque is an important example of the localization of Islamic architecture and cultural achievement created by many nationalities. It does not solidify and continue the traditional Chinese architectural form, but also makes an inclusive recreation according to the regional natural and cultural environment. In this process, Chinese traditional culture has always been its knowledge background and humanistic undertone, moreover, the common nourishment of multi-ethnic culture has formed a unique architectural language and diversified cultural style.

Key words: Islamic architecture, Sinicization, cultural integration

浙江金华清中晚期建筑墙壁彩画类型和特征研究

朱穗敏

（浙江省文物考古研究所，杭州，310014）

摘　要：至迟到清代中期开始，金华传统建筑开始在石灰墙面绘制彩画，并在清晚期到民国时期得到较大发展。通过大量的实地调研，结合具体案例说明金华地区檐墙、门楣、窗楣和山墙等不同建筑部位墙壁彩画的特征。金华地区彩画呈现出三个特点，即形式上对砖木结构仿写，等级上在地方建筑装饰语境中低于雕刻艺术，色彩上以黑灰色为主。

关键词：金华；墙壁彩画；仿写；装饰

一、研 究 综 述

清代及民国时期，浙江地区传统建筑墙壁彩画基层主要有木板壁和白石灰墙壁两种。根据彩画图案大小和表现手法的不同，又可分为两类，一类是绘制在周边墙体上面积较大、具有艺术性的绘画图案。这类墙壁彩画在浙江较少，典型代表为全国重点文物保护单位的金华侍王府、江山廿八都文昌阁和省级文物保护单位的永嘉太阴宫等建筑墙壁彩画，相关研究文章较多。金华侍王府的研究持续40余年，有严军[1]、蒋鹏放[2]、朱颖[3]等学者都发表过相关文章。近年来综合性的研究为伍冰蕾的《浙江地区明清传统壁画发展与保护研究》硕士论文[4]，将浙江传统墙壁彩画分为"太平天国壁画"、"清代民间戏曲壁画"、"明清古民居壁画"三种，以前两类为主，研究重点是木板壁和墙壁上的山水花鸟、人物故事等具象图案。

第二类墙壁彩画绘制在建筑白石灰檐墙、门窗等周边，面积较小，多仿写木、砖建筑，以规整的装饰性图案为画框，局部绘制山水花鸟人物故事等图案，但是比第一类彩画尺寸小。这类彩画大量存在于浙江各地区建筑中。张席森通过在浙中、南部地区大量传统建筑的调研，发现"内外檐墙檐下、门楣和窗楣及整个墙体的转折处，壁画清晰可见……这些壁画信息总量与全部考察的十个自然村建筑总数之比，其概率也达到70%以上"[5]。针对这类墙壁彩画的研究现主要也集中在彩画图案、色彩、意义等解读，如沈妙芬《地域文化视野中的俞源民居壁画》[6]、吴剑梅等《中国太极星象村古民居壁画》[7]俞源村古民居墙壁彩画的研究。

① 严军、王士伦：《金华太平天国侍王府的建筑与壁画艺术》，《文物》1981年第9期，第53～59页。
② 蒋鹏放、施德法：《侍王府建筑及装饰艺术浅述》，《古建园林技术》2008年第2期，第25～27页。
③ 朱颖：《清末江南古建筑壁画艺术研究——以金华侍王府壁画艺术特征为例》，《南方文物》2017年第4期，第291～296页。
④ 伍冰蕾：《浙江地区明清传统壁画发展与保护研究》，中国美术学院硕士学位论文，2017年。
⑤ 张席森、周跃西：《五色审美之传统建筑图画——浙江武义地区民间传统建筑色彩问题探究》，浙江大学出版社，2011年，第201页。
⑥ 沈妙芬：《地域文化视野中的俞源民居壁画》，中国艺术研究院博士学位论文，2008年。
⑦ 吴剑梅、鲍仕才：《中国太极星象村古民居壁画》，河海大学出版社，2020年。

二、研究对象和方法

　　基于对现有研究成果分析，本文以第二类建筑墙壁彩画，即以绘制在白石灰墙壁上的檐墙、门、窗、内侧山墙处的墙壁彩画（图一）为研究对象，探讨的重点并非具体图案，而是关注其整体形制，以及彩画与建筑的关系。

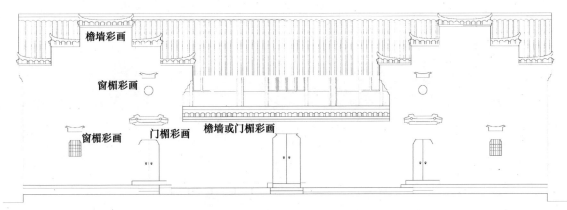

图一　金华地区常见主入口立面壁画绘制位置
（根据武义县文物管理委员会 2004 年所测武义俞源村陈弄屋正立面改绘）

　　关于此类墙壁彩画，有笼统的称呼如"装饰"，也有按照绘画基底而称为"壁画"、"墙画"，还有根据色彩，称为"墨画"、"彩画"，如姚光钰的《徽派古建民居彩画》[①]。姚光钰一文将徽派民居彩画分为门楣画、窗楣画和墙头画，与本文的研究对象是一致的，也反映出两地彩画形式上的相似之处。为了将一二类墙壁彩画区分，本文亦认为称为"彩画"更为妥当。

　　檐墙、门窗类彩画至迟到清中期前后已出现在浙江传统建筑上，并于清晚期民国蔚然成风。通过对金华、武义、浦江、永康等地彩画进行实地调研，下文将结合具体案例说明金华地区檐墙、门楣、窗楣和山墙等不同建筑部位彩画的特征。在浙江传统建筑中，彩画是清晚期民国的一项重要建筑装饰技艺，是建筑立面的重要组成部分。

三、彩画类型及特征

（一）檐墙彩画

　　檐墙彩画是最常见的形式，即彩画沿屋檐成长条状连续分布，是不同繁简程度的带状纹样，最简为墨色平涂或粗细轮廓线组合；色彩上黑灰色为主，构成屋顶瓦面与墙体白色的一个灰调过渡，增加平直立面细节和可观性。

　　金华地区建筑多外墙整体石灰抹面，永康部分地区砖墙外立面多仅在檐墙、门窗部位做石灰抹

___
① 姚光钰：《徽派古建民居彩画》，《古建园林技术》1985 年第 2 期，第 27～30 页。

面，然后在石灰面上绘制彩画。武义俞源村的高座楼（图二）、连厅楼（图三）、青峰楼（图四）等建筑檐墙彩画繁简不一。高座楼檐墙彩画分为三层，上下两层为窄条的几何连续纹，中间为两种长短不一画框间隔排列。连厅楼檐墙彩画较为精细，分上下两层，上层为两种画框，下面为几何连续纹；在靠近窗口的部分绘制"挂落"纹样，起到装饰和凸显窗户的作用。青峰楼仅做一层画框，但三种类型，图案类型丰富；画框上下为墨线。七星楼是人字山墙，绘制较为舒展的折枝花卉。画框

图二　武义俞源村高座楼檐墙彩画局部
（作者自摄）

图三　武义俞源村连厅楼檐墙彩画局部
（作者自摄）

图四　武义俞源村青峰楼檐墙彩画局部
（作者自摄）

中的题材多为梅兰竹菊、桃李榴桂等吉祥寓意植物，或者喜上枝头、渔樵耕读等传统题材故事。墨画和瓦屋檐之间的砖叠涩多刷墨色，使得整个檐口整体性较强。

（二）门楣彩画

门楣彩画主要分布在外纵墙内外侧，部分内纵墙两侧也绘制。本文所指门楣彩画是在檐墙彩画的基础上，加上仿木构件"梁枋、柱、柱础"等而形成的彩画类型。

从材料使用上，门楣彩画有两类，一类是仅用彩画绘制。武义俞源村门楣彩画集中且保存较好、图案丰富。六基楼和书厅楼是这类门楣彩画是典型代表，前者较多使用细密装饰图案，后者多用具象人物故事图案；除此之外，真贞楼、四星楼、七星楼、店后楼等都有绘制。俞源门楣彩画结构类似，纹样等细节的不同使得每一处门楣彩画都不尽相同。真贞楼和四星楼不绘制穿枋上下装饰带。真贞楼的门墙彩画在穿枋端头、柱头采用细密几何纹样，其上绘制聚锦图框。四星楼的斗栱变形为花朵，枋下雀替绘制成卷轴，梁头绘制成凤凰；充分反映出彩画绘制灵活的特点。关于俞源村门楣彩画的研究，陈志华先生于《俞源村》一书中也有说到，"比较复杂的，是在照墙上画三开间木牌坊，柱梁、斗栱一应俱全。这是乾隆以后用来取代以前贴砖的仿木牌坊的。"[①]

浦江严家廿四间头，现为浦江县非物质文化遗产馆，建筑始建于清乾隆早期。入口绘制门楣彩画。彩画为三间，柱子落地，但是下部彩画模糊，柱础不详。上部穿枋、斗栱保存较好。细部图案，以万字纹、折枝花卉为主，局部设画框；色彩以墨色深浅区别；此外斗栱未做变形。另浦江解放西路上亦有多处建筑绘制门墙彩画。

第二类是彩画和木构、砖构结合。永康厚吴村的司马第和丽山公祠砖雕门楼局部有斗栱墨画，在整个砖雕门楼中并不凸显。这两座建筑的入口砖牌坊均为磨砖清水墙砌筑，不用纹样烦琐花砖砌筑，这也是砖门坊中一种常见形式，具有素雅之美。

调研中发现，个别传统清水墙砖门楼在近年修缮中在上下素枋或砖柱上抹灰并绘制彩画，是对地方语境中砖、彩画的误读，具体原因可见下文对"等级"的阐述。

彩画与木结构的结合的建筑有浦江三埂口 14-32 号民居，在山墙外侧与厢房连接处，木穿枋直接搁置在墙上，穿枋之间绘制彩画"格栅"、其下绘制"月梁"、"柱子"，彩画构件与木穿枋形成视觉上的统一。多种材料和艺术手法的结合，形成丰富视觉效果，也适应不同房主的经济能力。

1. 主入口门楣彩画（俞源六基楼）

金华武义俞源村六基楼建于清代道光二十年（1840 年），三合院建筑。建筑门墙檐下内外侧均绘制门楣彩画。内外两处彩画形制类似，内墙（图五、图六）保存较为完好。内墙上方小砖叠涩出挑承托其上屋顶；彩画仿木结构呈现出"支撑"屋顶的效果。

彩画布置在大门两侧、门上额枋部位，墙体呈三开间布局。大门左右两侧彩画从下往上依次为柱础、柱子、穿枋、斗栱。

彩画柱础为鼓形，与该建筑的石质鼓形柱础相比，略微低矮。鼓上图像分为五层，上下为小

---

① 陈志华：《俞源村》，清华大学出版社，2007 年，第 106 页。

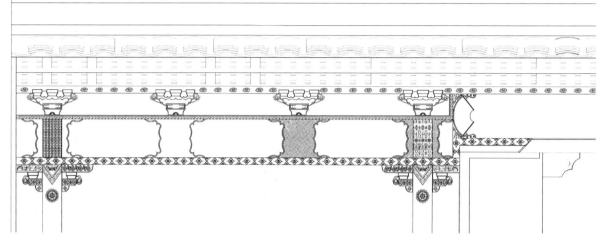

图五 武义俞源村六基楼院墙内侧门楣彩画的左侧部分
（作者自绘）

图六 武义俞源村六基楼院墙内侧门楣彩画局部
（作者自摄）

圆，摹写的是石柱础上的凸起乳钉，多见于清中期建筑；往内为曲线，中间三分之一又细分为三段。

彩画柱为黑色，柱头左右两端绘变形重栱，由若干方格内花卉图案组合而成。柱子上下端分别为三角形和圆形图框。柱子被穿枋下装饰带隔开，分成两段；其余门墙彩画则不见此类画法，柱子和穿枋呈现出与木构一致的、合理的"穿斗"形式。上方短柱绘制锦纹，明间两柱头和次间边缝柱头纹样不同。这种突出明间的装饰手法与木构相同。左右次间枋内绘制三个聚锦框，其内绘制彩色人物、花卉纹样；明间枋内绘制福禄寿三星。左右次间穿枋上设一道平板枋，放置一斗三升斗栱。彩画斗栱之上为砖挑屋面，从彩画转向砖瓦，利用视觉及联想，制造了"承托"这一假象。

短柱内的纹样有两种，一是六边龟背纹，一是圆环纹。从现有的痕迹可以看出，此类图案是在方格控制线基础上绘制。另有尺度更小的万字纹，方格更小，填涂墨色而成。

穿枋下的细窄装饰带非木结构所有，而是作为彩画穿枋的边饰。虽然门墙彩画在模仿砖木结构，因为缺乏厚度感，在表现时并不能完全参照砖木结构的形式，穿枋下边饰即是适应彩画平面艺术的处理手法。

台门背面上方彩画，后期的题材多为"双狮戏彩球"，色彩上使用湖绿、赭石等，绣球上缠绕各种装饰结。台门正面多为四字题字。

2. 主入口门楣彩画（俞源书厅楼）

金华武义俞源村书厅楼是建于清代嘉庆十年（1805 年），三合院建筑。书厅楼与六基楼门墙彩画形制、细节图案上存在差异。虽然书厅楼建造年代比六基楼稍早，但是从门楣彩画"仿木构"来看呈现出更晚期建筑特征。

　　首先，书厅楼门墙内侧彩画两次间柱子和穿枋的关系更接近木结构的穿斗结构（图七），木柱直接与斗栱相接；六基楼柱子被穿枋装饰带断开。俞源村其余建筑门墙彩画绝大多数为此类画法。其次，构件尺寸增大。柱间穿枋以及上下装饰带等尺寸增大，不再绘制小尺度连续图案，代之以花卉等具象图案。再次，图案题材更具象。减少使用龟背纹、圆环纹、万字纹等细密装饰图

图七　武义俞源村书厅楼院墙内侧门楣彩画局部
（作者自摄）

案，多用聚锦框内绘博古、人物故事等传统题材图案。穿枋两端斗栱支撑，代之以花替或鱼纹图案。柱头上斗栱两侧绘制飘逸的云纹，与同时期的砖雕一致。

图八　武义俞源村七星楼偏门门楣彩画
（作者自摄）

3. 次入口门楣彩画

　　偏门宽1米左右，俞源村的门楣彩画多为"柱枋式"，亦做仿木构形式。门两边绘制立柱，柱头穿枋连接，大部分柱头绘制斗栱，柱头、穿枋是装饰重点。如门墙彩画类似，彩画"承托"屋面，每处建筑不尽相同。俞源村七星楼偏门（图八），其彩画穿枋同木构月梁，两端梁眉用淡墨，中间绘制花鸟画；柱头重栱。俞源村四星楼彩画穿枋偏小，枋下绘制雀替；单栱三朵。俞源村点后楼彩画穿枋为长方形，两边绘制万字不断纹，中间绘制柳树等；柱头单栱。俞源村精深楼、连厅楼不用斗栱，绘制传统图案彩画。

（三）窗楣彩画

　　窗楣彩画接近门楣彩画中最简单的那种形式。外墙窗洞较小，方形窗宽55厘米，圆形窗直径45厘米，窗洞周边绘制淡墨框，边现用若干道粗墨线勾勒。窗洞和屋面之间画框内绘制传统图案，两边绘制几何纹、卷草纹等挂耳，俞源村连厅楼（图九）、下万春堂均为此类画法。陈弄屋窗楣彩画在砖屋面两端绘制脊饰中间宝瓶，画框两侧绘制柱子，这种屋脊的装饰画法与当地偏门砖雕脊饰相同。另连厅楼窗洞下方左右两端绘制短柱，即"仿写"木窗外罩栏杆。

（四）内山墙彩画

　　金华地区边缝梁架最常见的为木结构；第二种为砖结构，如东阳紫薇山诒燕堂和开泰堂、浦江

图九 武义俞源村连厅楼窗楣彩画
（作者自摄）

冯村维新堂和仙华街道的河山仁寿堂等，主要在清中晚期建筑上使用，即在山墙面砌筑略突出的柱子、梁、枋等构件。浦江、义乌等地则在内部山墙上绘制边缝梁架，木檩条等梁架直接搁置在山墙上。无论是砖结构还是山墙彩画都是"仿写"木结构。与上文所提及的门楣彩画、窗楣彩画，砖结构、山墙彩画对木结构的"仿写"都极为细致，梁柱、木枋大小及形制均与木结构相同，山墙彩画因绘画便利特性会在局部增添绘画。砖结构加工以及施工工艺的复杂或许是其山墙没有大量使用的原因。

浦江地区绘制山墙彩画最多，另义乌凰升塘一木厅也绘制此类彩画。山墙彩画的绘制风格与木构风格同步，现山墙彩画为清中晚期到民国时期所绘。浦江新光村诒穀堂（图一〇）建于清中期，边缝绘制山墙彩画。柱子、月梁等用墨深，方形穿枋用墨较淡。月梁梁眉、梁托刻画细致，黑白相间，多用卷草、草龙拐子，图案较为简洁。浦江三埂口谷我堂、后路金金氏宗祠、新三正有恒堂、程家程氏宗祠、龙山创始堂、大元笃祐堂[①]等建筑为清晚期民国建筑，这些建筑山墙彩画增添更多山水花鸟人物故事图案。

另有建筑边缝采用木结构梁架，下部山墙部分会用墨色中刻白线来模仿砖砌山墙的纹理；在调查中发现部分建筑入口的八字墙、建筑窗下槛墙亦使用这种墨画仿砖绘制。

图一〇 浦江新光村诒穀堂木梁架和山墙彩画梁架
（作者自摄）

---

① 浦江县百幢历史建筑保护利用工程领导小组办公室、浦江县文化和广电旅游体育局编：《丰安古韵：浦江县百幢历史建筑保护利用工程成果集萃》第一辑，浙江人民美术出版社，2019年。这些建筑的内侧山墙彩画资料均来源《丰安古韵：浦江县百幢历史建筑保护利用工程成果集萃》一书，对于建筑山墙彩画已经过修缮的，对其研读结合修缮前的照片。部分建筑的建筑年代书中未详细说明，本文通过建筑木构特征判断其年代。

四、结　语

（一）仿写

上文四类彩画是根据彩画在建筑中的位置进行分类，除了第一类彩画外，其余三种彩画都表现出较为明显的"仿木构"的特征，荷雅丽认为"仿木构建筑实例都具有相同的两个基本特征——一是旨在产生木材营造假象的'模仿'行为，二是隐匿从原材料的真实属性。它以不同的精准度唤起这种（木作原型的）假象，取决于材质的特性、彼时彼地主导的艺术风格，以及匠师们的技艺。"①

"仿木构"是建筑发展过程中一种常见的艺术手法。中国建筑以木材为主，从官式建筑、寺院衙署乃至一般的民居，绝大部分都以木构为主，由此形成了非常成熟的木材加工技艺及工具。浙江明清建筑中，石材、砖等材料在建筑中多有运用，形成了较为明显的"石仿木"和"砖仿木"建筑。这样一种艺术手段绵延不绝，产生"画仿木"、"画仿砖"等形式。

本文后三类彩画，现有研究较少且主要集中在彩画中图案部分，而忽视了此类彩画的整体性。彩画对木结构的"仿写"，是建筑艺术在体系内的发展，通过不同材料"再现"木构特征，而不是创造全然一新的形式。

彩画的兴起应与其建造材料的经济和绘制便利直接关联，也与清中晚期到民国建筑中雕刻、木构彩画极大发展的背景互为激荡。彩画一旦形成和发展，充分发展其绘制简便的特性，在方寸之间、高墙之上，山水花鸟人物故事以及书法等传统题材在建筑上得到了充分体现，丰富了建筑外墙细节。

（二）等级

在金华乃至整个浙江地区，与建筑中的木雕、石雕、砖雕这三雕艺术相比较，传统建筑木构彩画和彩画艺术不如它们突出。在中国传统建筑观念中，等级差序观念极为重要，这种等级在体量、色彩、装饰纹样，以及材料上都有明显反映。以主入口为例，金华的寺平村以及兰溪诸葛村有较多建筑使用砖雕牌坊式门楼，与这种高等级的入口形式相匹配的是，主入口立面的窗户周边亦贴花纹砖。门楼的高低、砖雕的烦琐程度、磨砖对缝的精细程度等都成为彰显了主人的财力、身份的重要体现。彩画材料低廉和营造方便，在地方建造语境中，会成为一种相对低等级的装饰手法。

（三）色彩

黑灰色是彩画中最主要使用的色彩，对于绘制材料，《卢宅营造技艺》一书写到"工匠往往将后檐、山墙及山墙马头出挑砖墙肩以下 5 寸部位刷成灰黑，材料为烟囱灰充白灰加牛皮胶"②，周思源《越中建筑》一书写到"（鲁迅故居）门屋的外墙用煤黑和牛胶合成的浆料反复涂上几遍，以致

① 荷雅丽著，曹曼青译：《仿木构：中国营造技术的特征——浅谈营造技术对中国仿木构现象的重要性》，《建筑史》2013年第 2 期，第 12～13 页。

② 韦锡龙：《卢宅营造技艺》，浙江古籍出版社，2014 年，第 135～136 页。

乌黑发亮"[1]。《卢宅营造技艺》及《越中建筑》均为浙江地方传统工匠编撰,做法较为接近。对于黑色地方传统建筑中的运用,笔者在对浙江地区室内木构彩画的调研中亦多有发现,反映出色彩等级和限制,正如傅熹年先生所指出的"民宅大门及柱之油漆用黑色,屋梁不得用彩画"[2]。鉴于严苛之规定,庶民建筑多不用彩,但是随着清中晚期社会发展,僭越现象普遍发生,彩色在庶民建筑上增多,到民国愈发明显。

彩画墨色有深浅浓淡之分,除墨色外,浙江清晚期民国彩画上也使用赭石、草绿等彩色颜料,"五彩壁画系后起,颜料有红、蓝、黄、绿、黑五色,多以颜料粉兑水加熟桐油调配,矾水罩光"[3]。彩画整体设色淡雅,与这一地区木构"清水木雕装饰"相一致。

Types and Characteristics of Colored Wall Painting in Jinhua of Zhejiang during the Middle and Late Qing Dynasty

ZHU Suimin

(Zhejiang Provincial Institution of Cultural Relics and Archaeology, Hangzhou, 310014)

Abstract: Since the late mid Qing Dynasty, Jinhua traditional architecture began to draw color paintings on lime walls, and developed greatly during the first half of 20th century. Through many field surveys and specific cases study, this paper explains the characteristics of colored paintings in different building parts such as eaves wall, door lintel, window lintel and gable in Jinhua area. The colored wall paintings in Jinhua area show three characteristics, that are the imitation of brick and wood structure in form, the level is lower than the carving art in the context of local architectural decoration, and the color is mainly black and gray.

Key words: Jinhua, wall painting, imitation, decoration

---

① 周思源:《越中建筑》,中国建筑工业出版社,2015 年,第 81 页。
② 傅熹年:《中国古代建筑工程管理和建筑等级制度研究》,中国建筑工业出版社,2012 年,第 157 页。
③ 浦江县百幢历史建筑保护利用工程领导小组办公室、浦江县文化和广电旅游体育局编:《丰安古韵:浦江县百幢历史建筑保护利用工程成果集萃》第一辑,浙江人民美术出版社,2019 年。

清奉先殿建筑营建史考[*]

卓媛媛　杨　红　谢嘉伟

（故宫博物院，北京，100009）

摘　要：故宫现存奉先殿是清代皇室家庙，近代作为现代化钟表馆对外开放，目前未有对其建筑沿革的全面研究。本文通过梳理清代奉先殿营建历史，结合实地勘察，探讨了故宫现存奉先殿建筑是清初遗存。依据对清顺、康、乾三朝的祭祀路线及清宫史实的讨论，总结了奉先殿院落格局的发展历程。同时为开展故宫奉先殿后续研究提供重要基础。

关键词：清代；奉先殿；故宫；营缮历史；院落格局

奉先殿位于紫禁城内廷东侧，景运门之外（图一）。奉先殿为主体建筑，南群房及东跨院为原神厨、神库所在地，建筑组群占地共计 10822 平方米。有清一代，皇家祭祖承继明制，"国有太庙

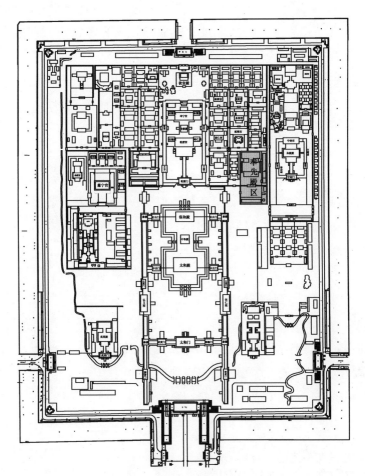

图一　故宫奉先殿位置图

---

* 本文系故宫博物院科研课题《故宫奉先殿建筑及祭祀空间原状研究》的阶段研究成果。

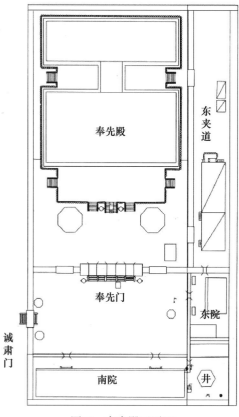

图二 奉先殿区平面

以象外朝,有奉先殿以象内朝"①。作为清朝皇室祭祀祖先的内庙,奉先殿是最重要、等级最高的皇室家庙。至清末,殿内共供奉了清代十一朝皇帝和皇后神位。

奉先殿坐北朝南,坐落于台基之上,由前殿、穿堂、后殿组成"工"字形平面(图二)。奉先殿的营造是清朝初期重大工程活动,在营缮历史中主要包括两部分:一是清顺治、康熙时期对建筑本体的重建和重修;二是康熙至乾隆时期对奉先殿一区规划布局的改造,遂逐步形成了现有的格局并保持至今。本文通过爬梳史料,结合实地考察,对奉先殿在清代的建置沿革和院落格局的发展变化展开讨论。

一、清奉先殿初建时的面貌

北京奉先殿始建于明永乐朝,永乐皇帝仿南京宫殿制度,在紫禁城内乾清宫东侧建造奉先殿。"李自成之乱"使明皇宫大半焚毁,虽然目前还未有研究成果明确焚毁至何种程度,但"惟满清入关,所得故宫必荒凉满目"②。明奉先殿可能毁于此时。

(一)顺治帝对奉先殿的修建

顺治十三年(1656年)十二月二十五日,顺治帝仿明制,下诏在乾清宫东重建奉先殿:

"朕考往代典制,岁时致享必于太庙,至于晨昏谒见、朔望荐新、节序告虔、圣诞忌辰行礼等事皆另建有奉先殿,今制度未备孝思莫伸朕心歉然,尔部即察明旧典具奏"③。

修建工程于顺治十四年(1657年)正月开工④:

正月庚午"以营建奉先殿,遣尚书车克明、安达礼、觉罗科尔昆郭科,祭告天地、宗庙、社稷";

五月庚戌"以奉先殿竖柱,遣官祭司工之神";

六月乙亥"奉先殿上梁,遣官祭司工之神";

秋七月癸卯"迎奉先殿鸱吻,遣官祭琉璃窑司工之神。正阳门、大清门、午门、奉先门司门之神"。壬子,"安昭事殿宝鼎,奉先殿鸱吻,遣官祭司工之神";

冬十月乙未"以昭事殿、奉先殿成,遣官祭司殿、司门之神";

十一月戊申"谕工部,上帝坛、奉先殿不日告成,在事官役勤劳可嘉,应加叙赉"。

① (清)孙承泽著:《春明梦余录》,北京古籍出版社,1992年,卷十八第 261 页。
② 朱偰:《明清两代宫苑建置沿革图考》,北京古籍出版社,1990年,第 85 页。
③ 《清实录》第三册《世祖章皇帝实录》,卷一〇五,中华书局,1985年,第 820 页。
④ 前揭《清实录》第三册《世祖章皇帝实录》,卷一百〇六至卷一百十三。

这次修建因工程量大，消耗钱粮多，为保证修建顺利进行，还暂停了同期进行的鼓楼等修缮工程。而且修建实际持续了一年多的时间，至顺治十五年三月才竣工完成。工部曾在依旨查档的奏本中提到：

"工部之人理合勒限命盖造，经科道官再三咨文催促项详推托，终于一年多之后方盖造完竣，经查档，顺治十四年正月修理奉先殿时，因所需钱粮多，臣等部奏称鼓楼即各项工程地方暂时停工，俟我部钱粮积贮后再陆续开修"①。

（二）奉先殿初建的形制

顺治十四年修建完成的奉先殿为敞殿七间，与明典制并不相符，顺治帝计划将其改建。顺治十七年（1660 年）五月十八日，顺治帝谕工部"奉先殿享祀九庙，稽考往制，应除东西夹室行廊，中建敞殿九间，斯合制度，前兴造时该衙门未加详察，连两夹室止共造九间，殊为不合，今宜于夹室行廊外，中仍通为敞殿九间以合旧制。尔部即会同宣徽院详议，并选择兴工日期具奏"②。

又据，顺治十四年正月十九日礼部依据明朝旧典恭定的《奉先殿仪注》中多次提到的建筑方位："初奉安神位于奉先殿，皇上亲诣行礼……致祭是日……内大臣侍卫、内府官等俱于奉先殿门外跪迎。上至奉先殿门外降舆，随神位亭入。内大臣侍卫、内府官等随上至奉先殿院内分班侍立。安置神位亭于奉先殿丹陛。……上出殿，立于檐下，东旁西向，内大臣侍卫内府官等仍照前侍立两旁，乐止俟供献等物撤毕。上复入殿，……请捧神位随上送至后殿内，奉安神位"③。

可推断当时的奉先殿应是包含奉先门的完整院落，主体建筑具备丹陛月台及前殿、后殿。前、后殿敞殿各七开间，东、西两山为行廊。康熙朝的《大清会典》④及嘉庆朝的《钦定大清会典事例》⑤亦有记载。

但是档案中对后殿的行进路线和后殿奉安礼仪未有详细记载，仅"送至后殿内"寥寥五字不能明确此时是否已有穿堂建筑。

二、清奉先殿的改建和重修

（一）顺治朝未实现的改建计划

顺治十七年（1660 年），顺治帝计划改建奉先殿。但钦天监择看开工吉日后，认为今年不可开工：

"今据钦天监咨呈，查得今年看前后所转方向，不可开工修理。倘奉先殿中间正殿之瓦脊不动，惟可拆修东西两端相隔之间廊檐。倘拆，六月初八辛卯日卯时好，先拆东面。倘开始修理，七月初三丙辰日寅时好等语。臣等看得，拆奉先殿东西廊檐后，两边各添修一丈四尺七寸时务必动吻兽续

① 中国第一历史档案馆藏：《工部尚书穆里玛等奏销积钱粮后立即修理鼓楼等事》，清顺治十七年八月十八日辛丑，工科史书 67。
② 前揭《清实录》第三册《世祖章皇帝实录》，卷一百三十五，第 1044 页。
③ 前揭《清实录》第三册《世祖章皇帝实录》，卷一〇六，第 828～830 页。
④ "奉先殿，顺治十四年建，前殿七间，后殿七间"，《大清会典（康熙朝）》，卷一百五十一，第 7278 页。
⑤ "十四年，勅建奉先殿前后殿各七楹"，《钦定大清会典事例（嘉庆朝）》，卷六百六十二，第 4491 页。

梁方可放吻兽，可否拆东西廊檐动吻兽之处，转咨钦天监，俟一一详查作速来文后再具奏动工等因
曾复咨礼部。今准礼部送来咨文内开已当即咨文钦天监，今据钦天监送来咨呈之文内称，倘动吻兽
续梁本年不可动工"①。

奉先殿原定的改建计划是将殿内东、西两侧各增加一间，面阔各一丈四尺七寸，最终成为殿内
九开间，加东、西行廊共十一开间的平面形制。因此要拆除现有的东、西山墙及东、西行廊，并涉
及到东、西两侧地面、立柱、梁架、瓦面、正脊、垂脊及吻兽的改动，看似简单的扩建方案，工程
实则不小。顺治十七年虽不宜开工，但已开始筹备改建奉先殿所需材料及钱粮等物资②。

半年后，顺治十八年（1661 年）正月初七日，顺治帝崩于养心殿③。奉先殿改建计划未实施。

（二）康熙朝重修

1. 奉先殿重修工程

清初对明故宫的修复直至康熙二十五年（1686 年）才全部告成。康熙继位后"始加经营，修
复宫殿力求充实。六年重建端门；八年重建太和殿，重修乾清宫；十二年重建交泰殿、坤宁宫、景
和门、隆福门；十八年重建奉先殿，皆继顺治修建之工"④。

为实现先帝的遗愿，康熙十八年至二十年间（1679～1681 年）对奉先殿进行了改建。因奉先
殿已开始使用，并恭奉了太祖高皇帝、孝慈高皇后、太宗文皇帝、孝端文皇后、世祖章皇帝五尊神
位⑤，所以康熙帝非常重视这次修缮。修缮前还要由钦天监选定吉期妥善安奉祖先神位后才可进行：

"经大学士礼部会同议准，由钦天监选择吉期，恭请奉先殿神牌暂安奉于太庙中殿暖阁内。其
兴工以至告成之间，每月朔望暂停祭祀。至每月荐新，掌仪司官照常供献。遇时享，请太庙所奉神
牌至前殿照常致祭。兴工之日遣官告祭奉先殿，告成之日选择吉期请入奉先殿……"⑥。重修工程于
康熙十八年五月开工⑦：五月"改建奉先殿及建造皇太子宫，遣官各一员，祭告天地太庙社稷，又
遣工部堂官祭告后土、司工之神"；八月"安奉先殿柱顶石，遣工部堂官祭告司工之神。又以奉先
殿及皇太子宫竖柱、上梁，俱遣工部堂官祭告司工之神"；

康熙十九年五月"迎奉先殿及皇太子宫吻，遣礼、工二部堂官各一员，祭琉璃窑、正阳门、大
清门、午门之神。奉先殿及皇太子宫安吻。遣工部堂官致祭"；十二月"奉先殿及皇太子宫工竣，
遣工部堂官一员祭司工之神"；

① 中国第一历史档案馆藏：《工部尚书霍达等奏本年不可修理奉先殿来年动工事》，清顺治十七年六月初一日甲申，工科史
书 63。
② "城砖系奉旨盖造之时首要之用，予先运送京仓于紧急盖造有益。……惟目今钱粮拮据，经议不能造船，况今奉先殿只
用砖二万八千块，此数既不多，请仍用车运送前来使用"（中国第一历史档案馆藏《工部尚书杨义等奏陈与所烧城砖有关之处事》，
清顺治十七年十二月十六日丁未，工科史书 73）。
③ 前揭《清实录》第三册《世祖章皇帝实录》，卷一百四十四，第 1105 页。
④ 前揭《明清两代宫苑建置沿革图考》，第 86 页。
⑤ "顺治十四年建奉先殿，前殿七间，后殿七间，设暖阁床。中间一龛，左设太祖高皇帝神位，右设孝慈高皇后神位。东间
一龛，左设太宗文皇帝神位，右设孝端文皇后神位，俱南向。十八年，恭奉世祖章皇帝神位入奉先殿。"（《大清会典（雍正朝）》，
卷二百二十九，《内务府 掌仪司上》四）。
⑥ 中国第一历史档案馆藏：《礼部为知会奏准修理太庙奉先殿事》，内务府来文，乾隆元年四月十九日癸未。
⑦ 《大清会典（康熙朝）》，卷六十二，文海出版社，1992 年，第 3231～3234 页。

康熙二十年二月甲午"以重修奉先殿告成，告祭太庙"①。

2. 工期延迟的原因

奉先殿重修时间持续一年半，并不是因为工程浩大，而是因为多种原因导致的工期延迟。

（1）康熙十八年七月二十八日京师地震

开工不久,康熙十八年七月二十八日京畿地区就遭遇了强烈地震②。很多私人文集中对这次地震的时间、震感、破坏力、次生灾害及余震情况等都进行了详细记录：

"邸报七月二十八日庚申时加辛巳，京师地大震，声从西北来，……是日，黄沙冲空，德胜门内涌黄流，天坛旁裂出黑水，古北口山裂。大震之后，昼夜常动"③；

"七月二十八日庚申，京师地震。自巳至酉，声如轰雷，势如涛涌，白昼晦暝，震倒顺承、得胜、海岱、彰仪等门，城垣坍毁无数，自宫殿以及官廨、民居，十倒七、八。……二十九、三十日，复大震。……直至八月初二日方安。朝廷驻跸煤山凡三昼夜。……自是以后，地时微震。惟初八、十二、三日复大震如初。近京三百里内，压死人民无算。十九至二十一日，大雨，九门街道，积水成渠。二十五日晚，又复大震。……九月二十四日丙辰，京师地复大震"④；

"康熙十八年己未，……七月地忽大震，发屋拔木，压倒人畜无算，越三月始定"⑤。

此次地震涉及范围广，震度强，地震震级为8级，烈度为11度⑥。京城中因地震损毁的建筑比比皆是，地裂缝随处可见。七月二十八日当夜连续三次强震，康熙帝不得不离开皇宫驻跸在煤山（今景山）临时搭建的帐幕中躲避。七月二十九日午刻、八月初一日子时、八月十三日、二十五日又遭遇强震，"复震如前"。八月十九日至二十一日，又连续三日大雨，使灾情加重。京城内许多宫殿、寺院、石碑、白塔和城墙倾倒，积尸如山，人心恐惧不安。之后的强余震活动频繁，或一日数动，或数日一动。余震时间持续3个多月，其中有4次强余震在6级左右。待十一月初才算基本稳定。

可想而知，在这段时间内，奉先殿修建工程是无法继续进行的。

（2）清政府的财力紧张

因地震造成的损失极为惨重，康熙帝立即下令展开抗震救灾。地震次日户部、工部遵圣旨议定赈济标准："地震倾倒房屋，无力修葺者，旗下人房屋每间给银四两；民间房屋每间给银二两。压倒人口不能棺殓者,每名给银二两"⑦。但康熙帝认为"所议甚少,著发内帑银十万两,酌量给发"⑧。

随后，又批复减免受灾地的当年税收："本年地震，通州、三河、平谷，被灾最重，应将本年地丁钱粮尽行蠲免。其香河、武清、永清、宝地等县被灾稍次者，蠲免额赋十之三。苏州、固安县

---

① 《清实录》第四册《圣祖仁皇帝实录》，卷九十四，中华书局，1985年，第1190页。
② "庚申，京师地震"（《清实录》第四册《圣祖仁皇帝实录》，卷八十二，第1049页）。
③ （清）顾景星撰：《白茅堂集》卷二十，己未，第31页。
④ （清）叶梦珠撰：《阅世编》，上海古籍出版社，1981年。卷一灾祥，第19～20页。
⑤ （清）尤侗：《悔庵年谱》卷下，清康熙年间刻本，第31页。
⑥ 周文辅：《中国地震目录》，科学出版社，1960年5月，第38～39页。
⑦ 前揭《清实录》第四册《圣祖仁皇帝实录》，卷八十二，康熙十八年秋七月辛酉，第1049页。
⑧ 同注释⑦。

被灾又次者，免十之二"①。

　　同时，朝廷还要消耗大量的工费修复被地震损坏的宫殿。经统计，因地震使紫禁城内 30 余处宫殿遭到损坏②。康熙十八年十月十五日，康熙帝谕大学士索额图、明珠等人："地震以来修葺破坏工费甚多，时值用兵军需孔亟度支浩繁，各处工役或有迟延、浮冒、侵蚀等，毙除奉先殿、皇太子宫并总管内务府监造工程外，其各处修造著都察院逐一详察"③。说明当时已暂停奉先殿的修建工程。

　　康熙十八年也是"平定三藩之乱"的关键之年，在"军需孔亟"之时还能三次赈济，蠲免灾区钱粮已是难能之事了，还要投入大量人力物力修复震后损坏的宫殿，这些巨额的财政支出给朝廷带来的财力紧张，也是导致奉先殿修建延缓的原因之一。

　　（3）康熙十八年十二月初三日太和殿灾

　　地震过后尚未喘息，同年十二月初三日太和殿又遭遇火灾。

　　"初三日，甲子寅时太和殿灾。丑时，火自西御膳房起，延烧后右门、中右门、西斜廊、寅时至正殿复及东斜廊、中左门，至巳时火熄"④。火势自养心殿南院西御膳房起，经西北崇楼、门廊、西庑房、两斜廊至太和殿，火势猛烈，燃烧愈 6 个小时，延烧路径上的建筑均被烧毁。而对这次火灾中烧毁的建筑，朝廷已无力马上修复，直到康熙三十四年（1695 年）太和殿才开始进行重建⑤。

　　综上，史料记载中奉先殿重修工程于康熙十八年五月开工，至康熙十九年十二月竣工，历时一年半，不是因为工程浩大，而是因为"地震"、"火灾"和经济压力等多种原因影响了修建进度。

（三）康熙朝重修后的形制

　　康熙十八至二十年间对奉先殿的修建，理应是按顺治帝遗愿，殿内新增东、西两间后，使其成为总平面十一开间的形制，但实际并非如此。现存奉先殿仍为顺治朝初建时总平面九开间的形制。康熙年间的修建，只是将原东、西行廊并入殿内，刚刚满足敞殿九开间的礼制，并未进行面积扩建。

　　依据康熙朝《大清会典》掌仪司记录的奉先殿祭礼中提到的建筑方位，如：

　　皇上亲诣行大祭礼："……皇上御补服，立于奉先殿诚肃门内之南旁，内大臣侍卫等用补服立于诚肃门之外，恭迎神位亭进阶上停设，引礼官导皇上向阶前，内大臣侍卫等随进内垣两旁排立……"

　　前殿大祭仪："……对引官由诚肃门导皇上入奉先门东旁门，太监捧水盘跪进，皇上盥手毕，由台之东阶升，亲随侍卫等于阶下立两翼，内大臣于殿外月台中间两旁排立……"

　　后殿告祭仪："……导引官引皇上进奉先门东旁门，由殿东阶下至川堂阶下北边，太监捧水盘跪进，皇上盥手毕，由川堂阶升殿内至行礼处立。导引大臣、随从大臣在川堂两翼排立，亲随侍卫

　　① 前揭《清实录》第四册《圣祖仁皇帝实录》，卷八十六，康熙十八年十一月乙巳，第 1093 页。
　　② 北京市文物工作队编：《北京地震考古》，北京文物出版社，1984 年 10 月，第 37～42 页。
　　③ 《勅谕 谕大学士索额图明珠李霨杜立德冯博学士噶尔图佛伦项景襄李天馥》，《清代御制诗文集 清世祖圣祖御制诗文》第 85 页。
　　④ 中国第一历史档案馆整理：《康熙起居注》中华书局，1984 年，第 470 页。
　　⑤ 王藏博、徐怡涛、方遒：《从斗栱形制探析故宫太和殿院落四角崇楼的建筑年代》，《故宫博物院院刊》2020 年第 10 期，第 57～70 页。

在阶下立……"

　　若遣大臣行礼："……对引官由诚肃门引行礼大臣进奉先门西旁门，由殿西阶下，川堂对过阶上，至殿门槛外，进川堂内立行礼……"①。

　　可推断奉先殿区已区分内、外院，奉先门内为内院，奉先门外增加外院即诚肃门内区域；奉先殿前殿月台东、西两侧有台阶，前、后殿之间有穿堂，穿堂月台两翼均有台阶等。另外，据文中载，在奉先殿及穿堂的月台东、西两侧进行"太监捧水盘跪进"、"皇上盥手"、"亲随侍卫在阶下立两翼"等相关祭礼的仪程，也说明此时月台东、西两侧的场地较为开阔（图三、图四）。康熙朝改建后，奉先殿由原敞殿七开间的建筑形制改为九开间，但总面阔未改变。

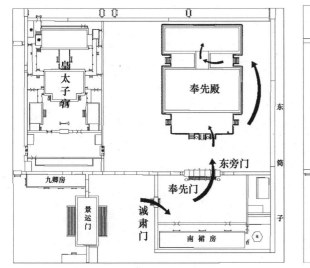
　　　　图三　康熙二十年皇帝祭祀路线示意图

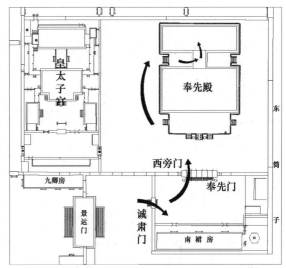
　　　　图四　康熙二十年遣官行礼路线示意图

三、康熙朝以后奉先殿的修缮

　　奉先殿在康熙十八年重修后，历朝对奉先殿均进行过修缮，其中以乾隆二年（1737年）的见新修理工程最大，其他均为保养性的维修。

（一）乾隆二年的见新修理

　　得益于先帝对当时社会政治、经济有效的改革和整顿，乾隆皇帝即位时社会稳定、国库充裕。看到太庙和奉先殿表面庄严宏伟，但窗棂、屋檐年久失修，为表达"尊祖崇先"的敬意，计划对奉先殿进行见新修理。

　　修缮从乾隆二年七月二十日开始，至同年十月十九日完工，历时三个月。修缮内容包括揭瓦檐头、更换糟朽椽望、大木归安、修理门窗、油饰彩画见新，修补阶条，修补院墙，拆墁院内、外地面等。除了建筑方面的修缮，还对奉先殿后殿供奉神位的神龛、祭器、家具及帷幔衾枕等一应陈设

　　①　前揭《大清会典（康熙朝）》，卷一百五十一，第7302～7320页。

器物均修饰维新①。

乾隆皇帝十分重视这次修缮，不仅高价选用精工良匠②，而且提前三个多月筹备修缮所需的杉木③、苏州金砖、山东临清城砖等物料，并要求江南、山东等备料各省在开工前务必将材料准时运送至京④。另外，乾隆皇帝除了亲自阅视工程外，还要求修缮过程中对祖先神位的安奉、朔望祭祀及施工祗告祭神等礼仪完全参照康熙十八年之例，甚至更为隆重，以表达对祖先的仰慕崇敬之情⑤：

"谕国家式崇太庙妥侑列祖神灵，岁时祗荐明禋典礼允宜隆备，今庙貌崇严而轩楹榱桷久未增饰，理应敬谨相视慎重缮修以昭黝垩示新之敬。著该部会同内务府详议具奏钦此。遵旨议准先行缮修奉先殿，应择吉恭请列祖列后神牌于黄舆暂奉安于太庙中殿寝室。自兴工以至告成，奉先殿朔望暂停祭饗，每月荐新掌仪司官诣太庙荐献，遇时享仍请太庙神牌至前殿照常行礼。竣工竣恭请神牌还御奉先殿安奉，礼成后再择吉缮修太庙……

又议准，奉先殿兴工吉期遣官祗告毕，……自兴工以及告成均照前仪于太庙荐献祭饗。竣工竣后，仍请神牌还御奉先殿……

又奏准，修理奉先殿照康熙十八年改建奉先殿例，前一日遣官祗告天、地、太庙后殿、奉先殿、社稷，安磉石、竖柱、上梁、插剑均遣官致祭司工之神。

又奏准，修理奉先殿迎吻照康熙十八年改建奉先殿例，遣官各一人致祭琉璃窑之神，暨经由之正阳门、大清门、午门、奉先门之神，其迎吻时，吻上应用裹金银花二对，大红缎二方，龙旗御仗各二，和声署作乐，前引承祭官及太常寺堂官、执事官并在工各官，均簪花披红行礼……

又奏准，缮修奉先殿悬匾额、合龙门，照例遣官一人祭司工之神，承祭官暨太常寺堂官，在工执事各官均照例簪花披红，一切事宜与迎吻礼同"。

（二）乾隆朝对奉先殿一区的改造

乾隆二年对奉先殿的见新修理未对建筑本体做修改。但通过对乾隆朝档案的梳理，发现奉先殿祭祀礼仪中的行进路线发生了改变。

在奉先殿竣工后恭请列圣、列后神牌还御的仪程中，首次提到了奉先门东、西角门。通过皇帝及大臣们的行走路线，发现奉先门东、西角门与奉先门东、西门不是同一座。

"……赞引太常卿二人，恭导皇帝随后行，黄舆由奉先门中门入，升中阶至丹陛上，均北向，赞引官恭导皇帝由左门入，太常寺官引恭奉神牌之王等由东、西门入，掌仪司官引陪祀内大臣侍卫

---

① 中国第一历史档案馆藏：《武英殿大学士迈柱为维修太庙奉先殿事》，乾隆朝工科史书 264，乾隆元年八月三十日辛卯。

② "奉先殿关系重大一应制造悉按规规，非谙练良工不能合式，除将匠役之内拣选技艺纯熟者承充，而工价请照宫殿工程之例，每匠一名长工给银一钱八分，短工给银一钱四分，每夫一名给银八分，至办买物料，俱按九卿定例核算"（中国第一历史档案馆藏《武英殿大学士迈柱为维修太庙奉先殿事》，乾隆朝工科史书 264，乾隆元年八月三十日辛卯）。

③ "杉木采于江南、江西、浙江、湖北"（《钦定大清会典（乾隆朝）》，卷七十，文海出版社，1992 年，第 652 页）。

④ "今遵旨缮修需用物料必须预备齐全，方臻美善。但殿内地面从前俱用苏州金砖铺墁、墙垣、地面皆用临清城砖成砌。今挑墁、拆砌需用甚多，而京师现在并无收贮此项砖块。即令山东、江南二省将前项砖块加工盘踹烧造坚致细腻者运送，必需时日，而应用杉木，例由外解。请将杉木、金砖、临清砖交该部行文各该处，务须乾隆二年夏间运送来京。俟物料齐备，交钦天监敬谨择动土兴工吉期"（中国第一历史档案馆藏《礼部为知会奏准修理太庙奉先殿事》，内务府来文，乾隆元年四月十九日癸未）。

⑤ 《钦定大清会典则例（乾隆朝）》，卷七十八，文海出版社，1992 年，第 489～493 页。

由东、西角门入，竢校尉退，司拜褥官布拜褥于丹陛上，赞引官恭导皇帝升东阶至黄舆前正中，行一跪三拜礼，王等由东、西阶至丹陛上随行礼，皇帝率王等各就黄舆前跪恭奉太祖神牌，诸王恭奉列圣列后神牌兴，由殿中门入安奉于各宝座，……各恭奉神牌由穿堂中路进至后殿，以次奉安于各寝室。……赞引官恭导皇帝由殿左门出自奉先殿东出奉先门左门，至诚肃门外升舆还宫"①。

又据乾隆十二年（1747年）十一月的修缮清单中"敬修奉先殿穿堂揭瓦头停，挑换椽望，安锭铜锡天沟，照旧油饰彩画，院内添建琉璃门二座，成砌大墙一道，焚帛炉一座，添做蕴灯，铺墁散水找补地面等项"②。及《钦定大清会典》内务府掌仪司记录的奉先殿告祭的仪程：

"……赞引、太常卿二人恭导皇帝入奉先门左门，由殿东夹道门入至后殿左阶下，豹尾班止于门外，内监跪进盥盘帨巾，皇帝盥洗，由左阶升入后殿左门，至拜位前北向立，后扈二大臣随进在后立，前引十大臣至穿堂内两旁东、西面立，……赞引官恭导皇帝复位，奏礼成，恭导皇帝由后殿左门东夹道、奉先门左门出，至诚肃门外升金舆还宫。遣官行礼，皇子具补服至诚肃门，本司官赞礼郎导引，由奉先门右门入，由殿西升穿堂右阶，至穿堂正中行礼上香，由后殿右门出入，祝帛送燎时，避立西旁，礼成仍由右门出，遣王公内大臣行礼同"③。

与前朝祭祀行进路线明显的不同是，这时的路线中增加了奉先殿"东、西角门"、"东夹道"。皇帝由外院进入奉先门后，通过东夹道绕过前殿，再进入穿堂、后殿区域，祭礼完成后，仍由东夹道出奉先门。而皇子行礼时，由奉先殿西侧直接进入穿堂、后殿区域举行祭礼。祭祀时，陪祀人员由东、西角门出入（图五、图六）。

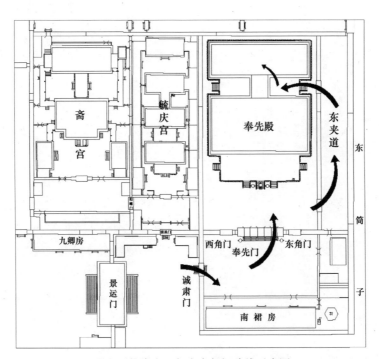

图五　乾隆十二年皇帝祭祀路线示意图

---

①　《钦定大清会典则例（乾隆朝）》，卷七十八，文海出版社，1992年，第489～493页。
②　中国第一历史档案馆藏：《总管内务府大臣三和奏为添建奉先殿门座墙垣等项约估银两数目事》，全宗5，乾隆十二年六月二十日己卯。
③　《钦定大清会典（乾隆朝）》卷八十八，内务府掌仪司。

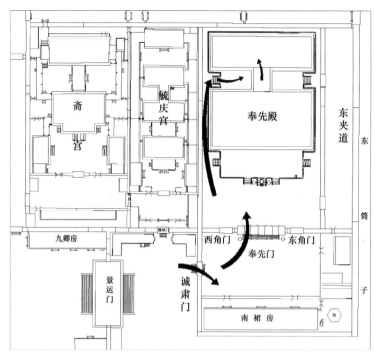

图六　乾隆十二年遣官行礼路线示意图

　　综上，可推断乾隆二年的见新修理在奉先门东、西两侧增加了东、西角门。乾隆十二年在奉先殿东侧又增加一道院墙及两座琉璃门，分隔出东夹道（现东跨院），直接影响了祭祀过程中皇帝行进的路线。祭祀时，乾隆帝通过东夹道绕到后殿阶下进行"盥洗"后，进入后殿行礼，而豹尾班也

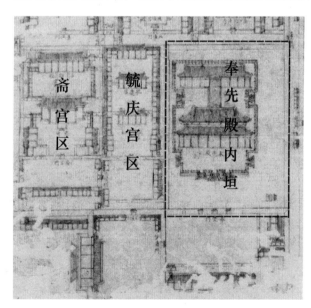

图七　《乾隆京城全图》局部

由原来跟随皇帝守候在后殿阶下，改为留守在东夹道内了。

　　通过对现场勘察发现，乾隆朝增加的奉先门东、西角门及奉先殿东侧增加一道院墙和两座琉璃门的格局形式，与奉先殿院落及东部区域现状相符。

　　此处的推断也可从《乾隆京城全图》中得到验证（图七）。《乾隆京城全图》"始绘于乾隆十年（1745 年）十一月初八，告竣于乾隆十五年（1750 年）五月十六，由海望负总责，郎世宁和沈源任技术指导"①。图中正是展现了乾隆十二年之前，奉先殿区已有东西角门，还未增建东墙的样貌。

①　孙果清：《乾隆京城全图》，《地图》2011 年第 3 期。第 132～133 页。

（三）康熙二十年以后的保养维修

康熙二十年至清末未再对奉先殿进行大规模的改建，修缮工程主要以保养维修为主①，详见表一。

表一　清康熙二十年以后奉先殿保养工程统计表

朝代	修缮时间	修缮内容
康熙朝	康熙三十一年	零星粘补奉先门、诚肃门等处脱落的瓦片、仙人、兽角、剑把等
	康熙三十三年	
	康熙三十五年	
	康熙四十年	粘补修理奉先殿前殿穿堂、神库等处渗漏，糟朽椽望，海墁地面，闪裂的院墙，脱落的瓦片、兽角、仙人、剑把
	康熙五十年	
雍正朝	雍正元年	零星粘补奉先门、诚肃门等处脱落的瓦片、仙人、兽角、剑把等①
	雍正五年	
	雍正七年	
	雍正八年	粘补修理奉先殿前殿穿堂、神库等处渗漏，糟朽椽望，海墁地面破坏，闪裂院墙，脱落瓦片、兽角、仙人、剑把
	雍正九年	粘修奉先殿油饰等
乾隆朝	乾隆二年七月	揭瓦檐头、更换糟朽椽望、大木归安、修理门窗、油饰彩画见新，修补阶条，修补院墙，拆墁院内、外地面等
	乾隆三年八月	重新铺墁奉先殿外檐压槽金砖二百余块②
	乾隆九年	粘补奉先殿前殿海墁以及栏杆、阶条石缝闪裂处③
	乾隆十年	
	乾隆十二年六月	修理穿堂渗漏，揭瓦奉先殿穿堂瓦面檐头、挑换椽望及连檐瓦口，重新青白灰苦背，新安锭铜锡天沟。照旧式修理外檐装修，油饰彩画见新。重新铺墁甬路散水，找补地面。院内添建琉璃门二座，大墙一道，添造焚帛炉一座，添做蜃灯八对④⑤
	乾隆十九年十月	修补奉先殿前、后殿栏杆灰缝、台阶石缝，东墙门二座过木油漆爆裂，后院墙重新抹饰红灰等，修补奉先殿门三间及东西两角门的须弥座灰缝及前后阶条石缝⑥
	乾隆二十年六月	重做奉先殿前殿后殿博缝，周围大墙重新抹饰红灰，挑墁前殿后殿丹墀墁地砖等⑦
	乾隆三十年九月	修理奉先殿后殿西边正吻上黄琉璃剑把⑧

---

① 中国第一历史档案馆藏：《总管内务府营造司奏为查得顺治至乾隆朝修理奉先殿事》，全宗5，乾隆十二年三月二十九日己未。

① "员外郎纳尔泰补修完竣之奉先殿等五处，与伊所呈之料估核对，木、砖、红土等物，折银一百七十三两六钱九分九厘，领取匠役工钱五十九贯三百六十文，其中销算实用银三十五两九分三厘，钱八贯二百四十文，浮冒银一百三十八两六钱六厘，钱五十一贯一百二十文。"（中国第一历史档案馆藏《内务府奏为遵旨核查补修紫禁城内奉先殿等处浮冒银两事》，内务府奏销档，雍正六年二月二十六日丁未）。

② 中国第一历史档案馆藏：《内务府奏为挑换奉先殿外檐下压槽金砖事折》，奏销档201-343-1，乾隆四年八月十六日庚寅。

③ 中国第一历史档案馆藏：《总管内务府营造司奏为查得顺治至乾隆朝修理奉先殿事》，全宗5，乾隆十二年三月二十九日己未。

④ 中国第一历史档案馆藏：《总管内务府大臣三和奏为添建奉先殿门座墙垣等项约估银两数目事》，全宗5，乾隆十二年六月二十日己卯。

⑤ 中国第一历史档案馆藏：《内务府大臣三和奏为修理奉先殿用过银两数目事》，全宗5，乾隆十二年十一月十八日甲辰。

⑥ 中国第一历史档案馆藏：《工部为粘修奉先殿门等处所需物料银两等事》，内务府来文，乾隆十九年十月初六日辛亥。

⑦ 中国第一历史档案馆藏：《工部为估修奉先殿等处事》，内务府来文，乾隆二十年六月。

⑧ 中国第一历史档案馆藏：《工部为知会该部派员修奉先殿正脊上吻兽琉璃剑把等事》，内务府来文，乾隆三十年十二月。

续表

朝代	修缮时间	修缮内容
乾隆朝	乾隆三十二年七月	修理奉先殿前殿上檐西北角垂脊，更换五样黄色狮子、海马、仙人等七件，更换三连砖一件，撺倘头二件，方眼勾头一件，押带条二件等。奉先门内西边大墙重新抹饰红灰 ①②
	乾隆三十二年十一月	照依旧样粘修奉先殿前、后殿博缝 ③
	乾隆四十年四月	照依旧样粘修奉先殿前、后殿宇所有槛窗槅扇黄绫博缝 ④
	乾隆四十五年五月	奉先殿外檐油画修理见新。下架柱木装修找补地仗，重做油饰。上架额枋找补地仗，照旧式重画一统方心大点金旋子彩画。斗科彩画过色见新。周围四面红墙找补，抹什红灰。清除前月台上石栏板、柱子、须弥座上水锈，海墁月台砖等。糊饰殿座窗槅心，拆锭檐网，找补铜丝等 ⑤⑥
	乾隆五十年六月	照依前例粘修奉先殿前、后殿及穿堂门窗槅扇博缝等 ⑦
	乾隆六十年九月	奉先殿东面、北面及西面大墙、东夹道大墙找补、抹什红灰 ⑧。剔补地面细斗板城砖 ⑨
嘉庆朝	嘉庆元年七月	奉先门内西大墙抹什红灰 ⑩
	嘉庆三年五月	大殿后檐墙抹什红灰，下肩拘抿青灰。大殿前后檐阶条栏板踏跺基石拘抿油灰 ⑪
	嘉庆四年十月	奉先门五座抹什黄灰，两旁角门二座刷土黄绿边切黑白线；奉先门前地面海墁一段，月台下东地面海墁二段，月台上御路石东、西地面海墁二段；后殿月台上东、西地面海墁二段；后殿东、西踏跺下地面海墁二段；前、后殿东、西夹道地面海墁二段凑 ⑫
	嘉庆二十年八月	归安奉先殿前檐月台踏跺一座，拆墁台面柳叶立墁细新样城砖，改换细澄浆城砖；立墁奉先门内甬路一道，甬路两边海墁二块并门外海墁一块；挑墁东、西琉璃门内至奉先殿台基前地面；拆砌挑换穿堂西面丹陛前踏跺一座；拆砌西琉璃门内西面大墙一道，下肩改换三顺一丁细新样城砖，背馅灰砌造城砖一进，上身拆砌灰砌糙城砖二进高三层，铲抹红灰提浆；挑墁穿堂殿两旁丹陛地面二道 ⑬⑭
	嘉庆二十一年三月	拆墁奉先殿前月台中心甬路，满换两边台面新砖，归安中西踏跺二座石料，海墁月台前至西琉璃门内地面一块，拆墁至东琉璃门内地面一块，拆墁奉先门内甬路一道，挑墁穿堂殿两山丹陛二道，拆修西踏跺一座，挑墁奉先门外地面一块；拆砌西面大墙下肩一道，上身铲抹红灰提刷红浆，拆墁散水等 ⑮⑯

---

① 中国第一历史档案馆藏：《奉先殿首领太监张义杰等呈报奉先殿被风刮坏清单》，全宗 5，乾隆三十二年七月。

② 中国第一历史档案馆藏：《呈报斋宫等处被风刮坏清单》，全宗 5，乾隆三十二年七月。

③ 中国第一历史档案馆藏：《工部为粘修奉先殿薄缝等事》，内务府来文，乾隆三十二年十一月。

④ 中国第一历史档案馆藏：《工部为呈昭奉先殿前后殿宇所有坎窗桶扁黄后博缝粘修事》，内务府来文，乾隆四十年四月。

⑤ 中国第一历史档案馆藏：《总管内务府大臣福隆安等奏为油画奉先殿估需工料银两事》，全宗 5，乾隆四十四年十二月二十四日甲戌。

⑥ 故宫博物院图书馆藏：《奉先殿雨花阁等处工程已未完工情形》，乾隆朝上谕档，清乾隆四十五年五月初三日辛巳。

⑦ 中国第一历史档案馆藏：《工部为派出郎中蓬王林承修奉先殿门窗桶扁博缝粘修》，乾隆五十年六月。

⑧ 中国第一历史档案馆藏：《为粘修奉先殿墙垣房间并景运门班房等十二项找领银两事由》，内务府呈稿嘉营，嘉庆元年。

⑨ 中国第一历史档案馆藏：《为粘修咸安宫后河墙并奉先殿墙垣等七项工程找领银两事由》，内务府呈稿嘉营，嘉庆二年八月二十四日庚申。

⑩ 中国第一历史档案馆藏：《为修理奉先门景运门隆宗门国使馆等项工程找领银两事由》，内务府呈稿嘉营，嘉庆元年七月二十日癸亥。

⑪ 中国第一历史档案馆藏：《为修奉先殿祝板房并抹什墙垣等项使用银两事由》，内务府呈稿嘉营，嘉庆三年五月初六日己巳。

⑫ 中国第一历史档案馆藏：《为粘修奉先殿门洞并前后殿踏跺下海墁等项使用银两事》，内务府呈稿嘉营，嘉庆四年十月二十八日癸丑。

⑬ 《总理工程处为咨奉先殿挑换地面等估需工料银两事》，内务府来文建筑工程第 2050 包，嘉庆二十年八月二十六日戊寅，中国第一历史档案馆藏。长编 69855

⑭ 《内务府奏为修补奉先殿前后檐月台丹陛海墁等工事折》，奏销档 471-071，嘉庆二十年八月二十七日己卯，中国第一历史档案馆藏。编 68873

⑮ 中国第一历史档案馆藏：《奏为现届春融请领钱粮即日开工修补奉先殿前后檐月台丹陛海墁事折》，奏销档 474-037，嘉庆二十一年二月二十二日。

⑯ 中国第一历史档案馆藏：《总管内务府大臣英和等奏为修理奉先殿前胎海墁工程完竣请派大臣查验事》，奏案 05-0584-001，嘉庆二十一年五月二十五日甲辰。

续表

朝代	修缮时间	修缮内容
嘉庆朝	嘉庆二十二年四月	修理奉先殿膳房六方井亭，拆盖大木（墩接柱子三根，挑换檐枋三根，檐椽五成，飞檐椽七成，满换斗科、交角桁条、角梁、井口枋、望板、连檐瓦口），栅栏门装修添安二扇，其余栅栏挑换新料三成，石料挑换（柱顶、埋头五成，满换阶条，其余海墁，旧石见新，礤墩栏土、台帮、埋头海墁，背底灰砌城砖，台帮散水用细澄浆城砖），头停苫背，用六样黄色琉璃脊瓦料，添安井口护口、挂落砖，刨筑散水灰土一步。照旧式油饰彩画。拆修井眼，挑换井衣板一块，其余旧石见新，井桶满换新，停滚砖背后刨筑灰土五十步①
道光朝	道光元年四月	奉先殿神库彩画全部上架大木，油饰下架柱木装修，糊饰内里格断壁子以及槅扇支窗，墙垣抹什黄灰，找补山檐墙里皮抹什黄灰四段②
	道光二年四月	修理奉先殿膳房暗沟一道及东厢房二间③
	道光二年七月	海墁奉先门外地面及甬路、甬路东至夹路库南琉璃门地面、夹路库地面及散水；海墁奉先殿后穿堂东边地面；归安奉先殿前后殿东边连面十一基踏跺二座；奉先门东门罩门圈铲抹黄浆；提浆抹饰诚肃门内周围群墙、奉先门内周围大墙及前后殿并夹路库群墙④
	道光六年一月	修理奉先殿前殿西北角上下檐头停，补调岔脊二段，拆修东南角岔脊一段⑤
	道光十五年九月	修理奉先殿后殿东面大墙五段、北面大墙三段上身提浆抹饰红灰⑥
	道光十九年十二月	奉先殿前后殿等处共门槛二十二道，重做油饰⑦
光绪朝	光绪十六年八月	修理奉先殿大连房及祝板房，揭瓦头停瓦面，更换糟朽椽望，修整门窗，归安台帮；整修井亭瓦面，补配瓦件，归安台帮⑧

四、结　　语

综上所述，通过梳理清代奉先殿营建历史可知，故宫现存奉先殿建筑是清初遗构，清帝入关以后重建了奉先殿，并经历了康熙朝重修及历朝的修缮。同时，结合实地勘察，依据清朝祭祀行进路线及清宫史实，探讨了奉先殿的初建是清初承袭明代典章制度；康熙朝的重修是完成先帝的遗愿；乾隆朝对院落的重新划分直接影响了祭祀路线；后至清末对奉先殿建筑仅进行了岁修保养，遂逐步形成了现今的规模。

---

① 中国第一历史档案馆藏：《为勘估修理奉先殿膳房院内井亭等支用银两事》，内务府呈稿嘉营332，嘉庆二十二年四月二十五日戊戌。

② 中国第一历史档案馆藏：《为修理奉先殿神库房支领银两事》，内务府呈稿道营2，道光元年四月七日丁亥。

③ 中国第一历史档案馆藏：《奉先殿膳房暗沟一道东厢房二间修理料估》，内务府沟渠工程50，道光二年四月十四日戊午。

④ 中国第一历史档案馆藏：《奏报修补奉先殿诚肃门等处周围群墙估需工料银两数目折》，奏销档513-048，道光二年七月十九日。

⑤ 中国第一历史档案馆藏：《为修理奉先殿七脊并园史馆大门栏等项支领银两事》，内务府呈稿道营82，道光六年一月三十日壬子。

⑥ 中国第一历史档案馆藏：《为修理福佑寺山门外影壁并抹饰奉先殿墙垣支领银两事》，内务府呈稿道营198，道光十五年九月十三日己亥。

⑦ 中国第一历史档案馆藏：《油饰奉先殿各殿座门槛并三大殿门槛等项用银两事》，内务府呈稿道营243，道光十九年十二月癸亥。

⑧ 中国第一历史档案馆藏：《内务府呈禁城以内奉先殿等处工程拟估修清单》，军机处录副奏折缩微号534-1528，光绪十六年八月二十八日乙丑。

参 考 文 献

北京市文物工作队编：《北京地震考古》，北京文物出版社，1984 年。

《康熙起居注》，中华书局，1984 年。

（清）孙承泽著：《春明梦余录》，北京古籍出版社，1992 年。

（清）《清实录》，中华书局，1985 年。

（清）《大清五朝会典》，线装书局出版社，2006 年。

（清）顾景星撰：《白茅堂集》，清康熙年间刻本。

（清）叶梦珠撰：《阅世编》，上海古籍出版社，1981 年。

（清）尤侗：《悔庵年谱》，清康熙年间刻本。

《清世祖圣祖御制诗文（全六册）》（故宫珍本丛刊），海南出版社，2000 年。

孙果清：《乾隆京城全图》，《地图》，2011 年第 3 期。

王藏博、徐怡涛、方遒：《从斗栱形制探析故宫太和殿院落四角崇楼的建筑年代》，《故宫博物院院刊》2020 年第 10 期。

朱偰：《明清两代宫苑建置沿革图考》，北京古籍出版社，1990 年。

周文辅：《中国地震目录》，科学出版社，1960 年。

Study on the History of Fengxian Hall Construction in Qing Dynasty

ZHUO Yuanyuan, YANG Hong, XIE Jiawei

(The Palace Museum, Beijing, 100009)

Abstract: Fengxian Hall of the Forbidden City is the imperial family temple of the Qing Dynasty. In modern times, it was opened as a modern gallery of clocks. At present, there is no comprehensive study on the historical evolution of Fengxian Hall. This article combs through the construction history of Fengxian Hall in the Qing Dynasty, combined with on-site surveys, and explores that the existing Fengxian Hall in the Forbidden City is a relic of the early Qing Dynasty. Based on the discussion of the sacrificial route of the Shunzhi, Kangxi, and Qianlong periods of the Qing Dynasty and the history of the Qing court, the development process of the Fengxian Temple area is summarized. At the same time, it provides an important foundation for the follow-up research on the Fengxian Hall of the Forbidden City.

Key words: Qing Dynasty, Fengxian Hall, the Forbidden City, Construction history, Courtyard layout

偃师宋代《敕赐寿圣禅院额碑》考释

张玉霞

（河南省社会科学院历史与考古研究所，郑州，450000）

摘　要： 宋《敕赐寿圣禅院额碑》是一份签署于熙宁元年（1068 年）、刻立于熙宁二年的朝廷文件。碑文内容是给河南府 13 个县的无名额寺院并赐寿圣院为额。碑文关于河南府县的记载、文末署名等对宋代历史、官制和人物传记均有一定补充。偃师泗州院因此牒改名寿圣禅院，结合其他碑刻，可初步推定其年代。

关键词： 偃师；寿圣寺；泗洲院；敕牒

寿圣寺坐落在偃师老城（原偃师县城）南大街西、衙门街南，即今天的老城村南关。该寺院原名泗洲院，宋熙宁元年（1068 年）改名寿圣禅院，后又称寿圣寺，当地民众一般称为南大寺。宋《敕赐寿圣禅院额碑》是一份签署于熙宁元年（1068 年）、刻立于熙宁二年的朝廷文件，泗州院改名寿圣禅院即因此牒。碑文以伊阳县冠十三县之上，与《宋史》记载有差异，文末署名对宋代官制和人物传记也有一定补充。结合其他碑刻，可知寿圣寺早在北宋初年的太平兴国三年（978 年）即已存在，其始建年代是否早至北齐，则有待于进一步考证。

一、宋《敕赐寿圣禅院额碑》碑文内容

《敕赐寿圣禅院额碑》是一份朝廷文件，签署于宋熙宁元年、刻立于宋熙宁二年，在偃师寿圣禅院，内容是给 13 个县的无名额寺院并赐寿圣院为额。乾隆五十三年（1788 年）《偃师县志》卷二十八《金石录》下，收录有宋《敕赐寿圣禅院额碑》碑文全文，并记其为"正书，在本寺"[①]（图一～图五）。至少在此时，碑刻尚存寺中。现将碑文抄录如下[②]：

> 河南府奏准敕，应今日以前，诸处无名额寺院宫观，□盖及三十间已上，见有功德佛像者，委州县检勘，保明闻奏，特与存留，系帐拘管，仍并以寿圣为额，有项。一十三县各申有无名额寺院，见有盖到舍屋下，有功德佛像，各有僧□住持。遂委官躬亲点检到，见在殿宇廊舍各及三十间已上，并依降敕。目前盖到县司官吏各保明委是□，如后异同，甘俟朝典。本府寻委逐县巡检、依此点检。今据逐县巡检申点检到见在间椽[③]，结罪保明，开坐如后。本府官吏保明委是实，如后异同，甘俟朝典。伏候敕旨。伊阳县高都村洞子院一所，舍屋共五十间。永安县桥西村义井院一所，舍屋共三十二间；韦席村明教院一所，舍屋共四十间。偃师县泗州院一所，舍屋共三十五间。寿安县郭下文殊院一所，舍

[①] 乾隆《偃师县志》，第 1517 页。

[②] 乾隆《偃师县志》，第 1517～1522 页。

[③] 原作"椓"。椓，枯树。椽，椽子，屋面的上层支承构件，亦代指房屋间数。

屋共五十二间。密县邢谷村影堂院一所，舍屋共三十一间；邢谷村义井院一所，舍屋共
三十一间；张固村院子一所，舍屋共三十三间；张固村院子一所，舍屋共三十一间；谢村
院子一所，舍屋共三十二间；谢村院子一所，舍屋共三十三间。福昌县钟王村贾谷塔院一
所，舍屋共七十一间。永宁县□村安宝龙泉院子一所，舍屋共四十三间。河清县南王村院
子一所，舍屋共三十三间。渑池县千秋店东禅院一所，舍屋共三十五间；北班村塔院一
所，舍屋共三十一间；姚村庆空禅院一所，舍屋共三十二间；万受村金和尚院一所，舍屋
共三十二间；存留天王院一所，舍屋共一百间。伊阙县中费村寺一所，舍屋共三十二间。
河南县平华村寺一所，舍屋共三十三间；宫南村寺一所，舍屋共三十三间。缑氏县蒋村寺
一所，舍屋共三十间。永宁县西土村铁佛寺一所，舍屋共三十八间。河清县长泉村广化寺
一所，舍屋共三十三间。宜并特赐寿圣寺为额，牒奉敕如前，宜令河南府翻录敕黄降付逐
寺院。依今来敕命所定名额，牒至准敕，故牒。

熙宁元年二月二十八日牒。

给事中参知政事唐　右谏议大夫参知政事赵

起复户部尚书参知政事张　左仆射兼门下平章事

碑文之后有附文，说明了牒文贴付本院的时间，以及碑刻刻立时间和刻立者。附文也抄录
如下：

偃师县贴寿圣院，准河南府贴准敕节文，为伊阳等一十三县有无名额寺院并赐寿圣院
为额数内。偃师县泗州院仰翻录敕黄降付本院，依今来敕命所定名额者，右具如前，当县
今翻录到敕黄一道，头连在前，事须贴付本院，准此照会。熙宁元年四月初三日贴。将仕
郎守县尉兼主簿事张，尚书屯田员外郎知偃师县事刘。熙宁二年岁次己酉五月二日，院主
尼遇仙立石。

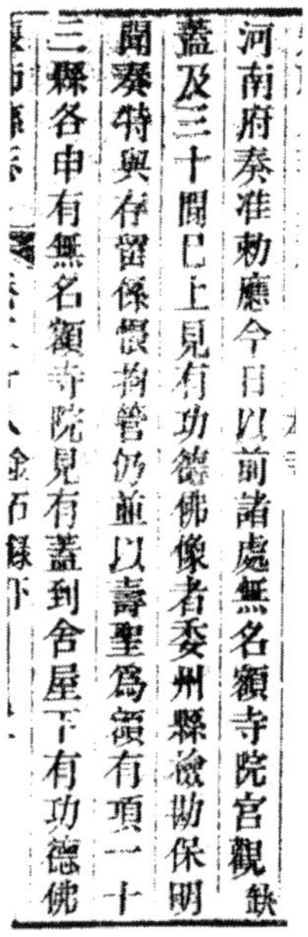

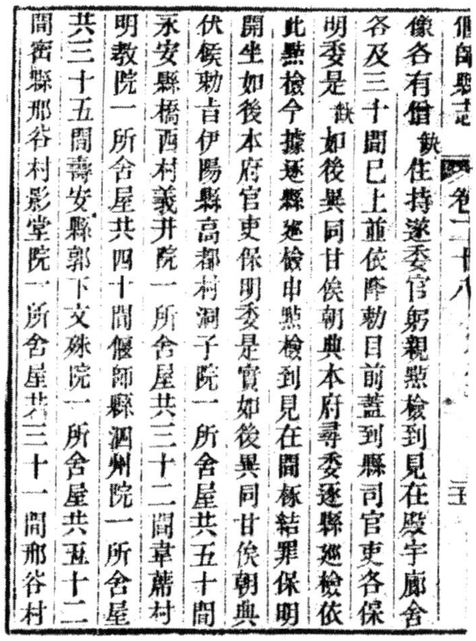

图一　　　　　　　　　　　　　　　图二

图三 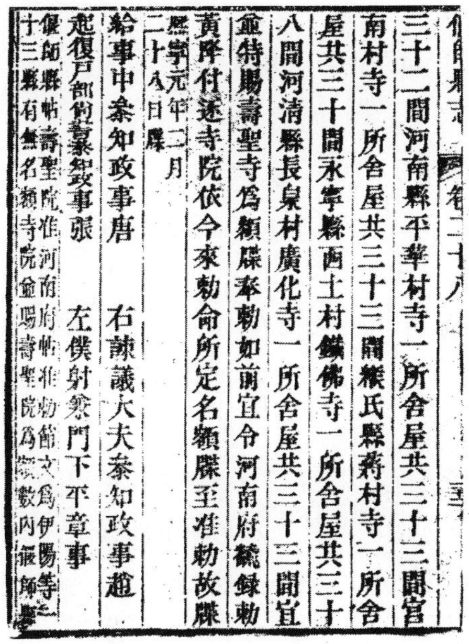　　　　　　　　图四 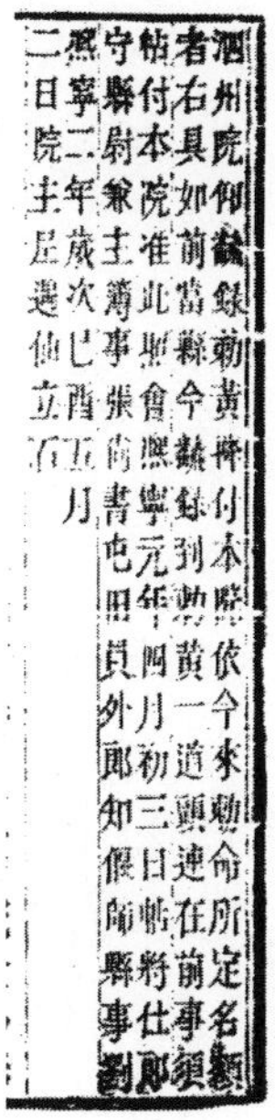　　　　　　　　图五

二、碑文中的河南府辖县

碑文有"河南府奏准敕……一十三县各申有无名额寺院"，附文中有"准河南府贴准敕节文，为伊阳等一十三县有无名额寺院并赐寿圣院为额数内"。都说熙宁元年时的河南府，伊阳等十三县隶属于河南府。碑文列出的县名依次是：伊阳县、永安县、偃师县、寿安县、密县、福昌县、永宁县、河清县、渑池县、伊阙县、河南县、缑氏县、永宁县、河清县，其中，永宁县、河清县重复，碑文共列出 12 个县。碑文中列出的伊阙县和缑氏县，至"据元丰（1078～1085 年）所定"的《宋史·地理志》时，已经废县为镇。伊阙县，在熙宁五年（1072 年）废县为镇，入河南县，六年，改隶伊阳县。缑氏县，在熙宁八年废县为镇，并复置偃师县，缑氏隶偃师县。偃师县变化比较多，庆历三年（1043 年）废，四年复，熙宁五年省入缑氏，八年，复置。

《宋史·地理志》记载的河南府共辖 16 县："河南府，洛阳郡，因梁、晋之旧为西京。……县十六：河南，洛阳，永安，偃师，颍阳，巩，密，新安，福昌，伊阳，渑池，永宁，长水，寿安，河清，登封。"① 这 16 个县中，碑文中未述及的是洛阳、颍阳、巩、新安、长水、登封等 6 县。洛阳县，在熙宁五年省入河南县，元祐二年（1087 年）复置。颍阳县，庆历三年（1043 年）废为镇，四年，复，熙宁二年（1069 年），省入登封，元祐二年复置。

碑文有"河南府奏准敕"，附文有"准河南府贴准敕节文，为伊阳等一十三县有无名额寺院并赐寿圣院为额数内"，这个河南府一十三县有无名额寺院并赐寿圣院为额的牒文，应该是依河南府奏准。而以伊阳县冠十三县之上，与《宋史·地理志》所列各县次置也不合。

碑文与《宋史·地理志》的差异，有待进一步探讨。

---

① （元）脱脱等：《宋史》卷八十五《地理志》，中华书局，1977 年，第 2115 页。

三、碑文末四个署名的考定及对《宋史》的补充

碑文末的四个署名"给事中参知政事唐，右谏议大夫参知政事赵，起复户部尚书参知政事张，左仆射兼门下平章事"，仅仅列出了官制和姓，翻检史料，大体能找到对应的人名。对照历史记载，这四个署名不仅有助于我们了解宋代官制，也对人物传记有一定补充。

"给事中参知政事唐"，应指唐介。《宋史·唐介传》载："熙宁元年，拜参知政事"①。《宋史·神宗本纪》载：熙宁元年（1068 年）春正月丙申，"三司使唐介参知政事"②。宋代官制，参知政事，掌副宰相。元丰新官制，废除参知政事，置门下、中书二侍郎，尚书左、右丞，以替代参知政事之任。给事中，《宋史·职官》记载门下省设置有给事中四人，"分治六房，掌读中外出纳，及判后省之事。若政令有失当，除授非其人。则论奏而驳正之。凡章奏，日录目以进，考其稽违而纠治之。故事，诏旨皆付银台司封驳。官制行，给事中始正其职，而封驳司归门下。"③《宋史》记载的唐介履历中，并没有出现"给事中"一职，可补史之缺。

"右谏议大夫参知政事赵"，应即赵抃。《宋史·赵抃传》载："神宗立……擢参知政事"④。《宋史·神宗本纪》载：治平四年（1067 年）九月辛丑，"张方平、赵抃并参知政事"⑤。右谏议大夫，宋代官制，散骑常侍、谏议大夫、司谏、正言等四种职务，门下省和中书省分别设置一人，"但左属门下，右属中书，皆附两省班籍，通谓之两省官"⑥。他们"同掌规谏讽谕。凡朝政阙失，大臣至百官任非其人，三省至百司事有违失，皆得谏正。"⑦虽然设置有谏院，知院官有六人，往往以司谏、正言充职。

"起复户部尚书参知政事张"，应指张方平。《宋史·张方平传》载："神宗即位……拜参知政事"⑧。《宋史·神宗本纪》载：治平四年（1067 年）九月辛丑，"张方平、赵抃并参知政事"⑨。神宗之前，张方平在仁宗时曾任工部尚书，英宗时曾任礼部尚书。文献没有记载其曾任户部尚书，也没有说"起复"。可补史之缺。

"左仆射兼门下平章事"，仅有官衔，连姓氏都没有。门下平章事，左仆射、右仆射，依宋代官制都是宰相之职。《宋史·职官》记载："宰相之职，佐天子，总百官，平庶政，事无不统。宋承唐制，以同平章事为真相之任，无常员；有二人，则分日知印。以丞、郎以上至三师为之。其上相为昭文馆大学士、监修国史，其次为集贤殿大学士。或置三相，则昭文、集贤二学士并监修国史，各除。唐以来，三大馆皆宰臣兼，故仍其制。"元丰新官制，"于三省置侍中、中书令、尚书令，以官高不除人，而以尚书令之贰左、右仆射为宰相。左仆射兼门下侍郎，以行侍中之职；右仆射兼中书

① （元）脱脱等：《宋史》卷三百一十六《唐介传》，中华书局，1977 年，第 10329 页。
② （元）脱脱等：《宋史》卷十四《神宗本纪》，中华书局，1977 年，第 268 页。
③ （元）脱脱等：《宋史》卷一百六十一《职官志》，中华书局，1977 年，第 3779 页。
④ （元）脱脱等：《宋史》卷三百一十六《赵抃传》，中华书局，1977 年，第 10323 页。
⑤ （元）脱脱等：《宋史》卷十四《神宗本纪》，中华书局，1977 年，第 267 页。
⑥ （元）脱脱等：《宋史》卷一百六十一《职官志》，中华书局，1977 年，第 3786 页。
⑦ （元）脱脱等：《宋史》卷一百六十一《职官志》，中华书局，1977 年，第 3778 页。
⑧ （元）脱脱等：《宋史》卷三百一十八《张方平传》，中华书局，1977 年，第 10356 页。
⑨ （元）脱脱等：《宋史》卷十四《神宗本纪》，中华书局，1977 年，第 267 页。

侍郎，以行中书令之职。"① "左仆射、右仆射，掌佐天子议大政，贰令之职，与三省长官皆为宰相之任。大祭祀则掌百官之誓戒，视涤濯告洁，赞玉币爵坫之事。自官制行，不置侍中、中书令，以左仆射兼门下侍郎，右仆射兼中书侍郎，行侍中、中书令职事。"② 据《老学庵笔记》记载："旧制，丞相署敕皆著姓，官至仆射则去姓。元丰新制，以仆射为相，故皆不著姓。"③ 碑刻所记此牒，在熙宁元年（1068 年），属于旧制。

熙宁元年（1068 年）时，"左仆射兼门下平章事"很可能指的是曾公亮。《宋史·神宗本纪》载：神宗即位后，在治平四年（1067 年）正月戊辰，以"曾公亮行门下侍郎兼吏部尚书，进封英国公。"④ 九月壬寅，"以曾公亮为尚书左仆射"⑤。《宋史·曾公亮传》载："神宗即位，加门下侍郎兼吏部尚书。"⑥ 富弼在神宗即位后也曾拜为尚书左仆射，《宋史·神宗本纪》载：治平四年九月辛卯，拜"富弼为尚书左仆射"⑦，但为同中书门下平章事则是在熙宁二年，"二月己亥，以富弼同中书门下平章事"⑧。《宋史·富弼传》也载：熙宁二年二月，"召拜司空兼侍中，赐甲第，悉辞之，以左仆射门下侍郎同平章事。"⑨

四、碑文中的"寿圣寺"得名及始建年代探讨

按照《敕赐寿圣禅院额碑》，寿圣寺原名泗洲院，宋熙宁元年（1068 年）时改名寿圣禅院。乾隆五十三年（1788 年）《偃师县志》还记其为"正书，在本寺"⑩。说明该碑所在的寺院就是原名泗州院的寿圣禅院。宋代《重修泗洲大圣殿碑记》也可佐证该寺在改称寿圣禅院之前称为泗州院。碑刻正文文字虽然模糊难辨，文末的时间却能辨认出"大宋天圣六年（1028）岁次戊辰三月"与"庆历四年（1044 年）二月"两列，大概分别是记文和立石的时间。两个纪年均在熙宁之前，该寺当时确实称为泗州院。

寿圣寺始建于何时？志书记载寿圣寺建于元代。《明一统志》载："寿圣寺，在偃师县南，元建，本朝洪武中重修。"⑪《河南通志》则将始建年代具体到了至正十一年（1351 年）：寿圣寺，"在偃师县城南，元至正十一年创建，明洪武十五年重修，置僧会司于其内。"⑫ 然而，碑刻资料则说明至少在宋代寿圣寺已经创建。除了上述宋《敕赐寿圣禅院额碑》和宋《重修泗洲大圣殿碑记》两通碑可以证明，乾隆五十三年（1788 年）《偃师县志》记载该寺还有另一通宋代碑刻《宋寿圣禅院卵石塔记》也可为证。清代金石学家武亿曾考证此记文："卵石塔记，为僧守节记也。守节，以碑

① （元）脱脱等：《宋史》卷一百六十一《职官志》，中华书局，1977 年，第 3773 页。
② （元）脱脱等：《宋史》卷一百六十一《职官志》，中华书局，1977 年，第 3789 页。
③ （宋）陆游：《老学庵笔记》卷四。
④ （元）脱脱等：《宋史》卷十四《神宗本纪》，中华书局，1977 年，第 264 页。
⑤ （元）脱脱等：《宋史》卷十四《神宗本纪》，中华书局，1977 年，第 267 页。
⑥ （元）脱脱等：《宋史》卷三百一十二《曾公亮传》，中华书局，1977 年，第 10233 页。
⑦ （元）脱脱等：《宋史》卷十四《神宗本纪》，中华书局，1977 年，第 266 页。
⑧ （元）脱脱等：《宋史》卷十四《神宗本纪》，中华书局，1977 年，第 270 页。
⑨ （元）脱脱等：《宋史》卷三百一十三《富弼传》，中华书局，1977 年，第 10255 页。
⑩ 乾隆《偃师县志》，第 1517 页。
⑪ 《明一统志》卷二十九《河南府》。
⑫ 《河南通志》卷五十《寺观》。

可见者，有'宁村人，俗姓吕氏'诸字。后题'太平兴国三年（978 年）十一月丁亥八日甲午建立'。"并记其为"正书，在本寺"①。说明该寺至迟在太宗初年已经存在。只是当年不叫寿圣禅院，这个名称应该是编写县志时叙述方便和便于辨别碑刻所在寺院，于是在"卵石塔记"前冠"寿圣禅院"。

寿圣寺始建年代是否会早于宋初？碑刻资料也提供了一些线索。乾隆五十三年（1788 年）《偃师县志》记载寿圣寺内有两通北齐时的碑刻，分别是"齐宋买造像记"及"齐吴洛族供碑"，放置在寿圣寺大殿的龛壁。《齐吴洛族供碑》碑阳均是佛像，碑阴是吴洛族十五人造弥勒石像记及赞，并没有具体纪年。武亿根据字体、字的写法断定此碑刻年代是北齐，今从其说。《齐宋买造像记》文末有明确纪年"天统三年岁次丁亥四月辛丑朔八日戊申建立"②。天统是北齐温公高纬年号，天统三年即公元 567 年。碑文记述了乡曲豪绅宋买等二十二人建造石像之事，"大都邑主宋买廿二人等……敬造天宫石像者一区。"碑文还描述了天宫的地理位置，"其天宫，左临渌水，具有公路涧之低廻；右观□都，仗有京华之□；前瞻风岭，据在曹□之故区，□□□望山伊洛之南地。"③。从地理位置看，此天宫当不是寿圣寺，武亿考证在缑氏一带，"此天宫皆据四望言之，当近缑氏地也，不知此记石何时移置耳。"④ 寿圣寺始建年代是否能上溯至北齐，没有确切的材料支撑，其始建年代有待于进一步考证。

Research on *the Imperial Edict of Shousheng Temple* in Yanshi of the Song Dynasty

ZHANG Yuxia

(Institute of History and Archaeology, Henan Academy of Social Sciences, Zhengzhou, 450000)

Abstract: *The Imperial Edict of Shousheng Temple* was signed in the first year of Xining (1068) and carved in the next year. The inscription recorded the nameless temples were named as "*Shou Sheng Yuan*" (Shousheng Temple) in 13 counties of Henan district. The records of Henan district in the inscriptions and the signatures at the end of the inscriptions are supplementary to the history, official system and elite biographies during the Song Dynasty. Sizhou Temple in Yanshi therefore renamed Shousheng Temple, combined with other tablet inscriptions, can be preliminarily inferred its age.

Key words: Yanshi, Shousheng Temple, Sizhou Temple, imperial edict

---

① 乾隆《偃师县志》，第 1477 页。
② 乾隆《偃师县志》，第 1347 页。
③ 乾隆《偃师县志》，第 1346 页。
④ 乾隆《偃师县志》，第 1348 页。

内蒙古贝子庙新拉布仁殿院落复原研究

袁林君

（河南省文物建筑保护研究院，郑州，450002）

摘　要：贝子庙是清政府通过大量修建佛庙以笼络蒙古各部，达到加强地方管理的历史背景下兴建的，是清朝蒙古锡盟地区佛教鼎盛时期的产物，也是内蒙古地区藏传佛教中心之一。新拉布仁殿作为贝子庙重要的组成部分，是活佛寝宫和接待重要宾客之场所。解放战争期间，革命家乌兰夫也曾在新拉布仁殿办公，领导内蒙古的革命运动。新拉布仁殿曾作为中共锡、察、巴、乌盟工委所在地，是内蒙古重要的革命根据地之一。由于历史原因新拉布仁殿被毁，仅存后殿，2018 年内蒙古自治区文物考古研究所和锡林浩特市文物事业管理局联合组成考古队对其进行考古发掘，清理出房基、台基、围墙基础若干，也为我们揭开新拉布仁殿原貌提供了基础。本文从考古清理出的各种建筑基础入手，结合历史资料和知情人口述，并根据贝子庙现存文物建筑特征，初步确定了新拉布仁殿的院落布局和建筑特征。

关键词：贝子庙；新拉布仁殿；锡察巴乌工委会旧址；院落布局

一、概　述

锡林郭勒盟位于我国内蒙古高原北侧的锡林郭勒草原腹部，锡盟西乌珠穆沁旗和赤峰市克什克腾旗位于其东侧，西侧为阿巴嘎旗，南侧与正蓝旗相接，北临东乌珠穆沁旗。贝子庙就位于锡林郭勒盟所在地——锡林浩特市北区额尔敦敖包的南麓（图一）。

图一　新拉布仁殿在贝子庙的位置

贝子庙是清代蒙古贵族阿巴哈纳尔左翼旗固山贝子巴拉吉道尔吉（贝子为蒙古贵族爵位）支持兴建而命名的，又因当时庙中活佛是班智达格根，又名"班智达格根庙"。始建于清乾隆八年。贝子庙东西呈"一"字排列，主体共8路主要院落，每路院落独立布局、自成体系，各院间均以南北通道相连，主要院落遗存由东向西分布为呼图格图达喇嘛庙、曼巴殿、珠都巴殿、却日殿、朝克沁殿、明干殿、新拉布仁殿和老笨喇嘛庙，其中以朝克沁殿为正中最重要院落。现存各院落包括朝克沁殿、却日殿、明干殿和珠都巴殿等四处院落，老笨喇嘛庙、新拉布仁殿、曼巴殿所在院落损毁严重（图二）。

图二 贝子庙鸟瞰图

二、贝子庙历史沿革

清康熙三十年（1691年），康熙皇帝御驾多伦诺尔与蒙古诸部49个王公会盟，史称"康熙会盟"。其后由清廷拨出专款，建寺庙"汇宗寺"，蒙古诸王公贵族争相效仿，这一时期，形成了内蒙古地区建造佛庙的高潮。贝子庙就是在这样的历史背景下建造的。

贝子庙最初于清乾隆八年（1743年）动工兴建，历经六年时间大殿落成。清乾隆四十八年（1783年）至民国六年（1917年）贝子庙不断进行大规模的扩建。五世活佛时于明干殿西侧建造新拉布仁殿，作为活佛接待重要宾客之场所。解放战争期间，革命家乌兰夫也曾在贝子庙新拉布仁殿办公，领导内蒙古的革命运动。新拉布仁殿曾作为中共锡、察、巴、乌盟工委所在地，是内蒙古重要的革命根据地之一。1947年锡林郭勒盟解放后，贝子庙得以保留。"文革"期间贝子庙遭受严重破坏，大量庙宇被拆毁，宗教活动完全停止，新拉布仁殿也于此时被损毁。1983年，部分喇嘛重新回到贝子庙，在珠都巴殿恢复宗教活动。1993年后陆续对贝子庙进行保护，由于新拉布仁殿被毁后被居民房屋占压，新拉布仁殿的保护未正式实施。1996年，贝子庙被列为自治区级重点文物保护单位，2006年，贝子庙被国务院列为第六批全国重点文物保护单位。

三、总体布局、院落形式及传统工艺

（一）总体布局

贝子庙建筑群规模宏大，占地面积 1.2 平方公里。新拉布仁殿位于贝子庙现存 5 组院落西侧第二组，老喇嘛庙东侧，明干殿西侧。由于"文革"期间新拉布仁殿被毁，当地居民在院内无序建房，直至 2017 年前后产权陆续被管理部门收回。2018 年内蒙古自治区文物考古研究所和锡林浩特市文物事业管理局联合组成考古队对新拉布仁殿进行考古发掘，首先对地上后人私建民间建筑进行清除，2018 年 8 月考古清理完毕，新拉布仁殿的院落格局较为清晰的展现出来，中路尚存后殿一座，其余均为建筑基础。经过考古发掘清理，共清理出房基 10 处、围墙基础 4 处、青砖地面和部分石质构建。

（二）院落形式

新拉布仁殿现存建筑基础共计 10 处，可分辨出为中轴对称的三进院落，中轴线由南至北为 1 号建筑基础、2 号建筑基础和 3 号建筑基础；3 号建筑基础东 3.5 米处有长廊状建筑基础定为 4 号建筑基础，东路最南端为 5 号建筑基础，北侧为 6 号建筑基础，再北侧为一长片状基址，该处院落推测为僧房院落，大致可分辨出该院有 4 处建筑，编号由南至北为 7、8、9、10 号建筑基础。其余部分由于损毁严重，均未发现任何建筑痕迹。院落东侧现存一处原有围墙墙基，长 76 米，目前墙基上部已恢复（图三）。

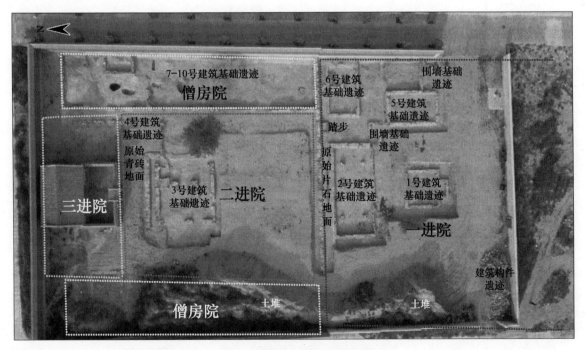

图三　新拉布仁殿考古发掘图

根据现存建筑、台明和围墙基址进行分析可知，新拉布仁殿为三进院落格局，中路和东侧建筑基础保持较为完好，西侧院落被后人无序建房时对基础进行了破坏，未发现任何建筑基础。第一进院落尚存中路 1 号、2 号建筑基础和东侧的 5 号建筑基础及其北侧的 6 号建筑基础，5 号建筑基础与 2 号建筑之间由 "L" 形围墙基址相连，5 号建筑基础东侧有南北向围墙基址，围墙基址上存过门石和水篦子等石构件。第二进院落南侧尚存台基基础，残高 680 毫米，基础东侧位置残存踏跺基础，尚存砚窝石、土衬石和东侧部分砖砌象眼。进入台基即为第二进院落，第二进院落中路尚存 3 号建筑基础，其北侧和东侧现存青砖顺铺路面，再东侧有南北向 4 号建筑基础推测为长廊建筑基址。第二进院落北侧围墙内为新拉布仁殿唯一一处现存文物建筑，该院为第三进院落，院落东南侧残存 "L" 形围墙基础，分为东西向和南北向，东西向围墙基础中部尚存水篦子石构件一块。第二、三进院落东侧现存一处院落基础，该院落受干扰程度较高，仅残存少部分建筑基础，但基本可确定位置，最北侧建筑基础保存较为完整可分辨出其平面尺寸，根据对贝子庙其他院落的调查，可确定该院落为僧房院，其院落内各建筑形制、样式及尺寸均为一致，由南向北共四座，按照编号分为 7、8、9、10 号建筑基础。

四、新拉布仁殿复原研究

原新拉布仁殿为活佛的居所，在僧侣和民众心中属神圣之地，进入新拉布仁殿的人和僧侣很少，遗留下来的历史照片更少，目前尚在的知情人仅找到贝子庙老喇嘛道布吉（老喇嘛道布吉为贝子庙现存最为年长的喇嘛，7 岁入贝子庙，现年 89 岁）。由于贝子庙新拉布仁殿损毁时间较长，后又被居民在院内无序建房，对建筑基础造成一定程度的扰动，2018 年考古清理前才收回产权。锡林浩特地区原无人定居，贝子庙建立后，在贝子庙周边渐渐有人居住，原锡林浩特市就指贝子庙周边区域，因此遗留下来的文字资料较少，对贝子庙的记载更多是关于贝子庙中间三路主要院落，新拉布仁殿无更多文字资料记载。

贝子庙新拉布仁殿院落及各个建筑形制研究依据主要为：考古清理后的建筑、院落基址、部分老照片和与贝子庙老喇嘛道布吉进行深入的探讨后推测出的院落与建筑形制。

（一）院落格局及建筑尺度研究

由于资料有限，主要从分析考古清理后的建筑基础和部分围墙基址，结合贝子庙其他院落特征开展，初步得出新拉布仁殿的院落格局，根据贝子庙其他院落相同位置和功能的建筑，判定新拉布仁殿各个建筑的形制，并与老喇嘛道布吉在现场进行深入的探讨，将每座建筑都认真与之核实，并对照历史照片，最终得出新拉布仁殿的院落格局和各个建筑形式。

贝子庙现存院落均为中轴对称形式，根据新拉布仁殿院落大小和清理出基址的情况可知，新拉布仁殿应为中轴对称的形制。经过分析可确定新拉布仁殿建筑共计 22 座，占地面积 5389.1 平方米，三进院落格局。中轴线有 5 座建筑，由南至北分别为山门、前殿、中殿、正殿和后殿（图四）。第一进院落中轴线建筑有山门、前殿和中殿，山门两侧有 "L" 形廊房与厢房（南）山墙相连，前殿两侧有厢房建筑，在前殿东西两侧设有配殿，前殿和北侧东厢房之间有 "L" 形围墙，并在南北

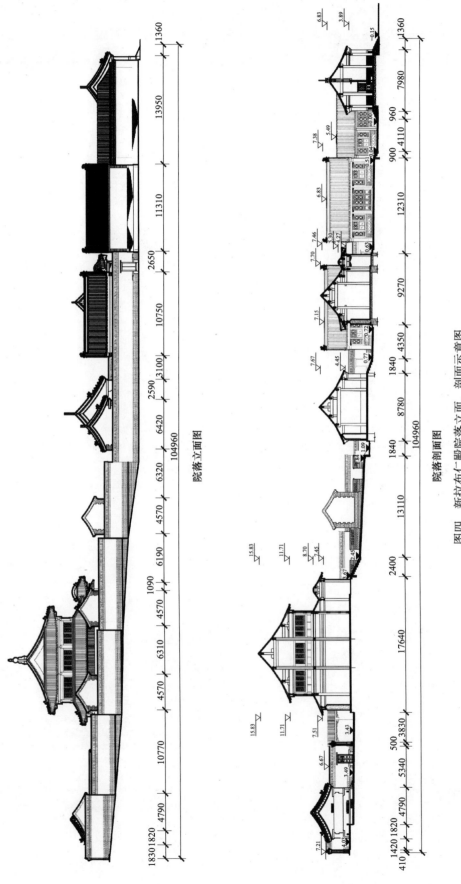

院落立面图

院落剖面图

图四 新拉布仁殿院落立面、剖面示意图

向围墙设过门，过门设对开门扇（图五）。北侧东厢房东有围墙，围墙设门，门西侧有石质排水篦子。前殿和配房之间设有踏跺，高 620 毫米设踏跺 5 级两侧加垂带，全以青石砌成，两侧有象眼（图六）。沿踏跺上进入第二进院落，第二进院落正中为正殿，正殿前有抱厦，东西两侧有"L"形长廊与正殿抱厦两侧相连。正殿北侧有围墙围合的院落，为第三进院落，正中为后殿。在第二、第三进院落两侧为僧房建筑，坐北向南，单侧由南至北共计 4 座，每座建筑前有小院，建筑形制统一（图七、图八）。

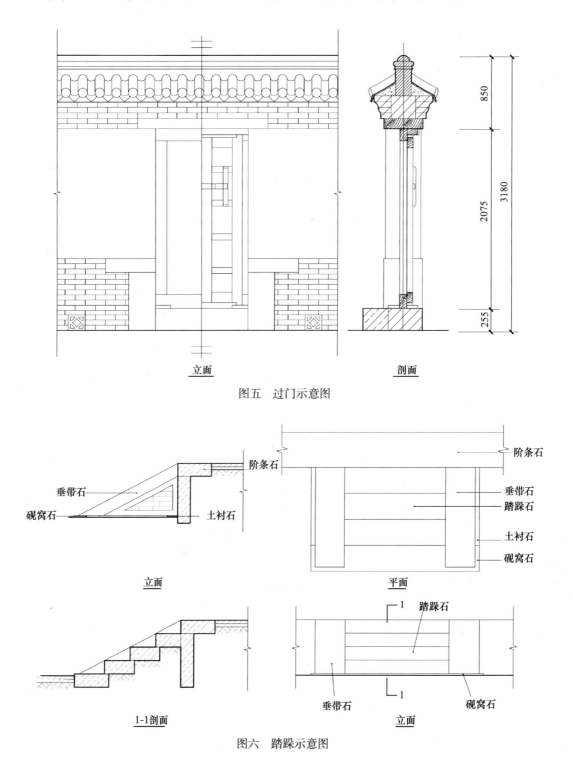

立面　　　　　　　　　剖面

图五　过门示意图

图六　踏跺示意图

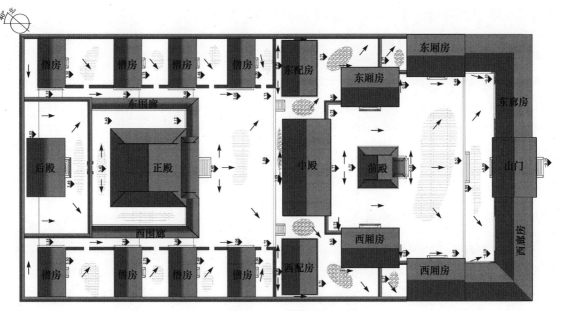

图七　新拉布仁殿平面布局示意图

图八　新拉布仁殿鸟瞰图

（二）建筑基础处理方式研究

1. 原基址采取回填保护后在原位置重做建筑基础

对发掘清理出的原基础进行详细测绘并记录后，采用回填方式对原基础进行保护。覆土夯实，厚度要满足新建建筑基础的要求，且不会对下埋原基础产生破坏。

2. 原基础石构件重新黏合加固后使用

在原建筑基础考古清理时，已清理至生土层，墙基和磉墩下发现有明显的夯打痕迹，新拉布仁殿建造在山体的基岩上，地基结构稳定。考古清理出的建筑基础均选用当地火山岩，结构强度满足建设需求，只需对露明岩石之间粘接不牢处进行重新粘接后，在该基础上加固后直接使用（经过实地勘探，原石灰岩之间采用纯白灰浆进行黏合，需同样采用白灰浆进行黏合工作或采用水泥砂浆的方式进行黏合）。对于不存部位基础，应按照原形制、原做法进行基础加固工作。

3. 对原基础进行加大基础面积后使用

加大基础面积法一般适用于当既有建筑的地基承载力和基础底面积尺寸不满足新建建筑基础要求的加固，可采用混凝土套加大基础底面积。

对新拉布仁殿各建筑基址承载力进行核算分析，当基础承受偏心受压时，可采用不对称加宽；当承受中心受压时，可采用对称加宽；对加宽部分，地基上铺设厚度和材料均与原基础垫层相同的夯实垫层。

当不便采用混凝土套加大基础底面积时，可将原独立基础改成条形基础；或将原条形基础改成十字交叉条形基础或筏形基础；或将筏形基础改成箱形基础。

（三）各个建筑形制研究

1. 建筑营造特征

贝子庙是清皇家营建的寺庙建筑群，建筑等级高，是清官式建筑遗存，本文在研究其营造特征时，主要参考梁思成先生著的《营造算例》来进行。《营造算例》中写道："面阔……次梢间递减，各按明间八分之一，核五寸止"，"举架……如九檩下金六五举，上金七五举，脊步九举……"[①]。

经过对现存贝子庙文物建筑的详细测绘并总结其规律，发现室内梁架高普遍在 2840 毫米以上，发现柱高（檐柱）与明间面阔比例不是传统官式建筑的 1∶0.8 的关系。而是柱高（檐柱）与明间面阔 =1∶8.5～9，其中柱径（檐柱）和柱高的比例为 1∶10～10.5。经过观察贝子庙现存文物建筑的举架普遍偏高，经过详细测量分析发现，贝子庙文物建筑的举架与步架之比除了正殿是 0.5、0.7、0.9 举的关系之外，卷棚和硬山的举架是 0.5、0.8、0.95 举的关系。且贝子庙现存文物建筑无论是否带廊，其正脊均位于梁架的正中位置。各个建筑的营造尺为 320 毫米。

2. 各个建筑形制

（1）山门

根据历史照片与贝子庙其余院落建筑形制，结合老喇嘛道布吉现场确认，新拉布仁殿的山门为硬山建筑，贝子庙现存明干殿和却日殿的山门同为硬山建筑，因此推测工作主要参考明干殿和却日

---

① 梁思成：《清式营造则例》，清华大学出版社，2006 年，第 131 页。

殿的山门进行（图九）。山门建筑坐北朝南，砖木结构，单檐硬山式建筑，抬梁式结构形式，进深四架橼，面阔三间，进深四间，建筑面积105平方米。台明四周设砖质散水，全部砌以青砖，周砌条石，平面随建筑呈长方形，台明地面采用尺二方砖错缝墁铺，前设踏跺5级，后设踏跺4级，两侧加垂带，全部以青石砌成。下碱、槛墙涮白，山墙上身五出五进，墙心抹灰刷红。柱础为石质覆盆式素面柱础。双步梁对双步梁前后带单廊，用5柱结构形式，廊步用单步梁后尾插金柱内，金步前后檐单步梁上托三架梁，橼上置望板。屋面采用筒瓦捉节夹垄形式，正脊正中设法轮，法论两侧用黄色的牝牡二鹿，垂脊设垂兽。额枋和檩枋断面呈现为两立面为弧形，雀替透雕，明间正中开木板门两扇，廊部两侧山墙内设廊心墙。

（2）廊房

根据历史照片与资料、老喇嘛道布吉现场确认并结合贝子庙其余院落建筑形制，明干殿山门两侧现存有倒座建筑，该倒座建筑的位置和平面尺寸较为符合该院落廊房建筑，因此推测工作主要参考明干殿的倒座进行，判定廊房建筑呈"L"形，砖木结构，单檐硬山式抬梁结构形式（图九）。廊房建筑呈"L"形，砖木结构，单檐硬山卷棚顶，抬梁前带廊结构形式。进深四架橼，东西向面阔七间，进深四间；南北向面阔三间，进深四间，筒板瓦屋面，建筑面积190平方米。台基四周设砖质散水，全部砌以青砖，周砌条石，室内地面采用尺二方砖错缝墁铺。在东西向两侧设排水口。柱础为石质覆盆式素面柱础，金柱采用方柱。前檐廊步为单步梁后尾插金柱内，前后单步梁金柱承三架梁结构形式，橼上置望板。屋面采用1号筒瓦捉节夹垄形式，两端分别与山门和南侧厢房山墙相连。

（3）前殿

根据建筑基础可知，其平面呈方形，其形制和尺寸与朝克沁殿的钟、鼓楼一致，结合老喇嘛道布吉现场确认，推测工作主要参照朝克沁殿大殿的钟、鼓楼进行，并结合贝子庙其余院落建筑形制判定前殿建筑坐北朝南，单檐歇山前带抱厦形制，抬梁式砖木结构建筑（图一〇）。前殿建筑坐北朝南，单檐歇山抬梁式前带抱厦的砖木结构建筑，进深八架橼，面阔三间，进深三间，筒板瓦屋面，面积65平方米。台基四周设砖质散水全部砌以青砖，周砌条石，地面采用尺二方砖错缝墁铺。柱础为石质覆盆式素面柱础，正殿檐柱与抱厦后檐柱采用同一木柱。檐廊部为双步梁，尾部插檐柱，金步架用五架梁上承三架梁结构形式，橼上置望板。屋面采用1号筒瓦捉节夹垄形式，正脊两侧设正吻。额枋和檩枋断面呈现为两立面为弧形，雀替透雕。

抱厦面阔一间，进深一间，抬梁式结构，进深三架橼。台基四周设砖质散水，全部砌以青砖，周砌条石，地面采用尺二方砖错缝墁铺。柱础为石质覆盆式素面柱础。抱厦檐柱上承五架梁，橼上置望板，雀替透雕。屋面采用1号筒瓦捉节夹垄形式，垂脊设垂兽。

（4）中殿

根据现存的建筑基础、磉墩和历史照片可知该建筑为面阔五间的硬山建筑，明干殿、朝克沁殿和却日殿的厢房建筑均有五间的硬山建筑，因此推测工作主要参照明干殿、朝克沁殿和却日殿的厢房建筑进行（图一一）。中殿坐北向南，单檐硬山建筑，抬梁式砖木结构形式。进深六架橼，面阔五间，进深四间，建筑面积158平方米。台明四周设砖质散水，全部砌以青砖，周砌条石，地面采用尺二方砖错缝墁铺，前设踏跺5级两侧加垂带，全以青石砌成。下碱、槛墙涮白，山墙上身五出

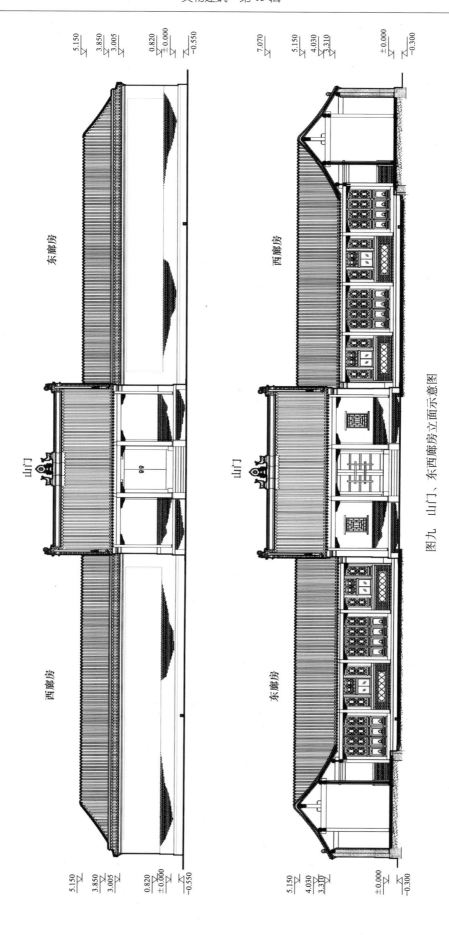

图九　山门、东西廊房立面示意图

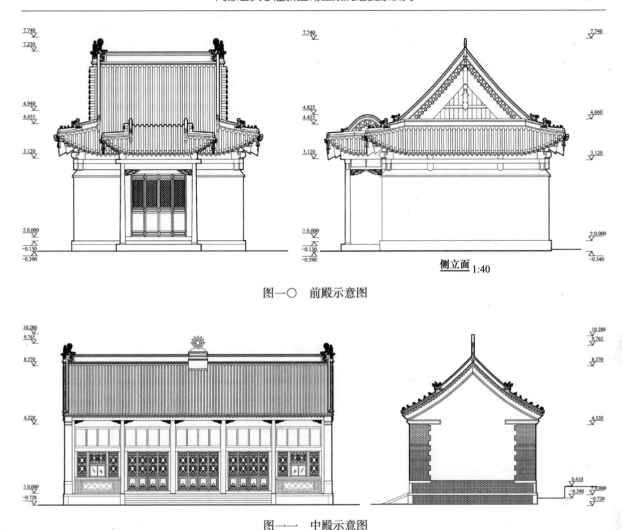

图一〇　前殿示意图

图一一　中殿示意图

五进，墙心抹灰刷红。柱础为石质覆盆式素面柱础，前后单步梁对五架梁前带单廊，用4柱结构形式，前、后单步梁后尾插金柱内，五架梁上承三架梁，脊瓜柱设角背。屋面采用3号筒瓦捉节夹垄形式，垂脊设垂兽，正脊两侧有吻兽，脊中设法论。雀替透雕。廊部两侧山墙内设廊心墙。

（5）正殿

正殿——根据建筑基础和该建筑处于院落的位置可知该建筑为新拉布仁殿的正殿，为四周带廊的趋方形建筑，根据老喇嘛道布吉现场确认并结合贝子庙其余院落建筑形制，该建筑为前带抱厦的重檐歇山建筑。明干殿大殿、朝克沁殿大殿和却日殿大殿均为前带抱厦的歇山建筑，因此推测工作主要参照明干殿大殿、朝克沁殿大殿和却日殿大殿进行。结合历史照片与资料、老喇嘛道布吉现场确认，判定正殿为重檐歇山前带抱厦，抬梁式砖木结构建筑（图一二）。正殿为重檐歇山抬梁式前带抱厦的砖木结构建筑，进深九架椽，一层面阔五间，进深五间，面积2304平方米；二层面阔三间，进深三间，面积125平方米。筒板瓦屋面。台基四周设砖质散水，全部墁以青砖，周砌条石，平面随建筑呈方形，前设1级踏步，台明地面采用尺二方砖错缝墁铺。下碱、槛墙淌白，墙心抹灰刷红。柱础为石质覆盆式素面柱础，正殿檐柱与抱厦后檐柱采用同一木柱，正殿周围廊部用檐柱20根。前檐廊步四架梁后尾插入大殿檐柱，四周檐步为单步梁，金步为双步梁，脊步采用三架梁

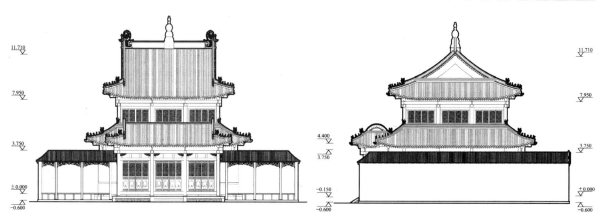

图一二 正殿及围廊示意图

结构，椽上置望板，正脊两侧设吻兽，正中置宝瓶。

抱厦面阔三间，进深一间，抬梁式结构，进深三架椽。台基四周设砖质散水，全部墁以青砖，周砌条石，地面采用尺二方砖错缝墁铺，两侧加垂带，全以青石砌成。抱厦左右与长廊相连，前设踏跺8级两侧加垂带，全以青石砌成。柱础为石质覆盆式素面柱础。檐柱上承二架梁，中为罗锅椽，椽上置望板，雀替透雕。屋面采用1号筒瓦捉节夹垄形式，垂脊设垂兽。

（6）围廊

围廊——仅存南北向基址，根据廊部与大殿之间现存砖铺地面，地面上有斩砖摆方形路心，结合老喇嘛道布吉现场确认，判定该廊应该为"L"形，东西向与正殿抱厦相连（图一二）。围廊为"L"形，东西向与正殿抱厦相连，南北向北侧与第三进院围墙相连。砖木结构，单檐卷棚顶，抬梁前带廊结构形式。进深三架椽，东西向面阔四间，进深一间；南北向面阔七间，进深四间，筒板瓦屋面，建筑面积65平方米。台基四周设砖质散水，全部墁以青砖，周砌条石，室内地面采用尺二方砖错缝墁铺。柱础为石质覆盆式素面柱础。檐柱上承二架梁，中为罗锅椽椽上置望板，雀替透雕。屋面采用1号筒瓦捉节夹垄形式，两端分别与三进院围墙和正殿抱厦相连。

（7）南侧东、西厢房

根据历史照片与资料、老喇嘛道布吉现场确认并结合贝子庙其余院落建筑形制，可知该处应有厢房建筑，明干殿、朝克沁殿和却日殿均现存有厢房建筑，因此推测工作主要参照明干殿、朝克沁殿和却日殿的厢房建筑进行，同时结合历史照片与资料、老喇嘛道布吉现场确认，东厢房坐东面西，西厢房坐西面东，单檐硬山抬梁式砖木结构形式（图一三）。东厢房坐东面西，西厢房坐西面东，单檐硬山抬梁式砖木结构形式，进深四架椽，面阔三间，进深三间，建筑面积89平方米。台明四周设砖质散水，全部墁以青砖，周砌条石，地面采用尺二方砖错缝墁铺。下碱、槛墙淌白，山墙上身五出五进，墙心抹灰刷红。柱础为石质覆盆式素面柱础。单步梁对四架梁前带单廊，用4柱结构形式，廊步用单步梁后尾插金柱内，四架梁上承三架梁，脊瓜柱设角背，椽上置望板。屋面采用1号筒瓦捉节夹垄形式，垂脊设垂兽。雀替透雕，廊部两侧山墙内设廊心墙。

（8）北侧东、西厢房

根据建筑基础可知该建筑为该院落的北侧厢房建筑，明干殿、朝克沁殿和却日殿均现存厢房建筑，厢房建筑的形制主要参照明干殿、朝克沁殿和却日殿的厢房建筑进行，同时结合历史照片与资

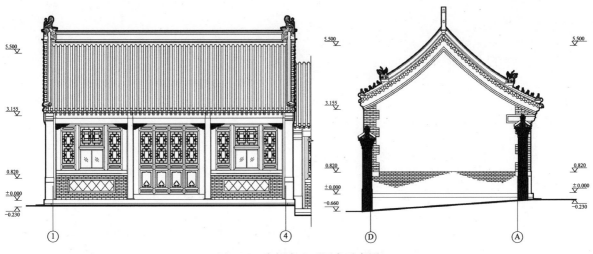

图一三 南侧东、西厢房示意图

料，判定东厢房坐东面西，西厢房坐西面东，单檐硬山抬梁式砖木结构形式（图一四）。东厢房坐东面西，西厢房坐西面东，单檐硬山抬梁式砖木结构形式，进深四架椽，面阔三间，进深三间，建筑面积75平方米。台明四周设砖质散水，全部墁以青砖，周砌条石，地面采用尺二方砖错缝墁铺。下碱、槛墙淌白，山墙上身五出五进，墙心抹灰刷红。柱础为石质覆盆式素面柱础，金柱用方柱。单步梁对四架梁前带单廊，用4柱结构形式，廊步用单步梁后尾插金柱内，四架梁上承三架梁，脊瓜柱设角背，椽上置望板。屋面采用1号筒瓦捉节夹垄形式，垂脊设垂兽。雀替透雕，廊部两侧山墙内设廊心墙。

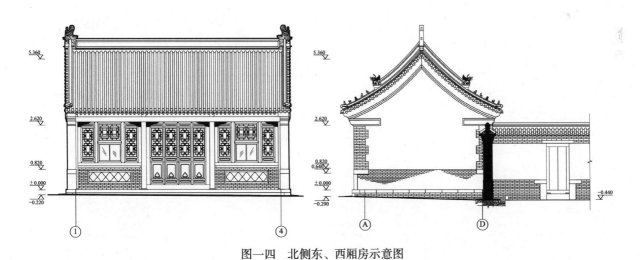

图一四 北侧东、西厢房示意图

（9）东、西配房

根据建筑基础可知该建筑为前殿的两侧配房建筑，坐北向南，明干殿和却日殿均现存有配房建筑，东西配房的形制主要参照明干殿、朝克沁殿和却日殿的配房建筑进行，同时结合历史资料可确认，东西配房坐北朝南单檐硬山抬梁式砖木结构形式（图一五）。东西配房坐北朝南单檐硬山抬梁式砖木结构形式。进深四架椽，面阔三间，进深三间，建筑面积684平方米。台明四周设砖质散

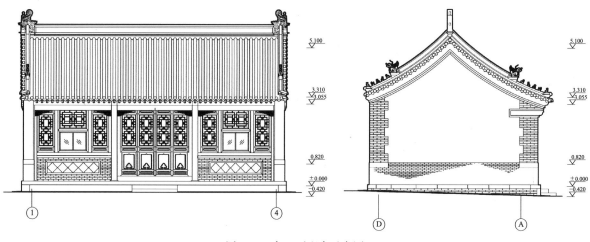

图一五 东、西配房示意图

水，全部礓以青砖，周砌条石，地面采用尺二方砖错缝墁铺，前设踏跺3级，以青石砌成。下碱、槛墙淌白，山墙上身五出五进，墙心抹灰刷红。柱础为石质覆盆式素面柱础，金柱用方柱。单步梁对四架梁前带单廊，用4柱结构形式，廊步用单步梁后尾插金柱内，四架梁上承三架梁，正脊设角背，椽上置望板。屋面采用1号筒瓦捉节夹垄形式，正脊两侧有吻兽，垂脊设垂兽，雀替透雕。

（10）僧房建筑

根据建筑基础和所处院落的位置，可知该建筑为院落两侧的僧房建筑，僧房建筑坐北向南，明干殿、朝克沁殿和却日殿均现存有僧房建筑，僧房建筑的形制、尺寸、装修均较为统一，因此僧房建筑形制主要参照明干殿、朝克沁殿和却日殿的僧房建筑进行，同时结合历史资料确认，僧房建筑坐北朝南，单檐卷棚顶，抬梁式砖木结构形式（图一六）。僧房建筑坐北朝南单檐卷棚顶，抬梁式砖木结构形式。进深四架椽，面阔三间，进深一间，建筑面积45平方米。台明四周设砖质散水全部礓以青砖，周砌条石，地面采用尺二方砖错缝墁铺，前设踏跺3级两侧加垂带，全以青石砌成。下碱、槛墙淌白，山墙上身五出五进，墙心抹灰刷红。柱础为石质覆盆式素面柱础。五架梁上承三架梁，正脊设角背，椽上置望板。屋面采用1号筒瓦捉节夹垄形式。

图一六 僧房示意图

（11）围墙

新拉布仁殿仅存东围墙，并在院内发现四处围墙基础，通过对现存围墙详细测绘研究，并结合明干殿、朝克沁殿和却日殿院内围墙形制进行确定（图一七）。新拉布仁殿院内围墙设计工作以现存围墙形式并结合明干殿、朝克沁殿和却日殿院内围墙进行确定工作。墙帽：布瓦屋面，2 号筒瓦卷棚顶；墙体下碱小停泥砖糙淌白，五层一丁，上身抹灰刷红色，四层冰盘檐。

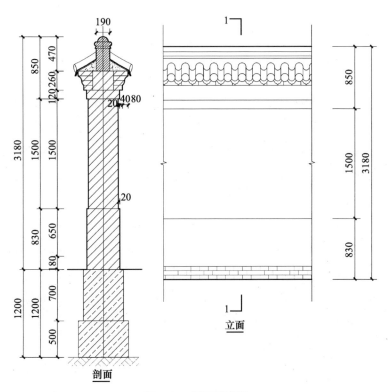

图一七　围墙示意图

五、结　语

新拉布仁殿为贝子庙重要的组成部分，建于五世活佛时期。据史料记载，新拉布仁殿为一处三进式寝宫型寺庙建筑，是活佛寝宫和接待重要宾客之场所，它的造型装饰精美独特，富丽堂皇，堪称贝子庙建筑艺术精品。历史上，九世班禅、七世章嘉胡图格图等大德都曾寓居于此。解放战争期间，革命家乌兰夫也曾在新拉布仁殿办公，领导内蒙古的革命运动。新拉布仁殿曾作为中共锡、察、巴、乌盟工委所在地，是内蒙古重要的革命根据地之一。拉布仁殿毁于 20 世纪 60 年代，损毁后被周边居民无序新建建筑占压，整体面貌破坏严重。

新拉布仁殿承载了贝子庙和内蒙古抗战的重要历史信息，同时这里也孕育了大批革命骨干。本文仅是根据发掘清理的现状和知情人的口述，再结合现存贝子庙其他文物建筑对新拉布仁殿进行的原貌研究，目前未发现更多历史照片以显示新拉布仁殿的原貌。由于笔者水平有限，本文中有不到之处请各位专家学者批评指正。

参 考 文 献

梁思成:《清式营造则例》, 清华大学出版社, 2006 年。

Courtyard Layout and Architectural Features of the New Laburen Hall of Beizi Temple in Inner Mongolia

YUAN Linjun

(Henan Provincial Architectural Heritage Protection and Research Institute, Zhengzhou, 450002)

Abstract: The Beizi Temple was built with the historical background that the Qing dynasty built many Buddhist temples to strengthen local management with the purpose to net Mongolian tribes. It was the product of the heyday of Buddhism in the Xilingol area of Mongolia in the Qing Dynasty and one of the centers of Tibetan Buddhism in Inner Mongolia. As an important part of Beizi Temple, New Laburen Hall is the living Buddha's palace and the place to receive important guests. The revolutionary Ulanfu also worked in the New Laburen Hall, leading the revolutionary movement in Inner Mongolia. The new Laburen Hall used to be the seat of Working Committee of Xilingol, Chahar, Bayan Tal and Ulanchab, and it was one of the important revolutionary bases in Inner Mongolia. Due to historical reasons, the New Laburen Hall was destroyed and left only the rear hall. In 2018, archaeological excavation was carried out by the jointed archaeological team of the Inner Mongolia Autonomous Region Institute of Cultural Relics and Archaeology and the Xilin Hot Cultural Relics Administration Bureau, and it revealed the original appearance of its foundation. This paper starts with the various architectural foundations excavated, combines historical data and informed demographic descriptions, and based on the existing cultural relics and architectural features of the Beizi Temple, initially ascertains the layout and architectural characteristics of the New Laburen Hall.

Key words: Beizi Temple; New Laburen Hall; site of Working Committee of Xilingol, Chahar, Bayan Tal and Ulanchab; courtyard layout

文化遗产保护

四川李庄中国营造学社旧址的
预防性保护勘察与修缮措施

和永侠　钱　威　张　帆

（北京工业大学城市建设学部，北京，100020）

摘　要：李庄中国营造学社旧址建筑大修之后已过多年，目前虽没有严重的结构安全问题，但已相继出现病害残损的现象。为有效遏制病害的发育和安全隐患的出现，亟需掌握现状残损的具体信息。因此以李庄中国营造学社旧址为研究对象，运用传统勘察与无损检测技术手段相结合的方式对李庄中国营造学社旧址进行系统的预防性保护勘察，根据现状残损或者存在的隐患做出评估，分析病害的成因。同时根据文物建筑保护的最小干预原则，在不影响文物真实性的原则下，提出保护修缮的措施，以预防重大安全隐患的发生，延缓文物落架大修的时间。

关键词：勘察；修缮；病害；预防性保护；李庄

一、引　　言

中国传统建筑主要以木结构为主，相比西方的石材建筑更易受到外界各种因素的影响，更容易出现病害残损，因此木结构的预防工作一直是我国文物建筑保护工作的重中之重。早在《周易象辞》中有提到"水在火上，即济，君子以思患而与预防之"，如同备水防火一样，思患而预防就能够顺利起到保护的作用。"防为上，旧次之，戒为下"、"防微杜渐"、"未雨绸缪"等更是我国古代文化体现的事前准备，预先做好防范的一种超前思想。我国古代就有许多优秀杰出的预防性保护案例，著名的工程就有都江堰工程[1]。我国在"十四五"规划中提出文物保护和科技创新规划，并指出"到2025年基本实现国保单位从抢救性保护到预防性保护的转变"，由于政策的引导，预防性保护在我国的文物保护领域将更加受到重视[2]，将更有利于推动我国文物建筑保护事业的进一步发展。

二、李庄中国营造学旧址概况

李庄中国营造学社旧址（以下简称李庄旧址）位于四川省宜宾市翠屏区李庄镇上坝月亮田，为四川地区传统民居建筑。李庄旧址主体建筑（图一、图二）为土坯、砖、木混合结构，穿斗排架，九檩悬山屋面。抗战年间，营造学社由北平一路南迁至四川宜宾李庄。梁思成、林徽因、刘敦桢等人曾在此有长达 5 年的学术科研生活，在这工作生活的 5 年也是营造学社发展历程中最为重要的阶段[1]。在此完成的一系列学术巨作，为中国古代建筑史研究做出了巨大的贡献，也对国内学术与国际交流起到了积极的作用[2]。也正是由于此段的历史背景，李庄中国营造学社旧址在 2006 年被列为第六批全国重点文物保护单位，李庄旧址也成为国内建筑学子参观学习的圣地。

图一　李庄营造学社旧址入口
（图片来源：笔者拍摄）

图二　李庄营造学社旧址西侧现状
（图片来源：笔者拍摄）

三、传 统 勘 察

（一）建筑病害勘察现状

现状：李庄旧址主体建筑的木构件已出现开裂、糟朽、虫蛀等问题；木槛墙由于长期受潮，出现油饰褪色、脱落、构件糟朽等痕迹；地面石材有风化、开裂、酥碱等病害。原中央博物院职工宿舍夯土墙体出现多处裂隙、大面积变色和脱落的现象。

（二）病害记录

根据三维激光扫描数据和现场勘察情况完善文物建筑平面图（图三），并对其进行轴网编号。根据轴网编号可以定位病害的具体位置，同时结合文字记录和照片的方式，对现场的病害进行记录，并归纳出学社旧址建筑存在的病害类型表格（表一）和主要的病害表格（表二）。

表一　李庄旧址病害类型（表格来源：自制）

名称		现状主要病害形式
大木结构		柱子、穿枋、檩等木构件主要的病害类型有糟朽、劈裂、虫蛀、附垢等
屋面		瓦件局部有苔藓菌藻病害，少量瓦件缺失，部分瓦件有轻微酥碱现象
门窗		门窗表面油饰大面积褪色和脱落；局部有水渍、龟裂、附垢等现象；门窗多处虫蛀痕迹
墙体	夯土墙	部分墙体出现多条裂缝；墙体外表皮有空鼓、大面积变色和脱落现象，局部有松动错位现象
	竹编泥墙	墙体表面有积土附垢，局部有弯曲变形的现象
	砖墙	局部表面有酥碱剥落、泛白的现象
	木槛墙	木槛墙有轻微糟朽、破损的现象
地面石材		阶条、柱底石、地面石材等表面有轻微酥碱、风化、开裂现象；部分石材表面有菌藻痕迹
油饰		油饰老化褪色 30%、龟裂剥落 10%，局部有水渍、泛白的现象

表二 主要病害表格（表格来源：自制）

部位	具体位置	现状病害
柱	1/A柱、4/B柱	柱根糟朽严重（见图四，a）
	4/G柱	表面油饰脱落，泛白
	1/B柱、1/C柱、1/D	柱身劈裂现象，劈裂宽度为6～20mm（见图四，b）
墙体	G轴1/5～6木檻墙	木檻墙残损，局部虫蛀（见图四，c）
	G轴6～7竹编泥墙	严重弯曲变形、空鼓（图四，d）
	H轴5～6段砖墙	砖块酥碱松动，勒脚风化残损严重（见图四，e）
	H轴2～5段夯土墙	外表皮脱落50%，出现多条裂缝，裂缝最长达2.4m

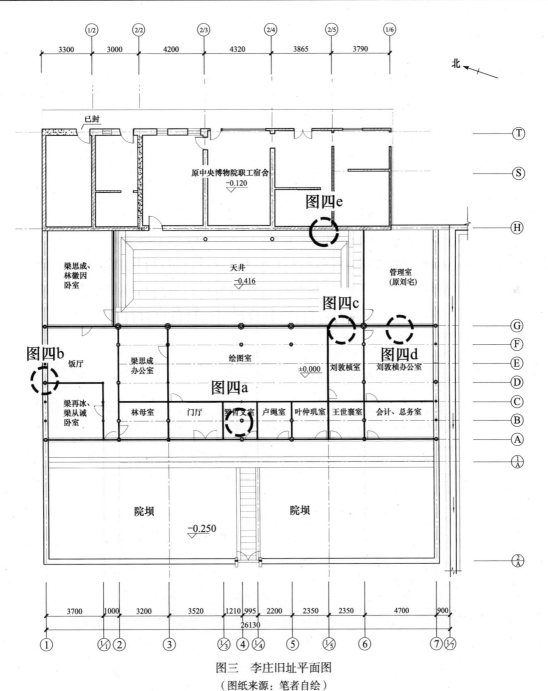

图三 李庄旧址平面图

（图纸来源：笔者自绘）

(a) 柱根糟朽　　(b) 劈裂　　(c) 虫蛀　　(d) 墙体弯曲变形　　(e) 墙体酥碱剥落，局部泛白

图四　病害现状

（图片来源：笔者拍摄）

四、技 术 勘 察

（一）三维激光扫描点云分析

1. 穿枋构件变形

根据采集的数据信息，对可能存在问题的三处桁架的穿枋构件进行挠度分析（图五），其中截面一（图五，b）处穿枋构件局部挠度较大。截面一的最下方的穿枋构件向下变形挠度为78mm，构件长为6173mm，最大弯曲挠度与穿枋构件长度比值为1/77。考虑到学社旧址建筑原为四川地区民居建筑，木材本身存在一定的弯曲，同时结合现场观测发现，挠度过大的穿枋构件的榫卯交接处并没有出现脱榫的现象，且构件的变形挠度范围基本符合《古建筑木结构维护与加固技术标准》中的规定，因此认定此处穿枋的弯曲变形不存在严重的安全问题。

2. 墙体弯曲变形

刘宅西墙竹编泥墙有内凹、弯曲的现象，并由此引起墙体局部空鼓。通过分析刘宅西墙的位移偏差色谱图（图六）可知，整个墙面的变形在 -0.15m 到 0.048m 之间，位移偏差色谱图的红色区域为墙面的中部和左上方，也是墙面主要弯曲变形的区域。通过测量此处墙体的剖面的点云数据图像（图七），可知变形最大处的墙面距离垂直面约195mm，但考虑此处墙体非承重结构，因此认定此处不存在严重的安全隐患问题，但是影响正常使用和文物的观赏性能。

3. 天井积水

天井南北两侧地面有一定的位移偏差（图八），且整个天井院地面的位移偏差在0～165mm以内。根据实测天井南侧平均标高为 -0.356，北侧地面平均标高为 -0.452，整个天井地面由南侧向北侧倾斜，倾斜坡度约0.67%，天井院内2处排水口均设置在北侧，排水条件基本满足要求，但天井院南侧局部积水仍不能及时向北侧的排水口排出。据现场观察发现天井地面的青石板铺装粗糙，石板灰缝较大，部分石板有松动痕迹，因此导致天井南侧地面的积水不能及时排出。且地下水分也会

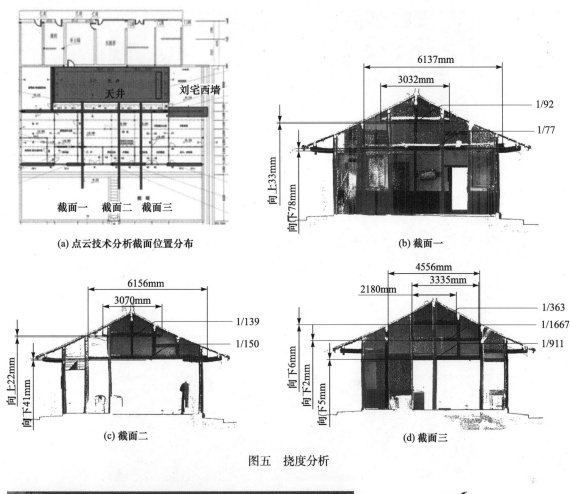

(a) 点云技术分析截面位置分布

(b) 截面一

(c) 截面二

(d) 截面三

图五　挠度分析

图六　刘宅西墙位移偏差色谱图

绿线为理论墙线

图七　刘宅西墙剖面点云数据图像

通过灰缝向地面返潮，也会造成地面水分较大，产生苔藓、青苔等病害，从而损害天井地面的石材构。

（二）探地雷达技术勘察

探地雷达通过发射电磁波可以探测深度范围在 1.2m 以内的结构内部材质分布情况。根据墙体

图八　天井位移偏差色谱图

内部结构材质的变化情况，电磁波会呈现不同的反射波信号，若内部结构良好、材质均匀，则反射波的信号为连续一致的，在图像上看不到明显的异常；若结构内部有不密实、空洞、裂隙等情况，则反射波的信号有变化且不一致，在图像上呈现出不同色彩的分布。在原中央博物院职工宿舍西侧的夯土墙（墙厚 0.35m）的三个不同高度，由低到高分别进行雷达检测，通过图像可以看出夯土墙内部材质分布有明显的不均匀现象，墙体存在不密实的情况，推断内部有脱空或者破碎的现象，尤其是夯土墙体上部（图九），内部脱空或者破碎的问题较为突出。

图九　探地雷达检测分析图

五、学社旧址常见病害类型的成因分析

（一）木材的劈裂与糟朽

木材作为我国传统建筑主要的建筑材料，具有多种建造优势，木材的使用使建筑的整体负荷大大减轻，施工周期缩短。但也是由于木材的自然的属性，使以木结构为主的建筑在整个生命周期内面临各种病害形式的侵扰。首先，木材受周围环境因素的影响较大，比如湿度、光照、温度等因素会使木材本身在干缩过程中内外收缩不一致，产生劈裂等现象，继而影响木结构的安全性能。尤其是李庄旧址建筑作为地方民居建筑在之初的选材时，并没有严格的选材标准，所选木材未等完全干燥就可能用于营建活动中，在使用过程中这种木材受自然环境的作用不可避免会出现开裂的现象。木结构作为主要的承重构件，在长期荷载的作用下，穿枋、檩等构件也会出现弯曲劈裂的现象。其次，木材由纤维素、木质素、半纤维素等构成[5]，而学社旧址位于四川地区，气候温热、潮湿、多雨、常年空气湿度较大，在这种气候环境中，非常容易滋生真菌；在室内通风不理想的情况下，木材也极易受潮产生腐蚀糟朽。糟朽会使木柱、梁等结构的承载面积变小，从而降低构件的承载能力。最后，木材中含有害虫生存所需的养分，如纤维素、淀粉、可溶性糖等养分[5]，木材本身更容易成为害虫的巢穴。虫蛀问题是木结构建筑形式不可回避的一种病害形式，如果不能及时发现并处理，还会演化到房屋的安全性问题，严重者会导致房屋坍塌。

（二）石材的表层风化与附垢

石材的表层风化主要是受自然环境的影响，常年的风雨侵蚀、冰雪冻融、温度变化等作用使石材发生热胀冷缩，酥碱、剥落等现象，继而发生表层风化。附垢等病害主要是由于空气中粉尘、污染物滞留或附着于石材表面，继而形成沉积附垢；由于四川地区的气候条件，适合微生物的繁衍生长，像苔藓、菌藻等依附于石材表面生长，清理不及时便会停留在石材表面形成一层致密的附垢。

（三）墙体开裂与弯曲

李庄旧址建筑的夯土墙体是由黄土、植物秸秆、水和一定比例的碎石搅拌砌筑而成。夯土墙在干湿变化、温热交替的过程中，面层与墙体会产生不同的收缩应力，使墙体与面层发生剥离和开裂的现象；自然的风化和风雨的侵蚀会使黄泥的黏性降低，继而出现表面脱落、粉化的现象。夯土墙体的工程质量也是墙体病害出现和发育的重要影响因素。按照工艺流程，在夯土墙砌筑完成后，需要使用黄泥石灰抹面，然后麻浆灰抹面，最后进行石灰浆罩面，在这一系列的过程中每一道工序都需要有一定的时间间隔，以保证水分完全干燥，否则夯土墙在后期的使用过程中因水分的不均匀流失，导致面层脱落或者墙体开裂的现象。竹编泥墙也存在与夯土墙相同的现象，但与夯土墙病害成因不同的是竹编泥墙在使用的过程中出现的弯曲变形主要是由于荷载的作用。竹编泥墙一般位于穿枋之下，原本用作分隔室内空间，但是由于穿枋等构件受荷载作用出现弯曲后，会向下挤压在穿枋之下的竹编泥墙，由于受到上部挤压，竹编泥墙便产生弯曲变形，并引起墙体空鼓的现象。

六、修 缮 措 施

虽然此次李庄旧址的现况整体较为乐观，但已出现病害残损的构件较多，且病害类型多、范围广，如不加以干预或者控制，病害将迅速发育，直至影响到李庄旧址文物建筑的整体安全问题。重大问题的出现总是由最薄弱的地方开始，且其中绝大部分的病害是可以减轻或者避免的，因此如何减轻这些病害以及如何避免病害的产生便是此次保护修缮的工作重点，也应该是预防性保护工作应重点关注的部分。

（一）大木结构

1. 劈裂修补

穿枋、柱、檩等构件的劈裂深度未到截面的 1/3，宽度在 3mm 以下的，一般认定为木材的自然劈裂，可不进行干预；宽度在 3~20mm 之间的劈裂，可采取与木构件同种材质的木条进行嵌补，并用改性结构胶黏剂黏牢；宽度在 20mm 以上的劈裂，除采用木条嵌补和胶黏外，必要时应根据实际情况适当加铁箍。

2. 糟朽处理

木构件中糟朽严重现象比较轻的，且仅停留在木结构外表的糟朽，尚未降低构件的承载能力时，可以采用嵌补的方法进行加固；柱根出现糟朽，但糟朽的高度未超过柱高的四分之一时，可使用同种木材选用墩接方式进行加固，且墩接的两个连接面尽量严丝合缝，并在柱脚完成墩接处理后，使用铁箍进行加固，以确保结构的整体稳定性。

3. 防虫处理

中国传统建筑素有"墙倒屋不塌"的说法，木构架是主要的承重结构，也是整体建筑结构的稳定基础。为防止建筑结构的安全性降低，除对已经出现残损的部分进行干预外，还需要定期对所有的木构件进行防虫、防腐处理。四川地区的民居建筑主要通过油饰工艺的做法来达到防虫、防腐的效果。学社旧址建筑在做防虫处理之前，需清理油饰表面的附垢和水渍区域，并打磨油饰翘皮和龟裂区域；然后再进行木结构的油饰处理，之后用青粉擦拭退光做旧，依次再进行桐油钻生、熟桐油罩面、光油罩面等工艺。

（二）墙体

对于出现裂缝破损的夯土墙，在修缮时，应排除其可能存在的安全隐患和因受力作用造成的隐性破坏，然后再根据裂缝宽度大小采取不同的措施。夯土墙体开裂宽度较小的，可采用石膏浆或者水泥浆等材料进行灌缝处理；裂缝宽度在 15mm 以上的裂缝，需进行修补与加固，在修补时需要先确定裂缝的中心线以及两头开裂的位置，以中心线为基准两边各向外放 160mm 以上作为裂缝加固修复的范围，在距离裂缝两侧 130mm 附近的位置处钻孔，并注入环氧树脂砂浆，用穿墙短筋固定，每个穿墙短筋的间隔不应超过 200mm；之后再用钢筋将裂缝将穿墙短筋绑扎再次固定，最后再用水泥砂浆把裂缝两侧进行抹灰处理，等到砂浆凝固硬化后，进行裂缝灌浆，最后将灌浆口封闭密实。在修复以后还需加强定期监测工作。夯土墙面脱落变色严重的区域需重新做面层处理。将砖墙风化酥碱严重的砖块剔除，并选用同种旧砖材进行替换。竹编泥墙变形严重的部分可采取以下措施进行修缮：首先需要选用 3 年的生雌竹来编织墙体，待干燥后，用黄泥、谷草混合抹墙，完全干燥以后，再用麻筋灰抹面，干燥以后用浆灰抹面。

（三）地面石材

有轻微酥碱、风化剥落的现象的构件可不作处理，风化酥碱严重的石材可考虑更换同种旧石材，替换前，应将旧石材表面存在沉积、菌藻痕迹清理干净后，再进行替换；天井院的青石板缝隙需进行勾缝处理，以防止地面返潮，同时对天井院的散水、排水口、雨水箅子进行定期的检查与清理工作，频率可以为一个季度一次，四川地区降水量较多的季节可以增加检查与清理的工作次数。

七、结　语

在李庄旧址的勘察工作中，利用现代的无损检测技术，探查了结构内部材质分布情况，详细分析了其普遍存在的病害现状以及安全隐患，在分析了病害产生原因的同时提出了保护修缮措施，也为日后的保护研究工作提供了科学的数据资料。但此次的勘察仍存在一些不足与缺憾，比如：对于已存劈裂构件的力学分析不够深入、未鉴定腐坏糟朽构件的材质是否转变等。并且在此次的研究过程中还发现，预防保护工作不能仅停留在文物本体上，那些引诱病害发育的因子变化情况也应当受到日常的监测和控制，合理控制诱发病害的因子可以有效避免或者减缓病害的发育。除此之外还需加强文物建筑的定期巡查、日常养护、残损构件监测工作，并建立相应的安全数据记录档案。只有充分掌握文物建筑的"健康情况"，制定完善的预防性保护工作措施，才能做到"防患于未然"，从而实现文物建筑的"延年益寿"。

参 考 文 献

［1］ 李爱群、周坤朋、解琳琳、王崇臣、永昕群：《中国建筑遗产预防性保护再思考》，《中国文化遗产》2021 年第 1 期，第 13～22 页。

［2］ 白成军、韩旭、吴葱：《预防性保护思想下建筑遗产变形监测的基本问题探讨》，《西安建筑科技大学学报（社会科学版）》2013 年第 2 期，第 54～58 页。

［3］ 张帆：《四川李庄中国营造学社旧址原貌考证初探》，2019 年中国建筑学会建筑史学分会年会暨学术研讨会。

［4］ 李沉：《中国营造学社在李庄》，《建筑创作》2006 年第 2 期，第 156～161 页。

［5］ 王欢：《云南华宁县海镜村古建筑修缮方案研究——以"一颗印"云南传统民居为例》，《中国建材科技》2021 年第 2 期，第 98～101 页。

［6］ 何翔彬：《九华山木结构古建筑病害防治探析》，《中国文物科学研究》2013 年第 4 期，第 60～63 页。

Preventive Conservation Survey and Renovation for "The Society for the Research in Chinese Architecture" in Lizhuang, Sichuan Province

HE Yongxia, QIAN Wei, ZHANG Fan

(Faculty of Architecture, Civil and Transportation Engineering, Beijing University of Technology, Beijing, 100020)

Abstract: It has been many years since the overhaul of "the Society for the Research in Chinese Architecture (SRCA)" in Lizhuang，and although there are no serious structural safety problems at present, there has been a succession of disease residue phenomenon. In order to effectively curb the development of disease and safety hazards, there is an urgent need to have specific information on the current state of salvage. So this paper takes SRCA as the research object, and using a combination of traditional surveys and technology to conduct a systematic survey of SRCA, and evaluates the current damage or hidden dangers, and analyze the causes of the disease. According to the principles of heritage building protection, with minimal intervention and without affecting the authenticity of cultural relics, measures for protection and repair are proposed to prevent the occurrence of major safety hazards, delay the time of the drop frame overhaul, and explore preventive protection methods and approaches.

Key words: Survey, Renovation, Disease, Preventive Conservation, Lizhuang

关于名人故居保护利用的思考
——以大连名人故居为例

刘美晶　周　畅

（大连市文物考古研究所，辽宁大连，116016）

摘　要： 名人故居因其主人身份的特殊性、建筑特征的时代性，历史价值、文化价值有别于普通建筑，对公众有独特的吸引力，在文旅深度融合的今天，名人故居的保护利用亟待再上新的台阶。本文基于大连名人故居的现状调查，对名人故居保护利用存在的问题分析和归纳，在此基础上提出可行性建议。

关键词： 名人故居；保护利用；大连

大连位于辽东半岛南端，黄、渤海交界处，北倚东北腹地，南与山东半岛隔海相望，自古以来就是北方交通要道。近代历史上曾经是甲午战争、俄日战争的主战场、俄日两国的殖民地，聚焦了世界的目光，诸多在政治经济、文化科学等方面有较高知名度的历史人物曾在大连或短暂停留或长期生活、工作，留下了很多名人故居。名人故居是城市人文遗产的重要类型，具有历史、教育和文化价值，通过它们可以了解名人的生活经历、产生思想变化的社会背景，感悟时代变迁，获得人生启迪，做好名人故居的保护与利用是文物保护工作的一个重要方面。通过近年来对第三次全国文物普查登录的 32 处大连名人故居的实地调查，借鉴其他城市地区的经验，对大连名人故居的保护与利用问题提出思考和建议。

一、大连名人故居概况

（一）名人概况

大连的历史名人主要生活于清代及民国时期，既有土生土长的大连本地人，也有外地、域外迁居于此。职业身份从军政要员、地方乡贤、民族资本家到无产阶级革命家、抗日志士、文化学者、奥运选手，涵盖政治、经济、文化、体育、军事等多个领域。

（二）名人故居建筑概况

与名人身份职业的多样性相一致的，是名人故居建筑类型的多样性。政要、学者的故居有带有俄罗斯风格的独栋别墅、欧式的庭院式洋房、多幢联排的多层住宅，配有完整的给排水系统以及电气、燃气等设备，普遍体量较大、建筑质量较高，多分布在旅顺口区、市内四区、金州城区，尤其集中分布在旅顺太阳沟、市区八七疗养院、南山、星海黑石礁一带，这些地方也是俄日殖民统治时期较早规划建设的高级居住区，毗邻城市行政区、商贸区或风景区，交通便利。革命人士、乡贤的故居多为北方传统的硬山顶院落式民居，分散坐落于金州、庄河市和长海县乡村。位于金州古城区的阎福升故居则是中轴对称的清代官邸建筑。名人故居包含了近代大连民居建筑的典型样态，体现了大连地区近代建筑东西融合的特点。

二、大连名人故居保护利用现状

（一）保护现状

从建筑平面格局完整性、结构稳定性、建筑整体风貌、建筑材料及装饰原真性等方面进行评估，32 处名人故居中有 20 处整体保存状况良好；4 处在历史维修中原状部分改变；因年久失修导致局部存在一般险情的有 1 处，已成危房的 2 处；另有 5 处被部分拆除，其中 2 处是开发征地过程中部分被拆，3 处为后来的使用人对房屋的改扩建。19 处名人故居被公布为各级文物保护单位，门前立有文物保护标志碑，有专门的保护管理机构或专人看护管理（图一）。

（二）利用现状

名人故居现辟为对外免费参观的纪念馆陈列馆 3 处，办公用房有 7 处，餐饮酒店 1 处，住宅 10 处，闲置 11 处（图二）。纪念馆陈列馆均为公有产权，由政府投资开办。2021 年 3 月，大连市启动"追寻红色印记"活动，关向应、欧阳钦、徐海东、董秋农、吕其恩等革命人士的故居被市委宣传部列入大连市百个红色地标，成为学习党史和爱国主义教育的红色基地。

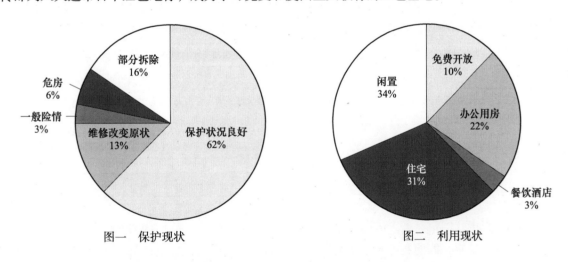

图一　保护现状　　　　　　　　　图二　利用现状

三、名人故居保护利用中存在的问题

（一）名人故居的考据不够深入，认定不够严谨

名人故居是文物的一个独特类型，直至目前对名人、名人故居还没有统一、明确的定义，名人的界定、名人故居的选定缺乏认定标准和程序[1]。反映在以县域为基本单元开展调查的全国第三次文物普查（以下简称三普）中，各区县在界定、登录名人故居时标准不一致。从认定方法来讲，文献、口述、实物三类资料对比研究相互印证是还原历史真实的最佳方式，而由于特定历史时期档案

资料的保密性使文献资料的获取相当困难。以白俄将军谢苗诺夫旧居为例，当地居民的口述记录中有两处建筑或与谢苗诺夫有关，三普实地调查从建筑形式、建筑材料上难以确定这两处建筑的具体年代，后续查阅到的有关文献档案图纸资料寥寥，无法对比确认究竟哪一处是故居。三普要求以新发现的不可移动文物为重点，普查人员对新发现的这两处建筑均测量、登录信息并列入三普名录公布，这也为后续的保护工作带来困扰。这种情况并非个例，为避免公众产生疑虑，没有信史依据不宜定名为故居，以具体地址前缀来命名为历史建筑加以保护更为妥当。

（二）保护资金缺乏，资金来源渠道单一

在实地调查中最常听到的是使用方对维修资金的诉求，保护资金过于依赖财政投入是普遍现象。2015 年《大连市不可移动文物保护专项补助经费管理办法》实行，该专项经费主要用于对市级及以上国有文物保护单位的保护和修缮，而名人故居中占比近 40% 的数量并未核定公布为文物保护单位，不在补助范围内，维修缺乏资金支持。尤其是私有产权的名人故居，更难以得到政府资金补助。即使是已公布为文保单位的名人故居，在全市 400 余处县区级以上文保单位大名单中，要想排队争取到长期处于紧张状态的文物保护经费也是极为困难的。名人故居建筑年代早，如果仅靠捉襟见肘的财政支持，日常维护都很难跟上，日积月累建筑的老化破损在所难免。

（三）产权分散加剧故居保护的难度

产权问题一直是困扰不可移动文物保护利用的因素。32 处名人故居的产权有国家、集体、私人等不同性质，近四分之一产权使用权不一致。根据《中华人民共和国文物保护法》的规定，"国有不可移动文物由使用人负责修缮、保养；非国有不可移动文物由所有人负责修缮、保养。非国有不可移动文物有损毁危险，所有人不具备修缮能力的，当地人民政府应当给予帮助；所有人具备修缮能力而拒不依法履行修缮义务的，县级以上人民政府可以给予抢救修缮，所需费用由所有人负担。"现实情况是，名人故居建筑年代均在 20 世纪 40 年代前，年代久远加上产权单位疏于管理、与使用单位互相推诿修缮不及时造成的房屋老化破旧很普遍。

（四）名人故居的宣传利用还需加强

在实地调查中我们常有名人故居"藏在深巷无人识"的感觉，故居周边基本没有明显、详细的指示标牌和导览说明，即使在本乡本土的居民中问询名人故居的位置也有近半人未知，对名人之所以为名人更是所知甚少。我们曾在市内某初中做过问卷调查，220 份的答卷中仅 46 份准确填写出 3 个以上本市历史名人故居，爱国主义教育基地关向应故居只有不足三分之一的人曾经参观。从开放情况看，名人故居中仅有 3 处辟为参观场所免费对外开放，大部分居住、办公使用，近三分之一处于闲置状态。旅顺口区太阳沟是著名的旅游区，集中分布着 6 处近代名人故居，这些名人涉及中外军、政、文化、宗教领域，他们的经历对了解、研究大连地方史、进行爱国主义教育、提高民族凝聚力很有价值，而且故居建筑形式都很有特色，现在基本处于未开放和空置状态，没有产生应有的社会效益和经济效益。面向公众的宣传推广力度明显不足，利用方式缺乏创新。

四、对名人故居保护利用的思考和建议

（一）定期普查，分类保护

文物部门现有的名人故居档案资料来自于第三次文物普查，三普不可移动文物名录是规定时间内地毯式普查获得的文物成果，是掌握文物家底的第一步，普查资料相对不够细致。三普已经结束十年，由于自然因素和人为因素导致有的名人故居状况已有很大改变，城市化进程对故居周边的人文地理环境也时有影响。而且随着新资料的发现、新科技的应用以及文物保护理念的更新，对名人、名人故居会有新的认识和定义，因此应定期对名人故居普查，收集第一手资料，记录现实状况，动态评估其建筑价值、历史价值等，客观认定故居类别，合理把握保护尺度：史实清楚、建筑保持原貌、有重要历史价值的名人故居应列为文物保护；考据不清的或名人短暂驻留休养未有重要历史信息的，可列为历史建筑；历经翻建已面目全非的或经专业机构鉴定为危房只能重建失去文物原真性的，不宜再列入不可移动文物名录，可依程序撤销登记，作为一般建筑使用，不同类别分别对应不同的保护要求和利用指导。

（二）开发资金来源渠道，广泛吸纳社会资金投入保护

只有在资金保障的基础上才能做好名人故居的保护，而现状是政府财政投入是主要的资金来源，社会资本参与较少。实际上，多种途径利用社会资本进行文化遗产保护已有成功的先例：中国文物保护基金会作为文物行业的第一公益平台，接受社会捐赠资助文物保护修缮项目；非遗传承项目入驻淘宝"公益宝贝"计划，通过网络购物平台把公益融入人们日常消费行为，方便民众低门槛参与社会公益，互联网＋公益的力量汇聚公众的爱心积少成多，可持续地投入文化遗产保护工作中；山西近百家企业和集体与文物建筑所有人签订认养协议；保定市出台名人故居管理暂行办法，对于出资维修的组织和个人，可以采取以修抵租的方式，将修缮资金冲抵使用租金，出资方可租用一定年限，但仅限于做文化相关产业。这些都是在文化遗产保护领域引入社会力量和资金的灵活方式。结合城市具体情况，引导和鼓励社会资源支持文化遗产保护事业发展，设立地方性文化遗产保护专项公益基金，对参与公益的企业和个人在项目审批、政府采购、命名评比、表彰奖励等方面给予一定程度的政策倾斜和积极支持，提高企业和个人参与保护的积极性，有助于解决名人故居的维修资金问题。

（三）提高普通民众和民间保护组织的参与度

党的十八大以来，习总书记高度重视文化遗产保护工作，做出一系列重要指示和全面部署，社会各界对文化遗产保护事业的重视、关心程度不断提升。移动互联网的普及让历史研究的权利下沉，人人都可参与史学研究，历史爱好者和民间文物保护组织自发调查、研究历史建筑遗迹，针对历史建筑的违法行为常常在第一时间被公众质疑和举报，公众参与文化遗产保护的积极性显著提高。在实地调查中我们了解到负责看护晚清重臣李秉衡故居的村民，主动搜集特色民俗生活物品，

向观众宣传乡土文化；当地民间史学研究者张天贵查阅资料走访考证，发表论文出版专著，澄清关于李秉衡的若干史实。群众对名人故居自发性的保护，源于朴素的爱国、爱家乡感情，源于内心的认同和自豪，这是我们做好名人故居有效保护的群众基础。可以采用博物馆向社会公开征集文物的方法，不定期就某个专题、某个项目向社会征集考证资料；照顾不同年龄层的使用习惯，设置保护专线电话、互联网公众号等，打造公众发表意见的平台，实现政府部门与民众的即时信息传播及互动沟通，这样既有利于充分发挥民间智慧，又提高大众对名人故居的认知度和保护意识，形成政府主导、全民共建共享的良好局面。

（四）探索多元化保护利用和宣传的途径

合理利用是最好的保护，对名人故居的保护，不能简单的腾退空置，或维修完后锁上大门空置，一是浪费建筑的使用价值，二是不利于延长建筑使用寿命。在文旅深度融合的今天，应结合名人身份、故居建筑条件及周边人文环境，探索创新发展适宜的利用方式。如董秋农故居、刘镜海故居等位于乡村的名人故居，可以建成农家书屋、非遗项目作坊、乡村旅游咨询中心等，打造乡村文化和旅游服务融合中心；罗振玉故居、王季烈故居可以侧重于他们文化学者的身份，整修为社区文化中心等公益场所，举办图书阅览、戏曲表演、文化论坛、科普讲座等多种形式的活动，为居民提供公共文化服务；旅顺太阳沟名人故居集中分布的地方，可结合旅顺旅游休闲区和文化创意产业核心区建设，以书吧、画廊、虚拟产品展售中心等形式开发商业用途，建设以名人故居为载体的、满足民众物质需要和精神审美需求的文化休闲街区，服务市民和游客；像刘长春、郭安娜故居等很多名人故居仍保持着原有建筑形式，由后人或市民居住使用，既发挥了故居的建筑使用功能，又能把名人的生活印记保存下来，这样的合理居住也是一种有效的保护模式。同时，重视名人的教化作用，加强文教合作，在客观阐述名人经历的基础上，挖掘名人故居在革命传统教育、爱国主义教育、美学教育等方面的价值，借鉴"数字敦煌"项目经验将名人故居的文字、图像、音频、视频等信息数字化[2]，以线上展览、视频讲解、互动体验等多种形式生动形象地把名人故事送进校园，让青少年了解家乡，提升人文素养。开发名人故居旅游线路，利用大众点评、美团等国内使用度较高的城市生活信息服务平台整合推介，吸引市民走近家乡名人故居，感悟历史。效仿天津制作名人故居"声音地图"的方法，安装可扫码收听讲解的二维码铭牌，在故居周边路街设置路线指引，方便民众寻史问迹。

五、结　语

名人故居承载着大量物质和非物质的历史信息[3]，不仅记录了名人的人生经历，而且记录了历史的足迹，同时反映了本地区不同历史时期的生活方式和审美风尚，是具有地域性特征的珍贵的人文遗产。立足城市本土文化，通过夯实基础工作，创新拓展利用的广度深度，讲好建筑背后的名人故事，还原真实历史，传递文化正能量，让名人故居真正的"活"起来，更好融入现代社会生活，在滋养民族精神、提高公共文化服务水平、提升城市魅力方面发挥更大作用。

附表 大连名人故居调查目录

序号	名称	年代	地址	文保单位级别
1	大连海关关长官邸旧址（欧阳钦旧居）	1920 年	中山区	市级
2	孟天成旧居	民国	中山区	
3	河本大作旧居	1938 年	中山区	
4	毛岸青旧居	民国	西岗区	
5	徐海东旧居	1925 年	西岗区	市级
6	王季烈旧居	1927 年	西岗区	市级
7	达里尼市政厅长官官邸（后藤新平旧居）	1900 年	西岗区	国家级
8	郭安娜和刘长春旧居	1935 年	西岗区	市级
9	刘逢川旧居	1942 年	西岗区	
10	金璧东旧居	1932 年	沙河口区	市级
11	于冲汉旧居	1927 年	沙河口区	
12	张本政旧居	1920 年	甘井子区	市级
13	"将军楼"旧址（谢苗诺夫旧居）	1903 年	甘井子区	
14	谢苗诺夫旧居	民国	甘井子区	
15	肃亲王府旧址（善耆旧居）	1912 年	旅顺口区	省级
16	罗振玉旧居	1931 年	旅顺口区	省级
17	旅顺工科大学校长（井上禧之助）旧居	1900 年	旅顺口区	省级
18	康特拉琴柯旧居	1903 年	旅顺口区	省级
19	大谷光瑞旧居	1915 年	旅顺口区	省级
20	周文富旧居	1941 年	旅顺口区	市级
21	周文贵旧居	民国	旅顺口区	市级
22	沙俄陆防副司令官邸（启里尔旧居）	1900 年	旅顺口区	国家级
23	马成魁旧居	清	金州区	
24	关向应故居	1902 年	金州区	省级
25	韩云阶旧居	1938 年	金州区	市级
26	董秋农故居	1910 年	金州区	
27	夏文运故居	民国	金州区	
28	万毅故居	民国	金州区	
29	阎福升旧居	清	金州区	市级
30	刘镜海故居	清	长海县	
31	吕其恩故居	民国	庄河市	
32	李秉衡故居	清	庄河市	县级

参 考 文 献

[1] 耿坤：《名人故居认定、保护与利用的若干思考——以重庆市为例》，《中国文化遗产》2017 年 3 期，第 69~74 页。

[2] 夏生平：《对建立敦煌数字资源共享平台的思考》，《丝绸之路》2018 年第 8 期，第 40~43 页。

[3] 单霁翔：《城市化发展与文化遗产保护》，天津大学出版社，2006 年，第 122 页。

Thoughts on the Protection and Utilization of Former Residences of Celebrities
——Study on the Former Residences of Celebrities in Dalian

LIU Meijing, ZHOU Chang

(Dalian Municipal Institute of Cultural Relics and Archaeology, Dalian 116016)

Abstract: The former residences of celebrities are unique to the public due to the particularity of their owner's identity and architectural characteristics of the times, moreover, the historical value and cultural value are different from ordinary buildings, which have a unique attraction to the public. Nowadays, deep integration of culture and tourism call for the protection and utilization of former residences of celebrities to be stepped up to a new level. Based on the investigation of the status quo of former residences of celebrities in Dalian, this paper analyzes and summarizes the problems existing in the protection and utilization of former residences of celebrities, and puts forward feasible suggestions.

Key words: former residences of celebrities, protection and utilization, Dalian

文物保护工程监理招标文件几点思考与探讨[*]

郭绍卿

（河南省文物建筑保护研究院，郑州，450002）

摘　要：监理工作是文物保护工程中不可或缺的重要一环。招标选择中标监理单位是法规和制度的要求，文物保护工作者完善文物保护工程规范、标准和制度，编制本行业的标准监理招标文件，推动监理水平不断提高，确保行业健康有序发展。

关键词：文物保护；监理；招标；标准文件

我国开展文物保护项目监理工作已有近二十年的历史，在监理机构方面，具有甲级资质的文物保护监理单位有 28 家，加上乙级和丙级文物监理单位有上百家之多。从事文物项目监理人员也有近 3 千人。伴随着文物保护事业的发展，在文物保护工程中，监理人员也做了大量有益工作，监理队伍不断壮大，水平也在不断提高。但随着我国改革的不断深入，文物保护项目监理工作环境发生着较大变化，面临着自身需要改进的地方。

一、理念的转变与把好市场准入关

2015 年国家文物局颁发文物保护工程监理资质以来，参与文物保护项目的监理主体单位出现多样性，有科研事业单位、国有企业、民营企业、个体企业等，打破了传统的文物保护体制内人员才能从事该行业的现象和理念。既体现充分竞争，也激发了专业人员保护文物的积极性。

各级文物管理部门积极参与相关文物保护项目实施过程的管理工作，将文物保护方面的法规贯彻到实际保护工程中。特别是把好市场准入关口，将不具有文物保护资质的人员和单位拒之门外，使真正符合文物工程管理规定的队伍进入到市场内。从多年实践看，文物监理相关管理办法多来自于现代建设工程管理程序，与文物保护方面的实际不相符合，这就造成了以下几个问题。

一是部分大型文物保护工程监理招标文件设置的条件无法让有文物保护工程资质监理单位参与投标，如承担工程的总监理工程师和专业监理工程师必须具有住建方面的注册监理工程师证书。目前文物保护工程监理单位大多都是原来从事文物保护工作的人员，职业（或职称）证书也是文保方向，大多考取不了住建方面注册监理工程师，原因是文保人员的履历和职称证书不符合注册监理工程师报考条件。若招聘一些具有注册监理工程师的人员到文物保护监理单位，但这些人员年度审核时，由于没有住建方面业绩造成无法继续注册的问题。

二是为了证明监理人员是监理公司（投标单位）人员，招标文件要求监理人员社保必须在监理单位。目前从事文物项目监理的有一部分人员社保在原先的事业单位。这些人员就无法进入投标文

---

*　本文为河南省文物建筑保护研究院基础科研专项资金（财政）资助课题《文物保护工程监理招标文件——调查报告》。

件里所规定的监理机构，实际上这些人员有文保方面职称和履历，也是监理工作中急需的人员。

三是招标文件中关于技术标和商务标的分值设置大都借鉴现代建设工程管理法规招标。将报价分值定的偏高，大多在 60%~70%，基本上是以低报价来定中标单位。有的在工程造价的 1.5% 以下。由于文物部门没有专门的监理取费规范性文件。通常参照国家发改委建设部印发的《建设工程监理与相关服务收费管理规定》的通知发【改价格（2007）670 号】。这个文件对于文保工程监理取费系数是偏低的，不适宜文物保护工程监理，没有考虑文物工程特殊性（以保护历史信息为目的、设计变更的不确定性、工期不确定性、修复过程伴随着的科学研究等），地方有关单位大多以该文件取费系数为基础下浮 30%，甚至更多。文物保护工程造价大多都在 500 万以下。根据该文件精神以及线性内插法计算要求应该取 3.3% 更高的系数，然而现实应用中大都采取 500 万对应的 3.3% 取费系数，并且还要求下浮。低价中标单位在后续开展的监理工作中，聘用不到符合要求的监理人员。

四是对潜在投标人业绩要求偏高，往往造成投标单位少于招投标法规定数量而招标失败。目前文物保护工程类别有古建筑维修保护、近现代文物建筑维修保护、古遗址古墓葬保护、石窟寺石刻保护、彩画壁画保护等。有些招标单位要求投标单位近三年完成一定数量的类似保护工程，并且造价在一千万以上，也有要求两千万以上的。造价在这么大规模以上的文物保护项目不普遍。另一方面，修复的文物建筑价值不是以工程造价高低来衡量的，而是用有效的手段保护和再现文物本体的科学价值、艺术价值、历史价值、社会价值和文化价值等方面[1]。

五是监理单位招标工作应在施工单位招标之前进行，可实际上往往却在施工招标之后。建设单位确定了施工单位之后，才能知道工程造价，最终确定监理取费基数。这种认识是错误的。首先，《建设工程监理与相关服务收费管理规定》1.0.8 条，施工监理服务收费是以建设项目工程概算投资额为基数的。其次监理单位在施工单位招标之前介入，可以协助建设单位完善施工招标文件、施工合同、工程量清单等文件。有这样实际发生的案例，某土遗址保护工程，施工单位通过招标并签订施工合同，开工后才通知监理单位到场监理。监理单位审查施工单位的开工报审表时，发现施工单位资质范围没有古遗址古墓葬保护项目，并向建设单位反映情况。该事件有两方面原因造成的：一是招标代理单位对文物保护工程资质范围不太熟悉，仅在招标文件里要求"有文物保护方面施工一级资质"。另外在招标文件里也没提出施工单位具有同类工程业绩的要求。

六是监理招标文件大都要求拟任的总监理工程师不能有在建项目，拟定的总监理工程师在施工未结束之前只能担任该项目总监理工程师，同时在合同专用条款还要约定施工期间总监理工程每周不少于 5 天在施工现场，否则要罚款或通报有关部门。全国文物保护工程监理企业里具有注册监理工程师人员很少，满足不了每个项目保证一名总监理工程师，且不能同时担任两个以上项目的总监理工程师。据调查，聘用一名注册监理工程师，每年工资、社保、差旅费合计在 15 万元人民币左右，专业监理工程师在 10 万元左右，监理员 4 万元左右。按照《建设工程监理与相关服务收费管理规定》的通知发【改价格（2007）670 号】收取监理费用。只有工程造价 500 万以上的项目，费用约 16.5 万元，才能满足一名总监理工程师的费用支出，更不用说项目部配备其他专业监理工程

---

① 《中国文物古迹保护准则》2015 中国古迹遗址保护协会制定，中国国家文物局批准向社会公布。

师费用和管理费用了。实际上，我们面临的文物保护工程项目工程造价在 500 万元以下的项目很多。文物保护工程工期拖延是常有的事，因为建设单位有时要求总监理工程师资格证书暂存在建设单位，以确保其不再担任其他项目总监理工程师，总监理工程师很难从项目脱身去担任其他项目总监理工程师。

二、文物保护工程专家库建设要进一步完善

文物工程专家库人员构成要覆盖文物工程涉及的各方面人才，既包括古建筑、石窟寺和石刻、古墓葬、古文化遗址、近现代重要史迹及代表性建筑、壁画这些专业，还要有工程管理和法律方面人才。

专家的工作包括保护规划和方案评审，工程招投标评标过程施工方案、监理方案评审以及经济合理性评判，工程实施期间检查、竣工验收等一系列工作。专家库制度要有相应的法规对专家的行为进行规范，专家要具有较高的职业道德和专业素养。对一些特殊保护工程，专家要全程跟踪监督指导。制定监理和业主向专家定期汇报工程实施情况制度。

三、编制发布文物保护工程监理委托合同示范文本

监理招标文件里通常都含有监理委托合同，其内容包括合同双方的义务、责任以及有其他事项。这些内容来源于《建设工程监理委托合同示范文本》。

鉴于文物保护监理工作的特殊性，要尽快制定、颁布文物保护工程监理合同示范文本。充分体现文物保护法规、条例、准则、管理办法、制度和行业特点等内容的专业性文物保护工程监理委托合同示范文本。

文物保护工程中出现的合同违约、合同索赔除了其他客观因素外，还有一部分是采用了《建设工监理委托合同示范文本》造成的。该示范文本一些主要条款根本不适用文物保护工程，如质量的约定、监理服务期约定、监理安全责任的约定、工程验收的约定、委托人义务的约定等。文物建筑构件、石窟石刻、古遗址、古墓葬以及彩壁画的维修保护工作遵循是最小干预原则，是严禁自行返工修复的，返工往往对文物本体造成再次损伤。工程实施期间一旦出现与保护设计方案要求的结果有偏差，一般要再次组织专家论证，重新编制修复方案后才能够实施，这与建设工程委托监理合同中约定的质量问题处理程序是完全不同的。

文物保护工程实施的目的是恢复文物原状或采取一定的措施是文物本体不再受病害的侵蚀，从而延长文物本体的寿命。每一处文物保护单位所处的环境不同，受到的伤害的因素和损毁程度是不一样的，保护修复除了采用基本手段，遵循基本原则外，还要采取特殊的工艺和措施。这些工艺和措施需要进行前期研究试验，形成可行性方案，并且要通过专家论证和文物管理部门审批。《文物保护工程管理办法》要求"重要工程应当再验收后三年内发表技术报告"[①] 因此，文物保护单位修复

---

① 《文物工程管理办法》2003 年 5 月 1 日文物部公布。

工程都应伴随相关科研工作。文物保护工程变更对工期的影响，不能够按照《建设工监理委托合同示范文本》内有关条款进行约定，要充分考虑工程变更给监理人带来的技术性工作量增加和监理服务期的延长等问题。从多年实践看，文物保护工程技术性变更具有普遍性和特殊性，工程延期也是大概率事件，工期索赔和费用索赔也是工程监理的难点。

四、编制发布文物保护工程监理标准招标文件

目前国内外还没有关于文物保护工程标准监理招标文件。国内文物保护工程监理招标招标文件大都是已有的相关行业工程招标文件，针对性不强。

近几年有关文物保护从业人员也撰写过文物工程监理方面文章，2015年10月湖北省古建筑保护中心承担的国家文物局课题《文物保护工程招投标文件及合同文本规范预研究项目》，市场急需一部能够适合文物保护工程监理招标的标准招标文件。

五、文物保护工程监理招标文件的主要内容

（一）工程概况

工程概况包括内容招标人、工程名称、文物保护单位地点、资金来源及到位情况、质量要求、施工周期、招标范围及主要工程内容、工程造价、监理服务内容和范围等

（二）对投标人的能力要求

一般应具备条件是：投标人具有法人资格；文物管理部门颁发的资质证书；总监理工程师和其他主要人员具有责任监理师资格；单位和主要监理人员承担同类项目；单位信誉和近几年单位财务状况等。

（三）投标文件内容构成

投标函及投标函附件、投标人法定代表人身份证和投标人法定代表人授权委托书、投标保函、投标报价单、监理大纲、项目监理机构、资格审查资料等内容。

（四）评标分值设定项目内容

（1）企业信誉：类似工程监理经验、项目及企业获奖情况、企业诚信等级、投标人不良行为记录情况。

①类似工程监理经验，这里首先明确类似工程内涵。根据《文物工程管理办法》，对文物保护工程定义是具有文物价值的古文化遗址、古墓葬、古建筑、石窟寺和石刻、近现代重要史迹及代表性建筑、壁画等不可移动文物进行的保护工程。同时文物工程又分保养维护工程、抢险加固工程、

修缮工程、保护性设施建设工程、迁移工程等类型[①]。再根据文物保护单位级别分文物登记点、县级文物保护单位、地市级文物保护单位、省级文物保护单位、全国重点文物保护单位、世界文化遗产。还要考虑到不同建筑朝代的差异以及文物工程规模等。类似工程应该是上述因素的交集，而非某一方面的类同。根据企业承担过类似监理项目多少给予分值。

②项目及企业获奖情况，应以国家文物局或中国古迹遗址保护协会评定的全国十佳文物保护工程、中国监理协会评定的优秀监理单位，地方文物协会或监理协会会评定的优秀监理单位为准，分不同等级给予分值。

③企业诚信等级，根据监理协会或大众公认的社会认证机构认定的企业信誉等级。如常见到的 AAA 级、AA 级、A 级、B 级等。不同等级设置不同分值。

④投标人不良行为记录，根据不良记录多少给予负分制。

（2）现场监理机构：总监理工程师资格与业绩、专业监理工程师资格与业绩、监理员资格。

总监理工程师、专业监理工程师、监理员，分别根据其职称、专业、责任监理师资格、类似工作经历、个人获奖（或担任项目总监获的奖项）等情况和从事类似项目多少等情况分别给予分值。有不良行为记录的给予负分制。

（3）监理大纲：监理目标、范围和任务、监理组织、监理方案、监理工作流程、监理措施、拟投入的检测设备仪器。

①监理目标、范围和任务明确具体符合招标文件要求。

②监理组织结构形式合理、各监理人员职责任务明确。

③监理方案完整、合理、可行。

④监理工作流程详细、合理，有针对性。

⑤监理措施，根据文物保护工程重点、难点分析到位，监理措施得力。

⑥拟投入的检测设备仪器合理、适用。

（4）投标报价：投标人在文物工程监理与相关服务期内完成招标文件规定的工程监理与相关服务工作所需要的费用。排除恶性竞争的低价和不合理高价，对有效报价与基准价比较计算差值，差值的绝对值越小得分越高。

建议企业信誉、现场监理机构、监理大纲、投标报价之间分值权重比 20%～30%、30%～35%、20%～30%、15%～20%。

（五）评标专家组成

招标人根据《招投标法规定》组建评标委员会。评标委员会组成由熟悉工程情况的业主代表和从省级以上文物行政部门组建的专家库成员（技术和经济方面专家）中抽取一定数量人员构成。业主人数不能超过评标人员三分之一。评标委员不应少于 3 人。

曾因在招标、评标以及其他与招标投标有关活动中从事违法行为而受到过行政处罚或刑事处罚的人员不能进入评标委员会。与投标人有经济利益关系和亲属关系的也不能担任评标委员。

---

① 《文物工程管理办法》2003 年 5 月 1 日文物部公布。

（六）中标人确定方法

评标委员会对有效投标文件审查和评比后，进行得分排序。招标人应当确定排名第一的投标候选人为中标人。在监理委托合同协商签订过程中，中标人因不可抗力不能履行合同，或者被查实有存在影响中标结果的违法行为等情形，不符合中标条件的，招标人可以按照评标委员会提出的中标候选人名单排序依次确定其他候选人为中标人。招标人若对其他候选人不满意，可以重新招标。

（七）废标条件

文物保护工程监理招标文件应明确一下废标条件。

① 串通投标或弄虚作假或其他违法行为；

② 评标委员会认定投标人的报价属于恶性竞争的低价和不合理高价；

③ 投标人不能提供合法的、真实的材料证明其投标文件的真实性或证明其为合格的投标人；

④ 投标文件中的监理方案有严重不符合文物保护法规规定内容的。

（八）委托监理合同

由于目前还没有文物保护工程专用监理合同，一般都借鉴住房和城乡建设部和国家工商行政管理局制定的《建设工程委托监理合同》样本。招标人可以文物保护方面的法律、法规进行修改、补充和完善，特别是专用条款部分。大体应包括以下内容。

（1）协议书：工程概况、词语限定、组成本合同的文件、监理工程师、签约酬金、监理和相关服务期限、双方承诺、合同订立等内容。

（2）通用条款：定义与解释、监理人义务、委托人义务、违约责任、合同生效、变更、暂停、解除与终止、争议解决、其他等内容。

（3）专用条款：定义与解释、监理人义务、委托人义务、违约责任、监理酬金支付、合同生效、变更、暂停、解除与终止、争议解决、其他（检测费用、咨询费用、奖金、保密、著作权）、补充条款等内容。

（4）廉政协议条款：双方权利和义务、委托人义务、监理人义务、违约责任、双方约定、合同法律效力、合同生效和份数等内容。

（本课题参与人员：郭绍卿　吕军辉　郭宸豪　赵军　朱春平　亓艳芝）

Some Thoughts and Discussion on Bidding Documents of Supervision of Cultural Relic Protection Project

GUO Shaoqing

(Henan Provincial Architectural Heritage Protection and Research Institute, Zhengzhou, 450002)

Abstract: Supervision is an indispensable part of cultural relic protection project. It is the requirement of laws and regulations to select the winning supervision units in bidding. We should improve the norms, standard and systems of cultural relics protection projects, compile the standard supervision bidding documents, promote the continuous improvement of supervision level, and ensure the healthy and orderly development of the industry.

Key words: cultural relic protection, supervision, bidding, standard document

丝路河南段乡村遗产的保护和传承

杨东昱

（河南省文物建筑保护研究院，郑州，450002）

摘　要：丝路河南段是中国古老文明的诞生之地，是古代商业和东西方文化融合和对话之地。该区域的乡村遗产携带着地理环境的印记，呈现出丰富的类型和突出的地域特色。本文归纳了丝路河南段乡村遗产的类型、特点和价值，提出了从整体保护、活态保护、特色保护以及开展丝路遗产保护利用平台等保护传承的措施。通过丝绸之路这条文化纽带，使乡村遗产活起来并带动地区的经济的发展是历史的丝路赋予当代的任务。

关键词：乡村遗产；丝路河南段；保护；传承

丝绸之路是古代欧亚大陆商贸往来和文明交往之路，是一条连接东西方文明的文化传承道路。丝路河南段是华夏文明的重要发祥地，历史上产生了辉煌灿烂的文化。在中国悠久绵长的历史过程中，因政治、经济、交通和地理环境的优势，众多聚落、集市村镇因地制宜地在此营建。丝路河南段的乡村遗产携带着丝绸之路文化传承的基因，同其他文化遗产一起见证了人类文明的交流与互鉴，见证了沿线各地区的发展与进步，作为丝路沿线重要的历史文化资源，贯穿于数千年中原地区文明化的进程，具有独特的地域特色。作为中原传统文化的既定载体，随着丝绸之路文化和经济带的倡导和建设及乡村振兴逐步推进，丝路河南段的乡村遗产逐步得到重视并引起学界关注。

一、丝路河南段乡村遗产概况

（一）丝路河南段乡村的地貌环境

丝路河南段位于中国第二阶梯和第三阶梯过渡地带以及黄土高原地貌的东南缘，大部分被秦岭余脉所占据，拥有山、岭、塬、川、盆地、平原等多种地貌类型。所以，丝路河南段的乡村周围拥有山地丘陵地貌、黄土丘陵地貌、黄土台塬地貌、河谷平原地貌等。这里既有特点各异的山脉、丘陵、河谷、沟壑，又有经长年雨水的冲蚀而形成的黄土台塬和黄土阶地。山地和丘陵中发源的河流，形成了密集的水网。据《水经注》记载，该地区大小河流多达170条，较大的河流有洛河、伊河、涧河等，都为黄河的重要支流。众多的河流汇聚在一起，形成了广阔的冲积扇，这种扇形的冲积平原平坦广阔、温暖湿润，非常适宜人类生存与发展。从古至今，人居聚落星罗棋布般分布在这山川、岭塬、盆地和冲积平原上，各自上演着精彩纷呈的文明戏码（图一）。

（二）丝路河南段的乡土建筑

丝路河南段因地貌类型丰富，形成的乡土建筑结构类型各有不同，建筑材料也多种多样，具有

图一 黄土台塬地貌

地域多样性特点。

　　丝路河南段位于河谷平原地带的乡村，建材运输便利，建筑文化交流频繁，乡土建筑以传统的木构架体系为主（图二）。承重构架以木柱、木梁以及檩、枋等木构组成，使用灰瓦覆顶。封护材料则多种多样，一般使用烧制而成的青砖或泥土打造的土坯砖，还有使用近处山地开采的块状石料、河滩地的鹅卵石等易取易得的材料。大多数的乡土建筑采用多种材料混合来砌筑墙体，砖石类建筑材料多使用在墙基处以筑成坚固的建筑基础，保暖性能好的青砖和土坯用来砌筑墙体，建材的特性被充分发挥。

图二 木构民居

　　《诗经·大雅·绵》载："陶复陶穴，未有家室"。陶穴，即下沉式地坑庄；复穴，即坡崖半敞式窑洞庄。黄土丘陵和黄土塬地地貌是丝路河南段覆盖面积较广的地貌类型，这种"陶复陶穴以为居"的古老民居为当地传统的乡土建筑形式。位于黄土丘陵和岭川交汇地区的古村落，往往利用坚固致密并黏结性好的黄土崖壁营建靠山窑作为居住之所（图三）。位于黄土覆盖的台塬地貌地区，衍生了众多"穿土为窑"的村落。平坦的塬面提供了广阔的场地，从黄土塬面上向下挖深约 6～8 米的深坑，然后在坑的四壁挖窑洞，被称为"地坑院""天井院"等（图四）。因四壁围合形如四合院，所以又被称为"地下四合院"。地坑院充分利用自然地形因地制宜而建，相对地上建筑，有节省材料、保护环境、冬暖夏凉等优点。三门峡陕州区的"庙上村地坑窑院"作为古建筑类型遗产，被国务院公布为第七批全国重点文物保护单位。

图三　靠山窑民居

图四　地坑院民居

丝路河南段山林谷地的村落多依靠大山，就地取材利用石材资源建造石构建筑。匠人们在选石、开采、运输、备料、垒砌等方面经验已经十分成熟，营造技术也较为精湛。石构的乡土建筑随形就势、布局井然有序，同山体环境和谐统一。建筑形式多为坡屋面，从基础到墙体皆以石材砌筑，块石间使用黄泥或白灰作为粘接材料，也有采用没有粘接材料的干垒作法。前后檐墙上置梁，梁上步檩，檩上搁椽，椽上铺芭席、木片、高粱秆或藤条等，上面覆以黄泥，屋面用青瓦或石片覆盖，上下彼此搭接，相互垒压，以利雨水顺利排落。居于山区，山风较大，开窗较小。这种块石所建的乡土建筑造型古朴、坚固耐用（图五）。

图五　石构民居

（三）丝路河南段乡村的非物质文化遗产

丝路河南段历史文化积淀深厚，非物质文化遗产地域特色鲜明。人们在千百年的生产劳动中创造了多种类型的民间艺术，有社火、民间舞蹈、管弦民乐等民间文艺，有剪纸、刺绣、编织、面花、皮影、烙画、蛋雕、布艺等民间工艺制作，有洛阳的"水席"和三门峡地区的"八大碗"、"十大碗"等特别美食，还有因地制宜的建筑营造技艺等，内容丰富多彩，其中多项入选国家级、省级非物质文化遗产名录。

历史上因丝路古道的便捷，沿线古村镇的商贸活动较为兴盛。定期的商业集会，十里八乡的人们从四面八方赶到集会中心，进行商品的销售和采购的同时还观赏着传统民俗表演。铿锵的锣鼓声中，狮舞、扇舞、高跷、旱船、竹马等轮番上场，精彩纷呈的表演和整体恢宏的气势展示着古老民间文艺的魅力，成为商贸活动的主要内容。

剪纸的风俗在洛阳和三门峡的古村落中广为流行，诸多传统节日和民俗活动都以各式剪纸来装饰和烘托。人们把对生活的理解和企盼，通过剪贴的形式表达出来。这些剪纸构图简洁、厚重凝练、内涵丰富，极其生动地体现了中原农耕文化的美学特征 [1]。在三门峡陕州区的村落中有崇尚黑色的习俗，融入进剪纸艺术，形成了独特审美内涵的黑色剪纸。陕州剪纸艺人边唱边剪，纸随剪动，剪落曲终的艺术行为成为地坑院人家的特色（图六）。陕州的民间剪纸因质朴灵秀、生动传神、乡土气息浓郁而著称，现为河南省非物质文化遗产。

三门峡陕州区拥有地势空旷而高敞的黄土塬面，土层堆积深厚，土质结构致密孕育了黄土窑洞

---

[1]　朱承明：《论豫西剪纸的艺术特色》，《美与时代（上）》2011年第2期，第45～47页。

图六　陕州剪纸非物质文化遗产传承人边唱边剪

式民居，为全国分布最广、保存最为完整的地坑院分布区。天然并深厚的黄土层上以地坑院为主要居住类型的古村落一片一片分布在此[①]。2011 年 11 月，三门峡市陕州区的"地坑院营造技艺"被文化部列入第三批国家级非物质文化遗产名录。

二、丝绸之路对沿线古村镇的影响和促进

（一）丝绸之路促进了沿线古村落的形成

东汉，丝路以洛阳为起点重新贯通后，连接两京的古道一方面为商品贸易的经济通道，另一方面便成为东西方文化传播的走廊。在这条走廊上佛教、基督教、伊斯兰教等宗教被广泛的传播，并在中原大地上落地生根。公元 1 世纪，汉明帝遣使入西域求法，佛教沿商人和旅者的足迹经丝绸之路从印度传至中国，从而对民众的精神世界以及文学、艺术等上层建筑产生了深远的影响。[②]

丝路河南段的古村镇受佛教文化的交流和影响较大。丝绸之路沿线佛教文化遗产十分丰富，尤以石窟造像数量较多。北魏，佛教盛行，石窟大规模地开凿，丝路东端以龙门石窟、鸿庆寺石窟、西沃石窟等为代表的著名石窟便开凿于那个时期。石窟往往是佛寺所在，石窟和佛寺惟妙惟肖地展现了内涵丰富的佛教文化并对沿线村镇人们的精神生活产生着较大影响。鸿庆寺石窟开凿于北魏晚期，依岩建寺庙，刻石诵经弘扬佛法。从北魏至宋，伴随佛教的盛行，鸿庆寺经历一次次扩建而成为规模宏大、香火鼎盛的民众礼佛活动中心。因道路交通的便捷，在鸿庆寺东侧渐渐形成一处服务功能性聚落，便是之后的石佛村。石佛村之地古称"轵谷"，位于涧河河曲凸岸的位置，依山向阳而居，选址优势突出，紧邻村南的古丝路现在仍为村落对外交通主要道路。丝路古道不但完成了宗教文化的传播，影响了沿线村镇人们的宗教信仰等精神生活，还促进了沿线古村落的形成。

① 杨东昱：《豫西古村落》，中州古籍出版社，2019 年。
② 申丽霞：《河南丝路地位和保护管理现状及展望》，《遗产与保护研究》2016 年第 1 期，第 42～47 页。

（二）丝绸之路对古村镇商业形态的影响

丝路的畅通，古代东方的丝绸、瓷器、玉帛、茶叶远销西域各国直至进入欧洲社会，西方的宗教信仰、建筑风格、艺术样式、器物用品也深刻影响了东方世界。其中，大量域外作物被陆续引入，不仅增加了东方古国的作物种类，还促进了商业形态的革新。

宋元之际，棉花由"西域"传播到黄河流域。明清时期，伴随经济作物的商品化生产加强，棉花在中原乡间的各个村落中被广泛推广种植。孙都村位于洛阳新安县，地处丝绸之路必经之地，明清时此地丝绸棉纺业发达。据《孙都王氏族谱》和《王尚仁墓志》载，孙都王氏始祖王安道是山西太原商人，朱棣发动"靖难之役"时，太原大乱，王安道举家迁往孙都。其子孙王尚仁一边在附近广置田地，带领百姓广植棉花、植桑养蚕，以供家族纺织厂的原料保障；一边从事棉花织造和棉布贸易。孙都王氏依靠古道商品交易和运输之便，将生产的丝、棉制品销往西方，"家业日充，声价日隆"，逐渐带来家族兴旺和村落的繁荣发展，促使这些村落成为桑、棉种植和丝、棉交易的交贸聚点，并具有一定商业形态特征。

（三）丝绸之路对古村镇格局的影响

因交通的便捷，促进了丝路河南段古村镇频繁的贸易交流，长期的商贸活动带动了村镇的勃兴并对村镇的格局产生了较大影响。

千秋村原为千秋镇，位于三门峡义马市，丝绸古道穿村而过，自古以来为东京洛阳和西京长安之间重要的驿站和商贸集散地。战汉时期，千秋古村叫千秋亭。公元 292 年，西晋著名文学家潘岳在从洛阳去长安就任长安县令时，路过此地，留下名篇《西征赋》有："亭有千秋之好，子无七旬之期"的诗句。北魏时期的伟大地理学家郦道元在其名著《水经注》中记载："谷水又东，经千秋亭。其亭垒石为垣，世谓之千秋城也……"说明当时千秋之地已经具备相当规模。隋唐时期，千秋村的商业颇为繁华，武则天携同文武百官从长安到洛阳观赏"伊阙石窟"（即今龙门石窟）路经千秋，一行人曾被古镇巍峨的山陕庙所吸引并大加赞叹。明清时期，千秋的商业经济达到鼎盛，物资丰富，商贾云集。商人为了进行传统的行商活动，在古镇北部建有关帝庙，东部建有山陕会馆。民国时期，长 1200 米、宽 6 米的中街仍为古镇商业活动中心，两侧商铺鳞次栉比多达 70 余家。商户们竞居中街往往一铺难求，临街两侧院落的面阔都较为窄小，从而形成窄脸深院的形态。院落多为前商后宅、前店后坊、店宅合一、店坊合一的形式。因为丝绸之路和古镇相依附的关系，逐渐形成了以中街为轴线，商业店铺紧密地布置于主街南北，商贸习俗活动和居民生活围绕主街进行的格局。现在千秋村的人们已经搬至北边新区，古村尽显颓废之态，仅能从航拍图片上看到千年古镇当年宏大的格局。

三、丝路河南段乡村遗产的特点和价值

（一）乡土建筑携带当地地理环境的印记

丝路河南段的乡土建筑折射出建造时期社会生产力发展水平和传统人居文化特色，

乡土建筑的结构类型和建筑材料携带有当地地理环境的印记。乡土建筑呈现内外兼容、与自然和谐统一的风貌。从洛阳至三门峡，由河谷平原到黄土丘陵再到黄土塬地，伴随着地形地貌的变化，乡土建筑的形式也发生了从木结构的瓦房到靠山窑再到地坑院的变化。另外，山区还分布石头垒砌的民居建筑，与周围山体环境融为一体，浑然天成。这些乡土建筑融于自然，有利于环境保护和生态平衡，形成了与自然环境相协调的人文生态系统，体现了"天人合一"的中国传统价值观。

（二）各类型生土建筑类型丰富、分布广泛

丝路河南段的乡土建筑呈现出同黄土的不解之缘，生土建筑类型丰富、分布广泛并保存情况较好，现已成为我国各类型生土建筑集中研究区域。从洛阳北部的邙岭到三门峡的黄土塬地，靠山窑、地坑窑和土坯砌筑的箍窑，各种形式的生土建筑在该区域都有分布，其中靠山窑、地坑窑分布较为广泛。生土建筑的特点是易于施工、造价低廉、冬暖夏凉并节省能源，具有较强的生命力。作为一种独具特色的居住形式，生态、绿色的优势凸显，是研究该地区民情、民俗、民生不可或缺的珍贵实物资料。

三门峡陕州区地坑院组合形成的"下沉式窑居村落"，承载着厚重的历史，裹挟着质朴的民风，蕴含着丰富的文化，成为地坑院乡土建筑营造、传承的主要地区。20 世纪前期，德国建筑大师伯纳德·鲁道夫斯基在《没有建造师的建筑》一书中，称地坑院建筑为"大胆的创作，洗练的手法，抽象的语言，严密的造型"。地坑院建筑营造技艺展现了这种乡土建筑的灵活性、经济性和实用性，所蕴含的经验、技术和营建方式，在乡土建筑遗产研究领域中越来越受到重视。

（三）非物质文化遗产呈现厚重的地域文化和民俗特色

丝路河南段乡村的非物质文化遗产受地缘、经济和文化背景的影响，独特性和多样性明显。以民间文艺、民间工艺、特色美食制作以及建筑营造技艺等为主要内容的非物质文化遗产反映了丰富多彩的地方文化、民族习性、生活习惯，是村落历史发展的沉淀，也是村落社会形态的重要体现。该区域的非物质文化遗产传承历史久远、形式多样，携带着古老的文化基因并呈现着厚重的地域文化和民俗特色，展现了朴实的社会伦理和审美意识。

四、丝路河南段乡村遗产保护和传承措施

（一）系统保护，保留乡村遗产的真实性、完整性，延续其价值

在对丝路沿线古村落历史价值和文化价值研究的基础上，对其实施系统保护，保护乡土建筑、乡土文化的同时保护乡土环境，对促进该地区的传统文化、传统艺术的良性传承和展示利用起到重要作用。

重视乡村遗产真实性、完整性的保护。保护乡村景观和保护古村落物质遗产一样重要，"兼容并纳，各美其美"，二者间是和谐共存的关系。对生态环境和农业景观进行修复，使青山绿水逐渐回归、乡村景观返璞归真；对古村落的空间格局、街巷尺度进行修复，完整保持历史风貌并延续整

体格局；对乡土建筑进行妥善修缮，真实再现和谐宜居的传统风貌；对非物质文化遗产展开系统的保护和传承工作，优良、淳朴的民风也是乡村整体风貌的组成部分，应该同时加以引导和推崇，实现乡村历史和传统文化的良好延续。

（二）活态保护，使丝路河南段的乡村遗产更具生命力

对丝路河南段乡村遗产应进行"活态保护"，加强古村落民俗民艺及原住民生活的活态保护方式和活态利用策略的研究。从完善古村落的基础设施、公共服务设施，从改善原住民物质生活入手留住原住民，将当地风俗、生活习惯等乡村文化"活态"地保护起来。重视乡土建筑的精神源泉与非物质文化遗产载体，在进行乡土建筑修缮保护的过程中，以保障乡土建筑地域特色为前提，根据乡土建筑的功能进行合理的空间改造和基础设施的完善，更好地满足使用者的要求并赋予建筑更长的使用寿命。[①]

对非物质文化遗产的保护应重视传承人保护体系的建设，采用活态传承，构建有继承性的保护传承模式。保护乡村非物质文化遗产的多样性和不同文化群体的传统、个性及认同感，让更多的相关文化群体接受它，愿意传承它。同时，结合时代发展，赋予传统的非遗技艺、非遗产品新的活力。建立由非遗传承人参与的非遗产品的创新工作，提炼非遗的精髓，将传统非遗介入现代生活，使非遗产品成为具有高附加值和文化价值的流通产品，发挥非遗的传承价值和魅力。通过扩大影响力和知名度，使乡村遗产活起来并带动地区经济的发展。

（三）特色保护，是保护丝路河南段乡村遗产价值的重要途径

丝路河南段乡村建筑类型丰富、价值突出，在实施乡土建筑保护计划中，应重视对具有特色的传统营建技艺的保护。特色即为价值，特色保护是保护丝路河南段乡村遗产价值的重要途径。尊重文化特色，高度重视区域内几大类型乡土建筑营造技艺的发掘、整理与研究。建立丝路河南段乡土建筑特别是生土建筑营造技艺的传承机制，建立乡土建筑保护技术指导和管理机制。

对乡土建筑营建技艺的保护传承内容包括：挖掘拥有地方手法建造技艺的老工匠主持乡土建筑的维修，并参与保护工作；定期组织当地高水准的乡土建筑营造技艺传承人切磋技艺，传授徒弟；收集整理营造技艺方面的文字、图片和影像资料，逐步建立营造技艺等传承信息的保护体系。

（四）开展丝路遗产保护利用平台的价值阐释

利用我国已经建立的丝路遗产协调管理体系和机制，联合丝路沿线各区域，共同搭建丝绸之路沿线乡村遗产保护利用平台，传承地区之间乡村文化的精华。

发挥丝路河南段乡村遗产的资源优势，发掘这些乡村遗产的历史价值、文化价值和地域特色，做好保护并展开宣传。将丝绸之路沿线乡村遗产引入丝路沿线文化遗产展示利用、旅游开发系列，积极开展展示利用策划。加强文旅融合，以文促旅、以旅彰文，为旅游体验增添故事与温度。积极推进法律保障、管理体系建设，对丝路河南段乡村遗产进行保护展示、遗产监测、研究传播等保护

---

① 杨东昱：《河南乡土建筑价值评估及保护策略研究》，《决策探索（下）》2019年第9期，第50～51页。

和传承的各项工作，努力打造丝路河南段乡村文化遗产的精品成为丝路有影响力的文化品牌，发挥其独特魅力和吸引力。

五、结　语

古代丝绸之路记录了千百年来跨地域、跨国别的物产远播和文化融合。乡村遗产同其他遗产一起记录了丝绸之路历史上的人群往来和不同文明间的风云际会。乡村遗产为丝绸之路上的重要文化符号，是重要的文化旅游资源，是我们民族发展中不可缺少的软实力。对华夏文明的重要发祥地丝路河南段乡村遗产保护和传承，是对古丝绸之路历史文化的追忆、依循和拓展。重新认识并挖掘这些乡村遗产的价值，做好乡村遗产的保护和传承，是唤醒丝路记忆、重振丝路精神、奠定民族文化自豪感、自信心的重要途径和方式。通过丝绸之路这条文化纽带，加强丝路经济带区域之间的文化交流合作，把中原的优秀历史文化和现代发展成果推向全国，推向世界。

做好丝路河南段乡村遗产的保护和传承工作，镌刻历史，关照现实，启示未来，再现辉煌。

Protection and Inheritance of Rural Heritage in the Henan Section of the Silk Road

Yang Dongyu

(Henan Provincial Architectural Heritage Protection and Research Institute, Zhengzhou, 450002)

Abstract: The Henan section of the Silk Road is the birthplace of ancient Chinese civilization and the place where ancient commerce and eastern and Western cultures merge and communicate. The rural heritages of this region carry the imprint of the geographical environment, presenting rich typologies and prominent regional characteristics. This paper summarizes the types, characteristics and values of the rural heritage in the Henan section of the Silk Road, and puts forward measures to protect and inherit the heritage from the comprehensive protection, active protection, characteristic protection and the development of the Silk Road heritage protection and utilization platform. Through this cultural link, it is the task of the historical Silk Road to make the rural heritage alive and promote economic development of this region.

Key words: rural heritage, Henan section of Silk Road, protection, inheritance

崇实书院建筑布局与文化内涵初探

刘　洋　师　古

（怀化市博物馆，怀化市，418000）

摘　要： 崇实书院位于湖南省怀化市溆浦县龙潭镇，始建于清道光至咸丰年间。该建筑群造型美观，别致新颖，内涵深厚，融中西文化于一身，是一处极其珍贵的传统建筑，具有重要的历史价值和文化价值，它迄今是我国南方地区保存最为完整，最具有代表性的私塾族学。

关键词： 建筑布局；建筑特点；文化内涵

崇实书院始建于清道光十四年（1834年），位于湘西雪峰山脉的溆浦县龙潭镇岩板村，是清代晚期由当地吴姓人修建，后在民国时期又加以扩建的一所私塾。全国重点文物保护单位。该建筑群造型美观，别致新颖，内涵深厚，融中西文化于一身，是一处极其珍贵的传统建筑（图一、图二）。

图一　崇实书院建筑总体照片

一、书院历史及建筑布局

崇实书院又名延陵家塾，是一处保存非常完整，且具有传统意义上的家族学校。延陵家塾的延陵是指江苏常州一带吴姓人发源的地方——吴姓郡望，它们在全国的分支为延陵堂。因南宋金人涌入吴国江苏，兵连祸接，为了躲避战乱，吴姓一支人几经艰辛，长途颠簸，从吴地辗转江西安家。

图二　崇实书院建筑总体俯视照片

至元末又因陈友琼起兵，战乱烧到江西、安徽等地，被迫向西迁居湖南，然后再搬迁至相对安全的湘西地区雪峰山一带定居繁衍。有《吴氏家谱·一次序》："龙潭吴氏询其系，则由延陵迁吉安，由吉安迁楚南溆浦。"又"至元末，徐寿辉窃据江西诸路，陈友琼嗣之，干戈遍地。宗魁公明哲保身，于至正二十三年（1363 年）自庙王梅子坡圳上土地之鹅颈丘迁湖南辰州府溆浦县第一都龙潭司司后岩垒田，后迁山下，至富公迁白竹坡、岩板乡，遂世家焉。"

　　龙潭吴姓人历经了六百年的沧桑洗礼，从丰收的田原到精神文化的渴望，书院成为了吴姓人心灵的精神守望和文化教育的标杆。道光十四年（1834 年）岩板村村贤吴光瑄首倡提议修建家塾，并邀约本家 27 人集资筹备，在道光二十九年（1849 年）至咸丰五年（1855 年）间，历时六年，方以竣工。

　　书院坐北朝南，在初期的建设中，中轴线上的教学楼群为三进式院落，成"日"字形排列。第一进为泮池和牌楼式结构的校门，东校门上写有"崇实书院"四字，西校门上书写"吴氏蒙养"四字，并在东西两校门围墙外开辟泮池。书院第二进是两层楼的前厅（教师宿舍），第三进是两层楼的教室（后改为教师的办公室）。民国初期在原来的主体建筑群后面增建了一栋两层的木楼作为教室，为第四进，它略高于前三进，同时在书院的左右两侧又修建了两层融中西建筑风格的砖木结构的教室楼，在第二进与第三进中间过道中间建立高高耸立的钟亭，自此，书院建筑结构脱颖而出，规模完全形成。整个书院背靠石洋坪，面朝龙潭一都河，占地面积约 2450 平方米，呈现出"目"字形的排列，形成了四进式院落，拥有教室 10 间。

　　岩板村的吴姓人重视家族教育，在光绪末年至民国初期就广泛招收异姓学生。从私塾的创立始成由"延陵家塾"改为"吴氏族立初等小学堂"，后又为"芙蓉乡第一保国民学校"，四邻八乡的莘莘学子负笈至此学习。1949 年中华人民共和国成立以后"崇实书院"改为"岩板村小学"。近年，政府为了保护书院，将小学迁出。

二、书院的人文内涵

世事沧桑，转眼书院走过了 167 年的风风雨雨，经历了许多的人与事，积淀了深厚的文化内涵。

1917 年夏天，向警予与女伴来到龙潭劝学，开展识字读书动员，宣传男女寻求解放、平等自由的新思想。后来向警予等人又走进崇实书院宣传，当时吴文乾、吴文炎等进步老师接待了她们，崇实书院第二年增添了学生娱乐设施，办起了童子班，统一校服，提供中餐。向警予一行人宣传新学的思想家喻户晓，也使崇实书院的办学更加兴旺。

1936 年 12 月 9 日，为了支援主力红军长征，牵制湘军，贺龙、任弼时、萧克、王震率领红二六军团开始东征怀化和湘中地区，12 月 13 日，萧克率领一部分红军进入龙潭，晚上在书院居住、休整，接连几天在此征兵、筹粮，宣传北上抗日的道理，吸收了 300 多名新的红军战士。其中 16 日红军在燕子坳与国民党李觉部打了一场大仗，激战三个小时，击退国民党。

抗战期间的 1944 年 7 月至 1945 年 3 月国立十一中的职业部由洞口县迁入崇实书院办学，加大了学校的影响力。其中李力安老师因为工作努力，操劳过度，在此病逝，安葬在了岩板村。

一百多年以来从崇实书院走出去的学生中还涌现出不少卓越的人才，比如吴修惠、吴玉藩、吴贵藩、唐庆泉、吴世昌、吴世雍，教育家吴世淑等等。

三、书院的建筑艺术结构

崇实书院建筑由砖木结构组成，其木结构均为小青瓦穿斗式，中轴线上分为四进。

第一进由泮池、大门、院墙、院坪（操坪）组成（图三～图五）；

图三　崇实书院右侧大门

图四　崇实书院左侧大门

图五　书院围墙外泮池

　　第二进为三开间一进深的两层木楼，木楼两侧为对称的中西合璧的两层教室。木楼大门两侧是教师住房，中间用廊桥式歇山顶木钟亭作为过道连接第三进办公楼。其过道两边依次为天井式池塘、四周置回廊，可以歇息观赏院内假山花草树木。天井的东西两侧隔木板，中间各开一个对称的八边形洞门，再用木廊与两侧的中西式教学建筑楼连接（图六、图七）。

　　第三进过道两侧各置一间对称的八边形洞门办公室，其过道上额悬挂着行书"大学之基"的木匾，它为清末至民国时期的龙潭湖南省议员谌百瑞所题写。

　　第四进是三开间一进深结构的教学木楼，上下两层各两间教室。在中厅大堂供奉着伟大的教育家、思想家孔丘的雕像。

　　书院两侧是中西兼容的砖木结构的教学楼，呈对称的"L"字形排列，其上面两间教室，还配有老师的两间住房，下面却只配一间教室。对称的两侧共有六间教室，四间住房。它采用西方大量的圆窗、陡式瓦面脊背，又融合我国的粉墙黛瓦、彩绘、小青瓦，表现出中西建筑相结合的形制特点（图八）。

图六　书院第二进大门

图七　钟亭围栏与过道洞门结构

图八　左侧侧面教学楼

四、书院的建筑文化特点

　　崇实书院是我国目前保存最完整和最有特点的乡村私塾之一，它的建筑艺术特点具体表现在如下方面：

　　一是书院遵循了中国传统建筑的营造原则。采取以中轴线为中心，四进式建筑逐渐增高，且横向均对称分布，有序排列，建筑规整而且庄重。建筑材料以砖石为主体，木柱都立于石础之上，其结构小青瓦屋面，穿斗立架，木板做墙，地面用青砖、石板以及三混土铺就，书院东西北三面的外围都修砌了高高的防火墙。

　　二是书院具有江南园林建筑的特点，有着通达的审美情趣与高度。在二进与三进教学楼的天井中间建有一个歇山式卷棚的钟亭，高9米，约高出前后教学楼2米，非常雄伟壮观。钟亭下面是一木廊，做过道。天井四周有回廊，两侧置对称的八边形木洞门连接廊桥通达两边的西式教学楼。二进里的两间办公室，也各置对称的八边形木洞门，在廊架上与窗上添置菱形素格，形成了亭台楼榭、廊回路转、歇山翘角、瓦背折叠错落的灵动景观。特别是八边形洞门、回廊、木廊、楼亭及格窗的运用，使院落通透、朴实、淡雅、柔和、紧凑，其建筑空间的营造动静适宜，错落和谐，高贵雅致。书院前的院坪花木繁茂，环境幽静，东西两个八字形校门上配有歇山顶牌楼式的校门，高大庄重，四角凌云腾飞，气势不同凡响，尽显了我国江南园林建筑之美，然而木廊楼亭在建筑中的运用又夹杂着本土苗侗建筑的风格。

三是书院建筑中西合璧，显示出吴姓族人旷达的情怀。两栋对称的两层砖木结构的教学楼，它南北纵向而立，采用了西方的建筑元素，一共配了 58 个圆窗、画了大量彩绘，采用了陡峭的瓦面脊背，但是又有中国传统建筑的成分，粉墙黛瓦，翘角飞檐。建筑中书写有"文明捷径""德业高门""礼义廉耻"的字样，表现出了中西合璧的建筑文化成分。同时也充分展现出了龙潭吴姓先贤们在建造学校时善于学习、敢于创新、不循规蹈矩的思想。

四是书院建筑提升了一个偏远乡村私塾的品位，也体现出了浓厚的中国传统儒家思想文化。首先崇实书院本身的校名就告诉我们，书院遵循教育的规律是，认认真真地教书育人，老老实实地做学问。从吴氏张贴在书院的家训中可以看出先贤们的人生信仰与追求，如"祖宗虽远，祭祀不可不诚。子孙虽愚，经书不可不读。""从来学者，先立品行，次之文学。""言传身教，育良好家风。家庭教育有心无痕，家训家风润物无声，道阻且长，行者将至。""与肩挑贸易，勿占便宜。见贫苦亲邻，须加温恤。"其次在书院前设立泮池，而泮池就是封建社会学宫的标志，一个乡村学校能开辟泮池，充分说明了吴氏先贤对人才培育的高度重视，体现出"泮池蓄水，以水为德，文脉不断，后继有人"的儒家教育思想，开辟建造的崇实书院也就是重教育、尚德义、重节操的神圣之地。

五是经过笔者长期的文物工作实践与对我国南方地区尚存的私塾建筑特点进行对比和考证，认为崇实书院建筑本体和它所表现出来的建筑文化内涵具有多重建筑文化相融的特征，是我国清末至民国转型时期传统建筑思想的缩影。

五、结　语

书院建筑本体和它所表现出来的建筑文化具有重要的历史价值和文化价值。可以说崇实书院是迄今我国南方地区保存最为完整和最有建筑艺术特色的私塾族学，它的存在非常珍贵，保护它就是保住了我们民族文化教育的根，也是中华民族家园中不可切断的血脉。基于此，要加大对它的保护与研究，充实资料与实物，开辟私塾博物馆，依法加强建筑本体的保护与修缮，充分彰显出它所具有的文化价值、研究价值。

The Layout and Cultural Value of Chongshi Academy

LIU Yang, SHI Gu

(Huaihua Museum, Huaihua, 418000)

Abstract: Chongshi Academy is in Longtan Town of Xupu County, Hunan Province. It was built between Daoguang Reign and Xianfeng Reign of the Qing Dynasty. The building complex has elegant shape, unique and novel, profound connotation and integrates Chinese and Western culture. It is an extremely precious carrier of traditional architectural culture and has important research and artistic value. Up to now, it is the most intact and representative private school in southern China.

Key words: Chongshi Academy, architectural features, cultural connotation

山西运城关王庙传统石雕工艺技术研究

贾　柯[1]　樊东峰[2]　王丽亚[1]

（1.周口市关帝庙民俗博物馆，周口，466001；2.运城市关王庙文管所，运城，044000）

摘　要：传统石雕工艺技术在中国悠久的发展历史中流传了上千年，不仅承载着一代代匠人的意志，更是中华文化的延续、传承与升华。本文拟以山西运城关王庙为例对传统石雕工艺技术进行分析。

关键词：运城关王庙；传统石雕；工艺技术

山西运城关王庙始建于元朝，分别在明正德六年（1511年）与嘉靖五年（1526年）实施了大修。庙址坐东朝西，现存山门、献殿、正殿与春秋楼。山门、献殿与正殿皆为明代建筑。献殿面阔三间，进深两间，单檐卷棚顶。正殿面阔三间、进深三间，后檐明间出抱厦一间，单檐歇山顶。整座建筑占地6000多平方米，建造时间距今500多年，是全国重点文物保护单位。庙内的石雕作品遗址保留较为完好，有效地呈现了当时的石雕工艺技术。所以，做好关王庙传统工艺技术研究，有助于传承、升华、创新中国传统石雕工艺技术，更能发挥传统石雕工艺技术在现代的价值。

一、山西运城关王庙传统石雕工艺的造型特点

石雕艺术创作在不同的历史时期，根据时代的选择、需要的不同、审美的差异等，有着不同的发展演变历程，隐含着不同的特点和文化内涵。由于宋元以后，宗教和陵墓石雕日趋衰弱，石雕技术向世俗化、多样化发展，到了明清时期，石雕开始进入民居中，成为重要的建筑装饰。[①]

运城关王庙现存的精美石雕作品有雕刻精致的人物、石护栏、动物、清代关公坐像、风雨竹山石等。经研究发现，关王庙内的石雕作品出现在中国的元、明、清三个朝代，属于中国古代传统雕刻工艺技术普遍样式的典型代表，对中国北方具备的浓厚气魄予以了展现，传承、彰显了中原地区工艺技术哲学性理念。而且国内已知的、存在的、最早的关帝签谱碑刻遗址都在此处拓印（溯源考究：诸多文献记录的关帝签谱均从此处拓印）。所以，运城关王庙里现存的传统石雕除了有立体造型"圆雕"[②]理念的作品外，和中国古代传统石雕人物、花卉、神兽等全面性的作品也有很多。运城关王庙内的存在石雕作品形态，代表当时的石雕工匠利用创作意匠对具体审美形象的展现，借助观察、体验传统石雕不同的形态造型、布局、线条、层次，采用工艺技术对意蕴展现，和石雕艺术作品态势、格调产生了影响。

石狮造型的特征。运城关王庙献殿前所立石雕石狮具有明代风格，雕刻特点偏世俗化，石狮威

---

① 伍英编著：《中国古代石雕》，中国商业出版社，2015年。

② 圆雕为可以四面欣赏、完全立体的雕塑形式，不附着在任何背景上，显得更独立、完整、圆润（王其钧：《中国建筑图解词典》，北京：机械工业出版社，2021年，第370页）。

严中透露出几分调皮，采用圆雕，使狮子呈现出更加立体真实的状态，技法细腻，线条柔美，有效展现了明朝古代雕塑大师优秀的创造能力与工艺技术共存的工匠精神①。此外，山门两侧分别立有一根拴马桩②，这是属于中国北方独有的传统民间石刻艺术品，集合了圆雕、浮雕、线刻三种雕刻技艺，具有浓厚的地方特色。一根拴马桩柱头雕刻石狮一只，造型古朴威严；另一拴马桩则雕以人物骑狮造型，姿势驼背弯腰状，坐骑于雄狮上，皆怒目圆睁，似俯身前冲，如同奔跑前行的姿势。下方为长方柱并雕以纹饰（图一～图四）。

图一　献殿石狮子（南侧）

图二　山门后檐拴马桩（南侧）

图三　献殿石狮子（北侧）

图四　山门后檐拴马桩（北侧）

---

① 工匠精神，或称匠人精神，指的是一个匠人拥有对自己的作品有着精雕细琢、精益求精的理念（黄震：《工匠精神》，北京工业大学出版社，2017年，前言）。

② 拴马桩，又称"拴马石"，一般分布在我国北方，自宋代以来已有千年的历史，其实用价值即拴马，一般分为桩头、桩颈、桩身、桩根四部分，在古代北方人民的心目中还是富裕的象征和标志（贺华：《西安碑林故事》，陕西人民出版社，2017年，第174～175页）。

石雕栏杆在关王庙内为不可或缺的元素，不仅有着拦隔围护的作用，栏杆上的雕刻图案也丰富了庙内环境，与庙宇相辅相成。关王庙献殿四周的石栏杆正面采用浮雕工艺雕刻着不同的动物图案，都是中国古代传说中的各类神兽，主要表达吉祥寓意、寄托祈福的美好愿望，比如象征勇敢威武的狮子，权势尊严的蛟龙，福禄之意的奔鹿，高贵祥瑞的麒麟等；望柱柱头为狮子头，共雕刻了十二只小狮子，较好地传承了明代建筑石雕的规制，从民间来说则具有朴素的韵味（图五～图八）。

图五　献殿石护栏板（麒麟）

图六　献殿石护栏板（凤凰）

图七　献殿石护栏板（蛟龙）

图八　献殿石护栏板（天马）

二、山西运城关王庙传统石雕工艺的雕刻手法

运城关王庙石雕工艺技术方面有着明显的传承手法，具有宋代的技艺手法，比如其雕刻精细、细节处理认真，形式上的写实、夸张等表现手法。其明初时代的特征，融入了元代北方民族、中原地区艺术特征，呈现出刚柔相济的特点。从整体设计上分析，庙宇内独立圆雕作品巧妙地运用了大小比例控制与工艺艺术风格的统一。关王庙内整体石雕地方文化表现较为明显，装饰趣味性较强，充分地彰显了装饰性。

中国古代传统石雕作品，单纯地为了表现艺术性、精神性的作品很少，在文化、哲学、宗教方面东西方文化体系差异明显。首先，中国古代石雕作品建造具有规模性、体系性特征，通常是为统治阶级服务或为了满足宗教需求。其次，中国传统石雕工艺依旧以古典哲学理念为基础持续发展，所以实现了工艺技术与古代哲学理念的有效融合。立足雕刻细节看，山西运城关王庙沿袭了元明装饰技法、纹样，庙宇建筑大量使用了石刻工艺。所以，从中可以对中国古代社会文化和手工艺生产统一和谐状态一探究竟。

山西运城关王庙中的传统石雕群历经元明清三朝发展，石雕作品体系繁杂丰富、类别多样，雕刻类型包含人物、动物及一些古建筑石材等，其石雕作品在门类及工艺技术方面的特征如下：首先，现存雕件形体类别主要是多维空间及二维空间石雕；其次，多维空间石雕作品涵盖立体人像、雕刻柱头等形态。若根据中国传统雕件艺术形式类别划分，则可分成浮雕、透雕、影雕^①、石刻画线等诸多种类。

从工艺技术的角度看，浮雕属于半立体形态雕刻品，图像在石面以浮凸态雕琢在表面；基于石面雕琢深度的差异，又可分成浅浮雕、高浮雕两类。浅浮雕工艺受材质影响，对镂空透刻工艺使用频率较低，主要在创作雕琢单层次画面中使用。高浮雕对透雕手法镂空使用频率较高，常在建筑物墙壁装饰、柱体建造等中使用。圆雕属于多维、单体形式的立体造型，需要雕琢加工所有块面，关王庙里面的关公像、石狮子等瑞兽造型全是这种形态。另外，沉雕样式属于第三类遗留作品，其雕法主要是线条造型，工艺技术融入了中国美学的意象、散点透视等法则，坚持根据图刻画线条，雕刻强调粗细深浅，配合阴影打造立体感，因此此类作品又叫"线雕"，而运城关王庙里诸多石碑中都采用了此工艺技术。关王庙里面的镂雕作品，主要在雕件局部，镂雕是以圆雕为基础发展形成的，传统的石雕工艺技术在雕刻口含石滚珠的狮子等猛兽形态时被广泛运用，主要是为了凸显雕琢的精巧性、情趣性。受环境影响，运城关王庙石雕装饰性十分神秘，工艺技术方面凸显装饰性对强化"英雄式"人物所展现的严肃氛围，在设计石兽雕刻时，在视觉上十分重视勇猛、神圣的功能。

运城关王庙里面还遗存着透雕作品，比如，在建造庙宇栏杆、护栏时，会采用透雕工艺在浮雕雕刻对象背面实施部分镂空，其背面主要采用插屏形式展现，同时，还可分成单面及双面透雕两类，通过透雕工艺雕刻的云彩等图案形态多样，弥补了整体空间视觉美的不足。不过从工艺技术视角看，透雕和镂雕工艺却存在差异，如镂雕样态多为 360° 全角度雕琢工艺，透雕工艺则是在此基础上的拓展。

研究运城关王庙的石雕作品会发现，雕刻工匠在雕刻作品时同时运用了圆、沉等各类手法，例如正殿建筑屋檐等的雕件就是浮雕内含透雕、圆雕内含浮雕等的交叉雕刻工艺。同时，运城关王庙石雕工艺利用的物理布局采用了点线方圆等形象元素，通过点线对雕刻对象的客观真实进行了彰显，让石雕面貌变得对称、精准，由此凸显了石雕工匠对工艺技术形式美及需求高度的统一的朴素艺术观。

在古建筑石雕艺术中，人物雕刻需要较高的技术水平。运城关王庙内的石雕人物，工艺技术具有"酣畅淋漓"里透露着精致这一最大的特点，从工艺细节角度看，服饰、发饰的精细程度都有很好的展现。而中国古代雕刻大师利用作品直观展现社会生活的形式，更是为当今雕塑创作保留了值

---

① 影雕既有摄影光学的艺术效果，又有绘画笔触技法的展现。其手工雕刻流程，一般是先选图择版，然后在雕刻表面进行轮廓描绘，用一把钢凿钎对照图档雕琢而成（颜培金、王乐：《石雕》，泰山出版社，2017年，第33页）。

得尊崇的典范。

中原地区庙宇建筑中出现石雕柱的频率较多。运城关王庙石雕群内石柱的制作特别重视石雕龙柱装饰。在建造传统古建筑时，不同类型的石雕龙柱象征着神祇身份与古代王权思想。从运城关王庙的山门开始，就可以感受到中国石雕艺术的精髓，庙内的石雕柱淋漓尽致地展现了中国传统龙文化，刻工精细，美轮美奂，龙柱上面的浮雕图案非常精美，四爪龙由下而上盘旋到顶，怒目圆睁，踏着祥云呈现出遨游于天际的气势，代表"关公的英雄气概"，这种雕工手法俗称"滚龙透花柱"。下方则是代表智慧和觉悟境界的莲花底座，更使关王庙变得严肃、庄重，使用的工艺技术饱含"工匠精神"。由于雕刻工艺繁多、材料丰富，使石雕作品在建筑及环境中发挥了实际作用（图九～图一一）。

图九 山门前檐盘龙石柱

图一〇 碑廊盘龙石柱（局部）

门枕石①。狮子在中国传统文化中是权力威望的象征，门枕石就是圆雕卧狮形门墩，为一整块青石加工而成，一雌一雄，虽已残缺但仍可辨析出雕琢精心，技艺娴熟，为朱红大门增色不少，使得整个山门既美观又庄重。关王庙的门枕石体现了实用性、寓意性和复合性的特点，其雕刻技法呈现出北方石雕技艺风格，而且从一个侧面显示出山西民间雕刻的高超技艺和石刻工匠的艺术造诣（图一二）。

① 门枕石，宋代称门砧，为大门左右固定门槛的石或木墩。用木称门枕，用石称门砧。门砧向外造型部分在后期造型丰富，常见有鼓墩门枕石、蹼头门枕石（雷冬霞：《中国古典建筑图释》，同济大学出版社，2015 年，第 133 页）。

图一一 碑廊盘龙石柱

图一二 山门门枕石（一对）

民间始终坚持"万物有灵"的朴素哲学，而石雕工匠恰恰能够对大众雅俗共赏的动物世界予以有效展现。运城关王庙内存在大型动物石雕，这是对东方艺术创作时不受原型约束的创造特点的很好彰显。一般在选择工艺技术时，能够灵活地将图案装饰手法融入圆雕造型，这也成为了中古时期雕塑和史前雕塑的主要区别。①

---

① 林道敏：《浅述石雕题材中的植物系列创作》，《大众文艺》2020年第12期，第53～54页。

三、运城关王庙石雕工艺技术的审美风格

"简洁洗练"、"纷繁复杂"是运城关王庙遗留石雕群工艺技术表现的主要特征，两者既对立又统一。简洁洗练，一般是指在立体造型的圆雕作品中对其工艺技术特点予以了简洁地展现，比如庙宇里面的释道人物及鼎炉、器皿形态的石雕造型都具有洗练工艺技术特点；在创作石雕人像时，通过几根线条就可让观众在欣赏雕塑主体时一见倾心。同时，庙宇内还有很多装饰性石雕作品，其主要以浮雕、透雕等形式呈现，从美轮美奂的纹饰、镂空工艺等方面看，石雕作品则具备了烦琐复杂的奢华风格。

运城关王庙现有石雕作品工艺技术在审美规律方面有如下特征：

首先，工艺技术具有韵律美。关王庙现存的石雕作品工艺技术形式及塑造对象，具有丰富的形状和韵律，这些以石雕作品本体形状为基础与散发的韵律感，给石雕作品造型彰显审美体验带来了能为创作提供灵感的机遇。石雕工匠通过对人物、云彩等不同装饰元素的加工利用，在整体布局设计方面做到了疏密得当、主从有序，庄重、诙谐相结合。同时，还合理使用了意象表现造型手法，让"似与不似"的雕塑形态凸显作品整体造型及样态的韵律美特点。

其次，工艺技术具有气势美。传统石雕属于工艺美术形态类雕塑，还对中国艺术强调的"气韵生动"有一定追求；借助加工工艺技术的方式，从具体形象以及意境图景中，实现雕塑造型中动静的相对统一。基于此类成熟工艺技术塑造的形态，使观众眼中出现了"建筑是凝固的音乐"的审美效果，产生了"流动的气韵与力量"，使石雕作品借助工艺技术打造的气势美得以展现。运城关王庙经典的关王骑马雕像，采用粗轮廓整体形象对赤兔马躯体骠健、气势磅礴的动感特点予以了彰显，让静止动态的石雕作品充分展现了气势美。此类气势美特征继承了汉代雕塑工艺技术里对运动物态形神兼备的气势美的追求，传统石雕工艺技术对这方面的运用已经出神入化，其具有的造型特点兼备东方工艺美术的示范性、典型性。

总之，传统石雕工艺技术是古人对"工匠精神"的展现、追求，以运城关王庙为例做好传统石雕工艺技术的研究，有助于后人更好的理解、传承传统"工匠精神"，也对进一步发挥传统石雕工艺技术潜在价值具有积极影响。

Traditional Stone Carving Technology of Guanwang Temple in Yuncheng of Shanxi Province

JIA Ke[1], FAN Dongfeng[2], WANG Liya[1]

(1. Zhoukou Guandi Temple Folk Museum, Zhoukou 466001; 2. Yuncheng Administration Office of Guanwang Temple, Yuncheng, 044000)

Abstract: Traditional stone carving technology has a history of thousands of years in China, not only carrying the will of generations of craftsmen, but also the continuation, inheritance and sublimation of Chinese culture. This paper takes Guanwang Temple in Yuncheng of Shanxi Province as an example to analyze the traditional stone carving technology.

Key words: Guanwang Temple in Yuncheng, traditional stone carving, technology

故宫钟粹宫综合测绘总结与分析

王 莫

（故宫博物院，北京，100009）

摘 要：钟粹宫综合测绘项目探索了三维激光扫描、数字近景摄影测量、手工测量这三种技术在古建筑全要素信息采集过程中的应用方法；通过比对进行了数据的精度校验，并绘制了钟粹宫院落内各单体建筑的典型测绘图纸；在分析三种技术多方面特性的优缺点后，提出了根据实际需求选择适当技术的测绘模式。

关键词：钟粹宫；三维激光扫描；数字近景摄影测量；手工测量

一、项 目 概 况

（一）钟粹宫简介

钟粹宫是故宫内廷东六宫之一，于明代永乐十八年（1420年）建成，初名咸阳宫，明代嘉靖十四年（1535年）更名为钟粹宫，"钟粹"意为汇集精粹。清代沿用明朝旧称，于顺治十二年（1655年）对其进行重修，后又经多次修葺。特别是清代晚期，于同治八年（1869年）在宫门内添建垂花门、游廊等，是对钟粹宫建筑改动最大的一次。

钟粹宫院落平面近方形，分成前、后两进院（图一）。前院正殿即钟粹宫，坐北朝南，是一座面阔5间、前出廊的单檐歇山顶大殿。室内原为"彻上明造"（是指屋顶梁架结构完全暴露，使人在室内抬头即能清楚地看见屋顶梁架结构的建筑物室内顶部做法），后加天花顶棚，方砖墁地，明间内悬挂有清代乾隆皇帝御题"淑慎温和"匾额。殿前有东、西配殿各3间，前出廊，单檐硬山顶。正殿左右拐角游廊与配殿前廊相连。院落正门名钟粹门，坐北朝南，是一座带斗栱的单檐歇山顶琉璃门，左右为嵌有琉璃花饰的照壁。门内有悬山卷棚顶倒座式垂花门，垂莲柱下置四扇屏门，门两侧依南墙有游廊，与垂花门及配殿前廊相通，形成三合院带四周回廊的格局（图二）。后院中间有南北向甬路，高出地面，与前后殿相通。后院也是一正两厢的三合院，不过较前院规模略小，屋顶都是较低等级的硬山式。后殿两侧有低矮的东、西耳房，前有卡墙，自成小区[①]。院内西南角有井亭1座。这组建筑是一座典型的宫中宅院。

钟粹宫在明代为妃嫔们所居，隆庆时期曾一度作为皇太子宫，到清代又成为后妃们的生活区。清代咸丰皇帝孝贞显皇后（即后来的慈安太后）入宫时便住在钟粹宫，后经垂帘听政等多般周折又返回这里，直至光绪七年（1881年）去世[②]。光绪皇帝大婚后，隆裕皇后也一直在此宫居住。

---

① 郑连章：《紫禁城钟粹宫建造年代考实》，《故宫博物院院刊》1984年第4期，第58～67页。
② 刘畅、赵雯雯、蒋张：《从长春宫说到钟粹宫》，《紫禁城》2009年第8期，第14～23页。

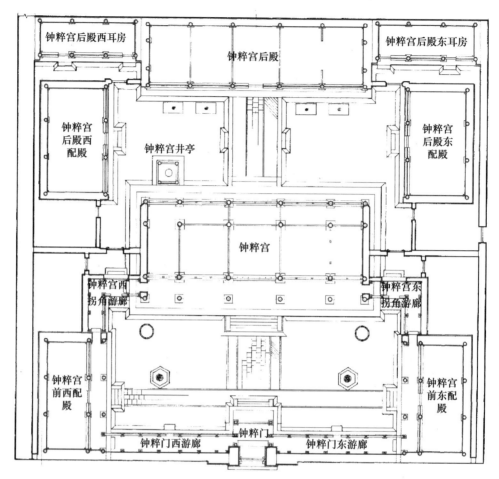

图一 钟粹宫院落总平面图

图二 钟粹宫前院

（二）项目范围与工作目标

本次综合测绘项目的范围是包括钟粹门、钟粹门西游廊、钟粹门东游廊、钟粹宫、钟粹宫前西配殿、钟粹宫前东配殿、钟粹宫西拐角游廊、钟粹宫东拐角游廊、钟粹宫后殿、钟粹宫后殿西配殿、钟粹宫后殿西耳房、钟粹宫后殿东配殿、钟粹宫后殿东耳房、钟粹宫井亭在内的 14 座古建筑。

工作目标在于将钟粹宫院落内 14 座古建筑的现状通过三维激光扫描、数字近景摄影测量、手工测量等多种技术手段进行完整、准确的记录，且以测量记录的结果为依据绘制现状图纸。古建筑的现状数据及其加工成果文件要作为档案永久留存，它们可为古建筑的形制分析和病害判断提供基础信息，并给古建筑的修缮设计方案制定和保护研究等工作提供可靠的原始资料。

二、项目实施

（一）整体流程

项目的整体工作流程如下：

① 现场踏勘→② 资料收集→③ 方案设计→④ 控制测量→⑤ 三维激光扫描→⑥ 数字近景摄影测量→⑦ 手工测量→⑧ 数据比对与图纸绘制→⑨ 精度评估

（二）控制测量

本项目的平面坐标采用北京城市坐标系，高程采用北京城市高程系。踏勘得知，在钟粹宫西侧的东一长街上有 3 个保存完好的二级导线点 D29、D30 和 D31。经检校，其起算控制点边长相对中误差与高程较差均小于允许值的技术要求，因此可作为本项目的起算数据。

根据现场环境条件以及控制强度的需要，本项目的平面控制测量以 D30、D31 这两个二级导线控制点为起算边，进行四等导线控制加密测量，测量线路为闭合线路（图三），且在钟粹宫室内布设支导线；水准测量则按照四等水准要求施测，以 D30、D31 这两个首级控制点为水准测量的启闭点，并联测所有布设的四等导线点、支导线点。

（三）三维激光扫描

1. 现状数据采集

本项目使用美国天宝 Trimble FX 三维激光扫描仪进行现状点云数据的采集。我们把每座建筑划分为 10 个区域进行扫描，分别是地面上的东侧、南侧、西侧、北侧 4 区，瓦顶上的东侧、南侧、西侧、北侧 4 区，以及室内和天花以上部分。采集时，扫描测站间点云数据的重叠度不应低于30%。各测站之间使用拼接球关联，因此每站拼接球的摆设不得少于 4 个，且相邻测站使用相同拼接球的数量不得少于 3 个。我们在每个扫描区域还设置有标靶，要求相邻区域能同时观测到的靶标数量不得少于 3 个。各区域之间通过靶标进行拼合，这样可以有效控制建筑的整体扫描精度，并将其点云数据与大地坐标联测。

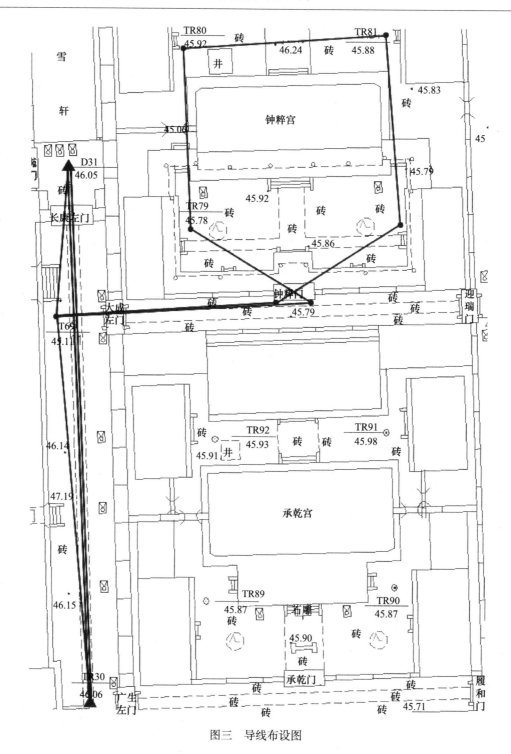

图三　导线布设图

　　为确保扫描精度，本项目中测量对象到扫描站位的距离均小于 15 米。钟粹宫的室外扫描共计布设了 486 站，室内扫描共计布设了 178 站，扫描测站平均分布于整个院落（图四）。

2. 现状数据处理

　　我们先将扫描数据导入 Trimble Realworks 软件进行点云拼接，要求相邻测站间的拼接误差小于

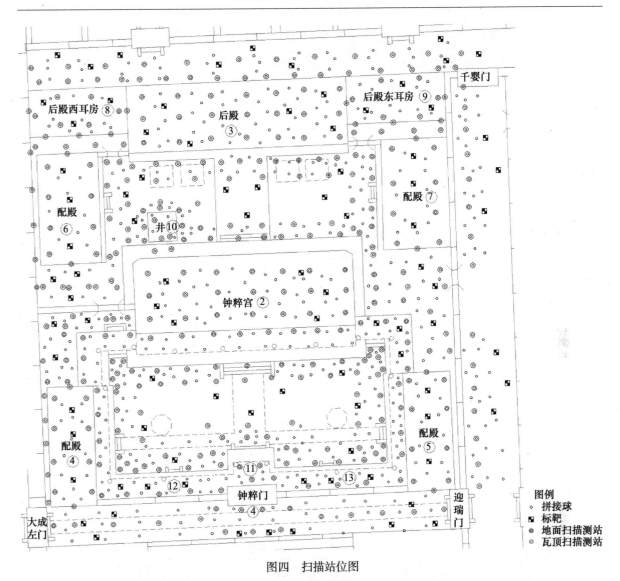

图四 扫描站位图

1毫米（图五）；再采用3个以上均匀分布的同名点进行点云数据的坐标系转换（通过七参数模型解算出点云坐标系和绝对坐标系之间的转换参数），坐标转换残差小于3毫米。当点云数据中存在脱离扫描对象的异常点、孤立点时，需视点的数量选用滤波方法或人工手动进行点云的降噪处理。最后将处理好的单体建筑点云数据合并成完整的钟粹宫院落点云。

如需制作便于浏览的抽稀点云文件，则应根据具体情况选择合适的方法，即在扫描对象表面曲率变化不大的区域采用均匀抽稀；而在扫描对象表面曲率变化明显的区域采用保持其特征的抽稀方法。

（四）数字近景摄影测量

1. 现状数据采集

本项目使用索尼全画幅微单数码相机A7RⅡ进行数字近景摄影测量照片的拍摄，校色设备为爱色丽校色仪及色卡。在使用航带法拍摄前，我们对每座建筑都分别进行了摄站规划。各摄站位

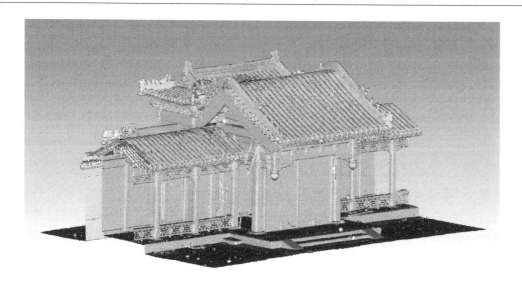

图五 拼接好的钟粹门点云

置拍摄的照片需满足航向和旁向重叠率均不低于 70%，且单张照片每平方米的原始像素数不低于 2048×2048 的要求。为保证照片在航向及旁向的重叠率，我们在每个摄站进行单机位拍摄时，均对目标区域采取多角度拍摄的方式，即正视、仰视和俯视视角拍摄。与此同时，我们还将色卡置于拍摄区域的环境光内，拍摄了用于色彩校正的照片。工作期间，根据现场的光线情况，我们采用了固定灯组与随动灯组相结合的方式布设灯光。对于光线变化比较大的区域，则利用闪光灯组进行拍摄（图六），并采取了相应的匀光措施。现场每拍摄完一航带，我们就会立刻对照片质量和完整度做检查，以便及时进行补拍。

图六 摄影测量照片拍摄现场

2. 现状数据处理

数字近景摄影测量工作的后期数据处理流程为：① 照片色彩还原→② 像控点设置→③ 摄影测量计算→④ 纹理模型生成→⑤ 正射影像制作。

本项目由于拍摄周期长、光照环境复杂，导致同一区域各时段照片的色彩差异较大，因此色彩还原工作对于保证最终的成果质量尤为重要。我们使用 ColorChecker Passport、Lightroom 等专业软件对采集到的原始照片进行了色彩校正和镜头畸变校正，消除了光源及环境色带来的色差，还原了照片的真实色彩，同时也消除了由相机镜头产生的照片变形。从三维激光扫描仪获得的点云中量取像控点的空间坐标值（注：像控点的分布应相对均匀，且在建筑边缘处加密布设），并将其添加到数字摄影测量软件中之后，该软件就能对完成色彩还原的照片进行摄影测量的计算处理工作了。我们把每个建筑模型分为 5 部分（即 4 个立面和 1 个瓦顶）做计算，各部分之间均有重叠，以利于模型的整体拼接。数字摄影测量软件首先进行初始化计算，将照片对齐后会生成稀疏的点云；对于匹配成功的点云，该软件再次进行加密运算后就会生成三角网纹理模型。把各部分纹理模型通过建模软件进行拼接、修补，即可完成建筑整体三维纹理模型的制作。利用纹理模型投射出的建筑各立面正射影像（图七）具有直观、可量测的特点，能够忠实地反映出古建筑原貌。

0　　1　　2　　3　　4　　5米

图七　钟粹门南立面正射影像

（五）手工测量

1. 测量性质

本项目中手工测量的工作性质为"全面勘查，典型测绘"。典型测绘要求对古建筑进行整体控制测量，并选取重复构件（部位）中的一个或几个"典型构件（部位）"进行详细测绘。虽然不必逐个测量，但测量范围要覆盖所有类别的构件或部位，不能有类别上的遗漏。这里的类别是按照构件的样式和原始设计尺寸来划分的。只有样式和原始设计尺寸均相同者，才可归为同类构件；若仅样式相同而原始设计尺寸不同，则仍不属于同类构件。所谓"典型构件"，是指那些最能反映特定的形式、构造、工艺特征及风格的原始构件。甄选典型构件时，应细心观察、反复比对和分析判断，尽可能挑选其中保存较好的构件作为测量对象①。一般情况下，建立古建筑的记录档案、实施简单的古建修缮工程，或者是出于研究目的进行的测绘都至少应该达到典型测绘的要求。

2. 测量原则与方法

我们使用的测量工具主要有：30 米钢卷尺、5 米小钢尺、水平尺、角尺、手持式激光测距仪、垂球和细线等。手工测量实质上是把大多数测量问题都转化为距离测量，主要利用上述工具做距离和简易高程的测量，通过直角坐标法或距离交会法进行平面定位（图八）。

图八　手工测量现场

测量时，我们遵循以下四项基本原则：① 从整体到局部，先控制后细部；② 方正、对称、平整等不随意假定；③ 要确保典型构件（部位）的同一性，切忌随意测量不同位置来"拼凑"尺寸；④ 应充分注意能反映古建筑特征的特定情况。为了减少测量误差的积累，同时提高工作效率，我们对能直接量取的数据尽量采用连续读数的方法获得，而不是分段测量后叠加算出；对不能直接量取的数据才采用间接方法求算获得。

（六）二维线画图绘制

本项目的二维线画图按照档案图要求绘制，主要反映古建筑现状的形制特征，不体现古建筑病害与残损信息（建筑结构有严重变形情况的除外）。

我们通过对古建筑重要部位点云数据、摄影测量模型数据、手工测量数据三者的统计与比对，进行了测量数据的精度校验，同时也为二维线画图绘制提供了典型数据（由于摄影测量仅拍摄了古建筑外部，因此室内数据的比对、选取工作不包含摄影测量模型数据）。对古建筑台明、面阔、进深、步长、举高这几处关键性测量数据进行全面统计与比对的结果为：① 在手工直接测量的古建筑外部，三种方法获得的数据相差不大。② 在空间狭窄、手工测量难度大的室内，手测尺寸与点云数据的取值则相差较大。这是因为此时的手工测量多为间接测量，即通过公式计算获得相应数值，过程中存在累计误差等问题；而点云数据都是直接量取获得，且回避了构件轻微歪闪等问题，所以其取值更为准确。

利用测量获取的典型数据，我们绘制了钟粹宫院落内各单体建筑的平、立、剖面图和构件详

---

① 王其亨、吴葱、白成军：《古建筑测绘》，中国建筑工业出版社，2006 年。

图，并总结得出以下结论：院落内的古建筑整体保存完好，除垂花门、游廊为清代晚期添建建筑外，其余古建筑均有明代建筑的时代特征，尤其是钟粹宫正殿具有较突出的明代建筑特征。

三、测绘方法的比较与应用建议

本次对钟粹宫的测绘项目是采用多种技术手段对古建筑进行综合测绘的一次尝试，主要探索了多种测绘技术在古建筑信息记录方面的优缺点及其结合应用的方法。

（一）三种测绘技术的比较

我们从三维激光扫描、数字近景摄影测量、手工测量这三种测绘技术的适用性、数据采集效率、数据精度、数据完整性、主要成果形式和数据价值等几方面对其进行了详细的分析与比较（表一）。

表一 三种测绘技术比较表

	三维激光扫描	数字近景摄影测量	手工测量
适用性	既能获取古建筑及其院落的整体空间信息，也能获取局部复杂形体的精细空间信息	能获取古建筑局部的空间、纹理和色彩信息	能获取古建筑局部的部分空间信息
数据采集效率	高	中	低
数据精度	精度高	可能出现局部变形	直接测量精度高；间接测量精度低
数据完整性	狭小空间的完整性受限	非平面部位的完整性受限；平面部位的完整性高	数据完整性严重受限
主要成果形式	三维点云、点云切片、点云正投影图	三维纹理模型、正射影像	二维线画图
数据价值	可用于古建筑的设计制图、变形监测、立体展示、信息数字化留存	可用于古建筑的原状记录、立体展示、信息数字化留存	可用于古建筑的设计制图、档案信息留存

根据对三种测绘技术多方面特性的比较分析，可得出如下综合评估结论：① 三维激光扫描技术的优势在于能高效获取整体性、控制性的空间数据，且数据精度高，因此它适用于古建筑空间信息的全面采集。② 数字近景摄影测量技术的优势在于能同步获取纹理与色彩信息，因此它适用于古建筑上对图案纹饰数据采集要求高的部位。③ 手工测量的优势在于能通过现场的综合信息来更加准确地判断隐藏部位的局部构造，且操作的灵活性强，因此它适用于古建筑构造细部的数据量取。

（二）测绘方法的应用建议

从比较分析可以看出，三种测绘技术各有优势，在古建筑测绘中无法相互取代，只有结合应用才能做到全面空间信息、色彩纹理信息、构造细部信息的完整采集。

在实际的测绘项目中，我们要依据成果需求选择相应的数据采集手段，即有选择性的使用三维激光扫描、数字近景摄影测量、手工测量等技术来采集古建筑信息，具体可分为以下四种情况（表二）：

表二　成果需求与测绘技术选用对照表

序号	项目需求	测绘技术
1	简略的古建筑测绘	手工测量
2	空间结构复杂的古建筑测绘	三维激光扫描、手工测量
3	图案纹饰价值高的古建筑测绘	数字近景摄影测量、手工测量
4	全面的古建筑测绘	三维激光扫描、数字近景摄影测量、手工测量

综上所述，本项目探索了三维激光扫描、数字近景摄影测量、手工测量这三种技术在古建筑全要素信息采集过程中的应用方法；通过比对进行了数据的精度校验，并绘制了钟粹宫院落内各单体建筑的典型测绘图纸；在分析三种技术多方面特性的优缺点后，提出了根据实际需求选择适当技术的测绘模式。

Summary and Analysis of Comprehensive Surveying and Mapping of the Palace of Accumulated Purity (Zhongcui Gong) in the Forbidden City

WANG Mo

(The Palace Museum, Beijing, 100009)

Abstract: The comprehensive surveying and mapping project of the Palace of Accumulated Purity (Zhongcui Gong) explored the applications of three different technologies, namely 3D laser scanning, digital close-range photogrammetry and manual surveying, in the process of information collection of ancient architecture. Through comparison, the accuracy of the data is verified, and the typical drawings of individual buildings in the Palace of Accumulated Purity courtyard are drawn. After analyzing the advantages and disadvantages of the three technologies in many aspects, the appropriate technology for surveying and mapping are put forwards according to the actual needs.

Key words: the Palace of Accumulated Purity (Zhongcui Gong), 3D laser scanning, digital close-range photogrammetry, manual surveying

洛阳东周王城城墙遗址本体保护研究

闫海涛　　崔新战　　陈家昌

（河南省文物考古研究院，郑州，450002）

摘　要：本文通过对洛阳东周王城城墙遗址的历史文献研究，现状病害勘察，样品分析检测，较为系统全面地梳理了城墙遗址的文物价值，并对该段城墙遗址本体保存状况进行了科学评估，提出了针对性的保护建议。

关键词：保护研究；城墙遗址；洛阳东周王城

一、洛阳东周王城城墙遗址的地理位置

洛阳市位于河南省西部，东邻郑州市，西接三门峡市，北跨黄河与焦作市接壤，南与平顶山市、南阳市相连，东西长约 179 千米，南北宽约 168 千米；地理坐标为东经 112° 16′ ～112° 37′，北纬 34° 32′ ～34° 45′。历史上先后有十三个王朝在洛阳建都，其中从夏朝至隋唐时期较为重要的五大都城遗址包括二里头遗址、偃师商城遗址、东周王城遗址、汉魏洛阳城遗址和隋唐洛阳城遗址。本研究对象：东周王城遗址，便是这五个重要都城遗址的核心组成部分。

东周王城城墙遗址位于今洛阳市老城区王城公园一带，城址的大致范围和今天洛阳的西工区相当。北依邙山，南临洛河，平面大体呈正方形，四周有夯土城墙。东墙总长约 3500 米，墙宽 15 米左右；南墙西起洛阳建专南院，经兴隆寨村，东越涧河，过翟家屯，全长约 3400 米；西墙全长 3000 余米，墙宽 15 米左右。北城墙保持平直，全长 2890 米，墙宽 8～10 米（图一）。

二、东周王城城墙遗址的形制

（一）东周王城遗址

东周王城平面大体呈正方形，四周有夯土城墙，城墙全系夯土所筑，城墙整体形制呈梯形，上部窄，下部宽，夯层厚约 10 厘米。每层夯面都有许多夯窝，夯窝直径大小不一，一般为 2.5～4 厘米。到了战国时期，城墙外侧又经过修补，继续使用（图二、图三）。

（二）东周王城城墙地下遗址

夯土上部已被破坏，上部东西宽 4.55～5.3 米，由于探方西部有电缆，经钻探可知下部东西宽 7.9～8.8 米。夯土墙可分为 A、B 两块。A 块较早，土色为黄花土，土质较松，宽约 1.8 米，厚 1.55-1.65 米，共 18 层夯土，每层厚 0.05～0.15 米，夯层明显，夯质较好，有圆形小夯窝，夯窝较少、分散，径约 0.03～0.05 米、深 0.01 米，出土包含物仅见 2 块陶片。B 块夯土斜压在 A 块夯土上，

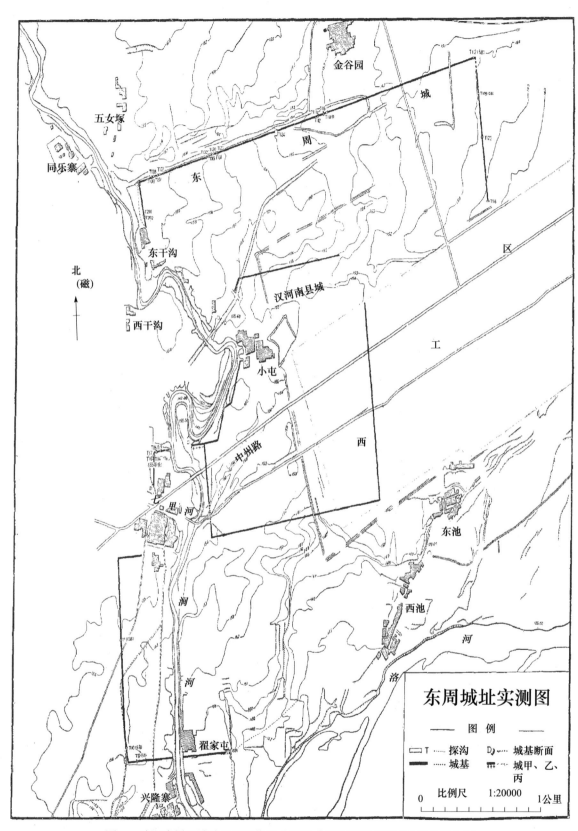

图一 洛阳东周王城遗址地理位置（源于《洛阳涧滨东周城址发掘报告》）

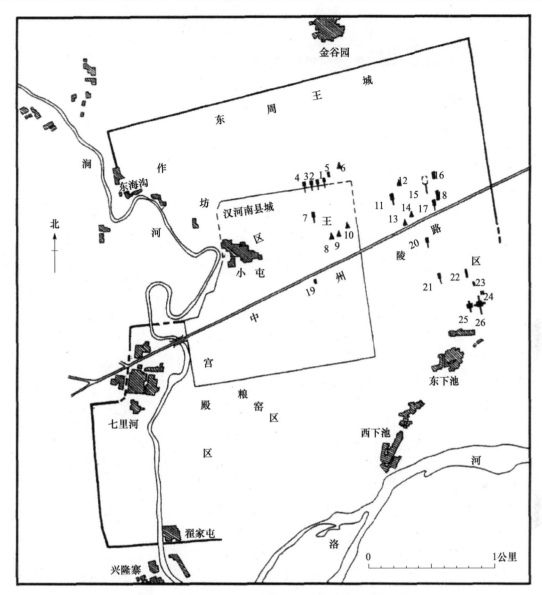

图二　东周王城遗址分布图（源于《洛阳发掘报告》）

土色为灰褐色，土质较硬，填土较杂，上口宽 2.85 米，厚 1.65～3.5 米，夯层不规矩，夹层特别多，共有 37 层，每层厚 0.05～0.25 米，不见夯窝，出土包含物有外斜绳纹内素面的板瓦、陶盆、陶罐残片等。A 块夯土墙向东斜压在一块夯土 C 上，夯土 C 形状不规则，南北长 6.4～10.2 米，东西宽 6.5～7.4 米，深 2.1～2.3 米，土色深褐色，土质较硬，填土较杂，夹层较多，共有 23 层夯层，每层厚 0.05～0.25 米，不见夯窝，出土包含物有外斜绳纹内麻点的板瓦、陶盆残片等。保存较差的一块位于 T15 中，开口扰土层下，南北走向，北偏西 15°。仅见夯土墙西边，东边被现代坑破坏，残宽 0.5～1.9 米，厚 0.7～1.2 米。土色黄褐色，土质较硬，残存夯层 7～12 层，每层厚 0.1～0.15 米，不见夯窝。出土包含物有外斜绳纹内素面的板、筒瓦残片。经钻探以及出土包含物可知这两处夯土墙应同为东周王城西城墙（图四）。

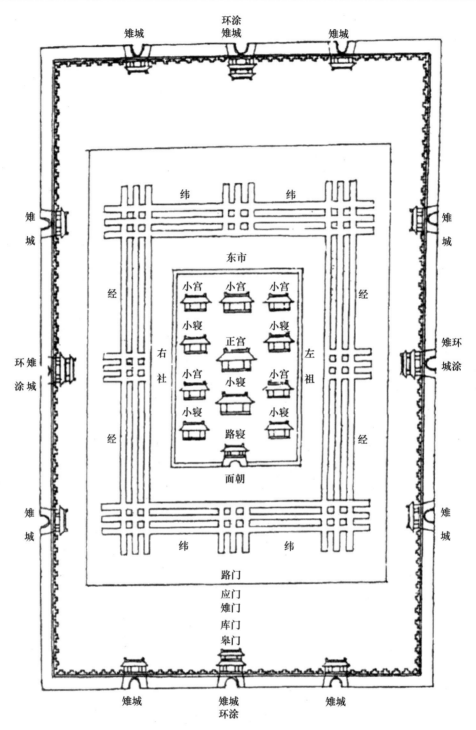

图三　《元河南志》周王城图（庄璟）

（三）东周王城城墙地面遗址

东周王城城墙总长 1.3 万米，现存长度不足 20 米，宽约 14 米，高约 5 米，周围被新开发的楼盘、市场、加油站等居民生活区团团包围，保存环境极差（图五、图六）。

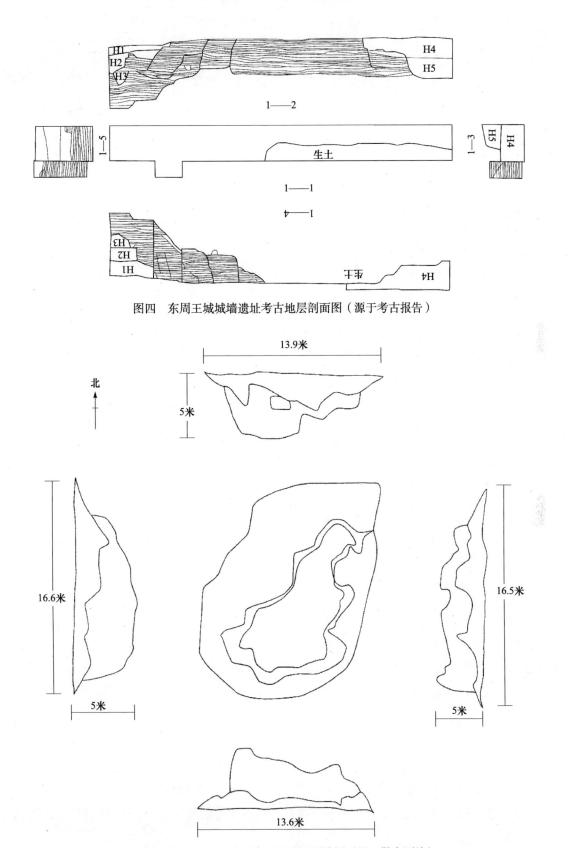

图四 东周王城城墙遗址考古地层剖面图（源于考古报告）

图五 东周王城城墙现存地面遗址测绘图（源于勘察测绘）

由南向北摄　　　　　　　　　　　　　　　　　由东向西摄

图六　东周王城城墙现存地面遗址现状（2017 年 8 月）

三、东周王城遗址的价值评估

（一）历史价值

周平王于公元前 770 年自镐京东迁，兴建东周王城作为国都，其后历 20 余世 300 余年，始终为周王朝的政治、文化中心，在中国古代都城史上占有重要的地位。

春秋时期，尽管诸侯称霸，王室衰微，但东周王城作为天子之都的重要意义，远非列国都城所能比拟。在近三个世纪的历史时期一直处于全国政治、经济、文化、交通的中心，东周王城遗址的发现，为研究周代政治、经济、文化和整个城市发展史提供了珍贵的实物资料，是中国城市考古的重大收获，具有重要的意义。

（二）科学价值

形制清晰、夯筑工艺明确，能够反映当时城墙基本做法特征，是重要的建筑科技史实物；是研究古代城墙建筑技术的历史标志和建筑标本；东周王城整体形制保存良好，为研究古代都城格局提供了实物资料；是研究东周时期古代都城建设和都城布局发展演变历史的一个直接证据。东周王城城墙残损现状，可以作为中原地区地面土遗址文物普遍病害的一个典型案例，在一定程度上促进了土遗址保护科学的进一步发展。

（三）社会价值

东周王城城墙遗址是洛阳市文化资源的重要组成部分，是洛阳市著名的"五大都城遗址之一"，是历史、文物、文化等知识的教育场所，对增强地区文化凝聚力有重要意义，并且有助于提高公众的文物保护意识。东周城墙遗址位于洛阳市区中心，具有良好的展示基础，推动了当地文化旅游事业的加速发展。

四、东周王城遗址的地质环境

（一）区域自然地理环境

洛阳市地处九州腹地，河南省西部，位于中国第二阶梯与第三阶梯交界带，欧亚大陆桥东段。本区位于暖温带地带，气候具有春季多风、气候干旱，夏季炎热、雨水集中，秋季晴和，日照充足，冬季干冷、雨雪稀少的显著特点。全年四季分明，热量、降水量随时间分布具有显著的季节性特点。全年日照时数为2141.6小时，各地差异不大，四季分布为夏多冬少，春秋居中。年均气温12.2~24.6℃，无霜期210天以上，年降水量528~800毫米，年日照为2200~2300小时，年均相对湿度60%~70%。主要自然灾害有旱、涝、雹、暴雨、干热风等。

（二）地层结构及岩性特征

本次勘探揭露深度内，场地除表层普遍分布有厚1.5~1.8m的人工填土，其下属第四系全新统坡、洪积作用形成的黄土状粉质黏土，自上而下，共分为5层，岩性特征分述如下：

① 人工填土（Q42ml）：褐黄~黄褐色，以粉质黏土为主，含砖块、水泥块、灰渣、植物根茎、炭屑等。成分混杂，结构松散。层厚1.5~1.8米，层底高程145.78~146.09米。

② 黄土状粉质黏土（Q41dl+pl）：黄褐色，可塑~硬塑状，孔隙发育，含炭屑、蜗牛残骸，见黑色斑点。无摇振反应，稍有光泽，干强度中等，韧性中等。层厚5.4~5.9米，层底埋深7.0~7.6米，层底高程139.88~140.69米。

③ 黄土状粉质黏土（Q3dl+pl）：褐黄色，可塑~硬塑状，孔隙发育，偶含钙质结核、细砂、粉土，局部富集成微薄层。见黑色、黄色斑块。无摇振反应，稍有光泽，干强度中等，韧性中等。层厚7.5~7.8米，层底埋深14.8~15.3米，层底高程132.28~132.89米。

④ 黄土状粉质黏土（Q3dl+pl）：褐红色，硬塑，孔隙发育，含钙质结核，见黑色斑点，块状结构。无摇振反应，稍有光泽，干强度中等，韧性中等。层厚6.1~6.3米，层底埋深21.0~21.5米，层底高程126.08~126.69米。

⑤ 黄土状粉质黏土（Q3al+pl）：褐黄色，可塑，孔隙发育，含细砂、粉土，见黑色斑块及锈斑。无摇振反应，稍有光泽，干强度中等，韧性中等。该层未揭穿，最大揭露层厚4.0米。

五、东周王城遗址历史沿革

新中国成立后针对东周王城遗址开展了一系列的考古发掘与文物保护工作，主要包括以下几个方面：

① 1954年，中国科学院考古研究所通过调查与勘探，在现洛阳市西工区王城花园一带发现了东周王城遗址。② 1955~1957年，中国社会科学院考古研究所先后对东周王城的西城墙、南城墙进行了发掘。其后，洛阳市文物工作队又进行过二次发掘。同年，中国科学院考古研究所洛阳工作

站在汉屯路汉屯路（纱厂路至解放路段）钻探出四座呈"甲"字形的东周墓。③ 1988 年，东周王城在现存城墙处，树立了第一块保护标志牌。④ 1992 年，洛阳市文物工作队为配合洛阳市王城公园觅乐宫的基建工程，在东周王城遗址区内清理烧造冶炼工具的古窑址。⑤ 1998 年，洛阳市文物工作队在洛阳市 613 研究所发掘了春秋战国时期墓葬 30 余座；在东周王城的北部，现纱厂西路南，涧河东岸，发现了战国陶窑 18 座；同年，在东周王城遗址区的东南部清理出一道呈东西走向的夯土隔墙。⑥ 1999 年，洛阳市文物工作队在行署路与临涧路交叉口西南侧的东周王城遗址内发现大型夯土基址。⑦ 2015 年，为保护现存城墙遗址，洛阳市文物考古研究院在遗址上部搭建了临时保护棚。

六、东周王城城墙遗址现状勘察

（一）城墙遗址病害情况

现存病害类型主要包括城墙本体高大根系植物滋生，墙体开裂、坍塌，表层风化酥粉，顶部柱洞坑洼等。高大根系植物滋生病害遍布整个城墙本体，城墙内外侧面相对集中。墙体开裂、坍塌病害集中分布在西城墙豁口处，面积约 100 平方米；表层风化酥粉病害遍布整个城墙内外侧面，面积约 300 平方米；柱洞坑洼病害分布在整个城墙顶部，体积约 50 立方米。

其中对城墙本体破坏严重，威胁遗址安全稳定的病害主要包括高大植物滋生、墙体开裂坍塌和城墙顶部柱洞坑洼。这些类型的病害分布范围广，发展速度快、危害程度高。

1. 墙体开裂

类型 I：

夯土层脱离城墙本体，大面积纵向劈状开裂，最长处可达 200 厘米，裂缝宽度大都在 5 厘米以上，最宽处可达 20 厘米，集中分布在断面与较大根系植物滋生处，该类型的开裂病害直接威胁着整个城墙的稳定性（图七）。

图七　东周王城城墙开裂病害（2017 年 8 月摄）

类型Ⅱ：

夯土层开裂方向多呈无规则的树枝状，裂隙宽度相对较小，大都在1～5厘米范围之内，雨水极易沿着裂缝渗透到城墙内部，进一步发展形成类型Ⅰ，从而造成城墙本体严重破坏。

2. 墙体坍塌

城墙坍塌是夯土层开裂病害进一步发展的结果，坍塌病害分布范围广，遍布整个城墙遗址。其中对城墙稳定性造成严重威胁的坍塌：垂直方向上集中在城墙基础处；上部出现的滑坡坍塌；水平方向上集中在民居、道路等人类活动频繁处。威胁遗址安全的坍塌病害将对城墙本体造成毁灭性破坏，亟待治理。

3. 墙体残缺

城墙内部由于人为取土、掏洞、雨水冲刷等破坏导致残缺，外观表现为窑洞、透洞、柱洞、冲沟等（图八）。

图八　东周王城城墙残缺病害（2017年8月摄）

4. 墙体生物滋生

整个城墙表面布满了各种植被，夏秋季节植物叶茎将整个遗址本体完全覆盖，城墙本体仅见一团绿色隆起，城墙遗址原始状态无存。在城墙夯层断面发现大量土蜂蜂窝，不仅破坏了城墙外观风貌，更是加快了城墙本体破坏速度。

5. 墙体风化、酥粉

城墙夯土层表面风化、酥粉深度达5～10厘米不等，风化、酥粉面积约800平方米。覆盖范围广泛，病害严重，且在进一步发展；但从近期看，其对城墙本体的稳定性并不造成严重威胁，需要开展相应保护研究工作。

6. 墙体表面泛白

城墙本体夯土层外表面接近顶部处存在大面积泛白现象，尤其侧面陡坡新开裂位置更加集中，疑似可溶盐结晶。同时还发现，泛白处夯土层风化、酥粉也非常严重。

（二）城墙遗址周边环境

城墙遗址位于居民区，四周被居民楼、市场、道路、加油站等民生设施包围，保存环境非常复杂。

（1）市场扩建：由于缺少警示标牌和围栏，市场紧邻城墙本体建设，致使该段城墙遭到蚕食，而且还在继续发展。

（2）挖墙取土：附近居民从此处挖墙取土用来建房、修路等，严重破坏了该段城墙本体的完整性，人为造成了墙体的缺失。

（3）人畜踩踏：当地居民及夜市经营者在城墙遗址附近逗留玩耍，或直接从部分墙体抄近路穿过，对墙体进行踩踏造成破坏。

（4）基础建设：城墙遗址东部的居民小区及北部的道路、加油站等在建设过程中，无不对城墙遗址本体进行侵蚀破坏。尤其在城墙遗址南立面，更加明显可见大型机械挖土作业的痕迹。

（三）城墙遗址土体样品分析检测

利用离子色谱、X 射线衍射、X 射线荧光及万能材料试验仪等方法，对城墙夯土的含盐量、矿物成分、元素组成、抗压强度等方面进行分析检测（图九～图一四）。

1. 样品来源

样品选自城墙遗址上的原状土，在夯层裸露明显的南立面选取两个原状夯土作为检测对象，主要测定其矿物元素组成和物理力学性能。另外在遗址四周选取几个土样主要测定其可溶盐类型及含量，以此确定土体表面白色结晶物是否为可溶盐。

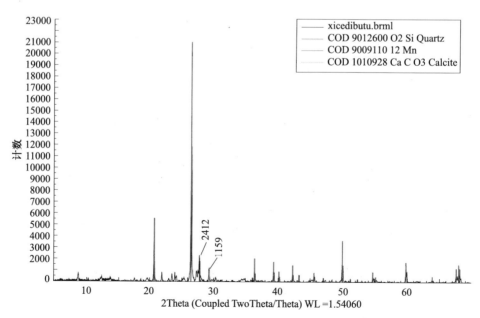

图九 西侧底部土 XRD 图

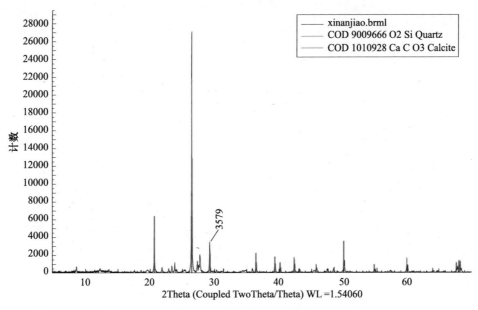

图一〇　西南角土 XRD 图

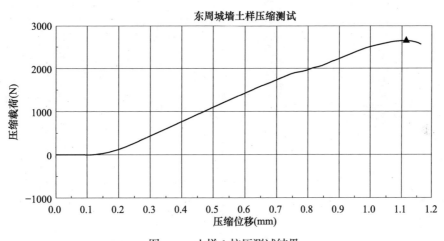

图一一　土样 1 抗压测试结果

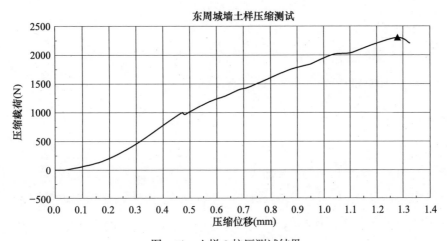

图一二　土样 2 抗压测试结果

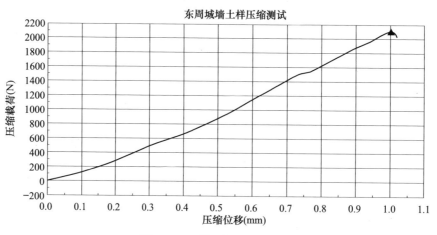

图一三 土样 3 抗压测试结果

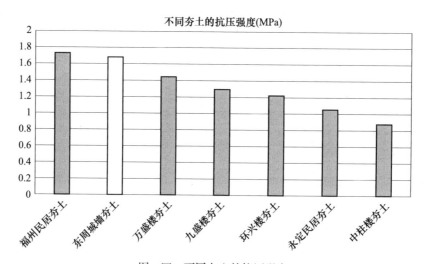

图一四 不同夯土的抗压强度

2. 仪器条件

①X 射线衍射仪 D8 ADVANCE：德国布鲁克；实验条件：阳极 Cu 靶，管压和管流分别为 40KV 和 40mA，扫描范围 2θ 为 5°～70°，扫描步长 0.010°。

②ISC-1100 离子色谱仪。

③布鲁克 S2 型 X 射线荧光光谱仪：德国布鲁克。

④ISTRON3369 万能材料试验仪：美国波士顿。

3. 分析检测结果

（1）土体性能测定

①X 荧光土样组成元素分析检测结果如表一。

②利用 X 射线衍射仪对土样进行检测分析，结果如表二。土样的主要成分均是 SiO_2 和 $CaCO_3$。

③土样的抗压强度是衡量土体承载力的重要指标之一。本实验的目的在于检测东周城墙土体的抗压强度，仪器为 ISTRON3369 万能材料试验仪。

表一 土样 X 荧光分析检测数据

序号	Na	Mg	Al	Si	S	Cl	K	Ca	Ti	Mn	Fe
1	0.674	2.66	13.8	65	0.506	0.281	3.04	8.37	0.803	0.103	4.56
2	0.556	2.8	15.2	67.5	0.35	0.218	3.05	4.07	0.877	0.102	4.99

表二 X 射线衍射分析检测

序号	土样编号	物相	矿物名称	图谱
1	西侧底部土	SiO_2、$CaCO_3$	石英、方解石	图九
2	西南角土	SiO_2、$CaCO_3$	石英、方解石	图一〇

测量三个样品，计算平均值，结果如表三所示，抗压试验载荷 - 位移图见图一一～图一三。

表三 土样抗压强度值

样品名称	抗压强度 /Mpa			
	1	2	3	平均值
东周城墙土样	1.886	1.634	1.509	1.676

如图一四所示，对比现代一些土样的抗压强度。为更加直观地表现出东周城墙夯土与现代夯土的抗压强度比较，列出柱状图并按从大到小进行排列，可以直观地看出东周城墙夯土排在第 2 位，说明城墙夯土承载能力较好。

（2）土体可溶盐测定

为了研究该白色物质的成分及无机盐离子含量，以及城墙夯土块内部可溶盐含量状况，进而分析可溶盐来源，分别在城墙表面与坍塌夯土层处选取具有代表性的样品，采用 X 射线衍射定量法与离子色谱法进行分析，结果见表四与表五。

表四 X 射线衍射定量分析组成样品的矿物成分

编号	样品名称	样品 X- 射线衍射分析结果
1	纱厂东路 - 焦土	钠长石 $NaAlSi_3O_8$ 石英 SiO_2
2	纱厂东路 - 东 1	钠长石 $NaAlSi_3O_8$ 石英 SiO_2
3	纱厂东路 - 南 2	石英 SiO_2
4	纱厂东路 - 西 3	钠长石 $NaAlSi_3O_8$ 方解石 $CaCO_3$ 石英 SiO_2
5	纱厂东路 - 北 4	钠长石 $NaAlSi_3O_8$ 石英 SiO_2

表五　可溶盐离子含量测试结果

编号	样品名称	Cl^-	SO_4^{2-}	NO_3^-
		样品量（g/kg）	样品量（g/kg）	样品量（g/kg）
1	纱厂东路—东1	0.655	5.366	0.827
2	纱厂东路—南2	0.895	3.163	1.277
3	纱厂东路—北4	0.475	5.127	0.885

表四与表五数据可以推断，白色结晶以硫酸盐、硝酸盐为主，且含量极高。夯土块内部也含有同样类型的可溶盐阴阳离子，说明城墙夯土层外表面是可溶盐富集区，其来源于城墙内部。新鲜断裂处外表面泛白更加明显，再次印证可溶盐是因水分蒸发产生动力，经毛细管富集于夯土层外表面而析出。可溶盐的溶解—结晶循环会产生强大张力，进而导致城墙出现风化、酥粉等病害。

（四）城墙遗址病害原因分析

东周王城城墙面临着的问题是多元的、综合的。概括起来可分为以下三个方面：

① 管理方面→东周王城城墙现仅存 20 米，分布在居民生活区范围内，管理难度大。

② 环境影响→整个城墙遗址处于野外露天环境中，周围与民居、市场等混杂在一起，城墙周边垃圾横飞，植物滋生，居民生产、生活等活动很容易伤害到城墙本体。

③ 本体固有缺陷→城墙为次生黄土夯筑而成，历经千载风吹雨淋，易于出现各种病害，夯土层表面风化、酥碱，盐分结晶等极其严重。

导致遗址出现病害的因素概括起来包括自然因素和人为因素，具体阐述如下：

① 自然因素：主要包括风蚀、雨淋、温差变化、生物滋生等。

② 人为因素：主要包括挖墙取土、人为踩踏、基础建设、缺乏管理维护等。

七、结　语

① 现存城墙遗址位于洛阳市老城区，周边交通便利，方便游人参观；城墙现存部分墙体制作工艺清晰，夯层、夯窝明显，历史传承有序，基本形制等信息保留完好；具有极高的历史价值、科学价值和社会价值。

② 城墙土质以二氧化硅和方解石为主要组成成分，砌块物理强度较高，在不受外界干扰情况下，墙体自身直立性较好，为长期保存奠定了基础。

③ 城墙遗址出现的病害类型主要包括墙体开裂、局部坍塌、残缺陡坡、植被滋生、泛盐风化等，病害类型多，严重程度高，已经威胁到遗址安全稳定。

④ 城墙遗址长年荒芜，缺乏定期管理维护；洛阳地处暖温带降雨频繁，并不乏极端暴雨天气；近年来周边道路、住宅、市场、加油站等基础建设盛行，行人踩踏、挖墙取土等现象时有发生；这些因素共同作用是导致城墙遗址出现病害的主要原因。严重破坏了东周王城城墙千百年来赋存的历史环境，同时对城墙本体自身稳定性和长期健康保存带来严重威胁。

⑤ 为有效保护城墙遗址，应尽快采取抢救性保护措施，实施城墙本体保护工程，建议从以下

几个方面开展工作：采取物理与化学相结合的措施清除城墙本体现存高大植被；回填洞穴、修补裂隙、加固风化剖面；培土支护城墙四周陡峭立面，避免遗址进一步坍塌破坏；城墙上部修筑保护棚，城墙四周修筑排水系统，避免雨水冲刷侵蚀；设置保护围栏与标示牌，设置完全覆盖的无线网网络监控系统，加强日常管理与维护；逐步改迁破坏城墙本体赋存环境的夜市市场、加油站等建设。

参 考 文 献

考古研究所洛阳发掘队：《洛阳涧滨东周城址发掘报告》,《考古学报》1959 年第 2 期。

洛阳市文物考古研究院：《洛阳东周王城城墙遗址 2013 年度发掘简报》,《洛阳考古》2015 年第 4 期。

聂晓雨：《从考古发现看洛阳东周王城的城市布局》,《中原文物》2010 年第 3 期，第 51～55 页。

中国社会科学院考古研究所编：《洛阳发掘报告》, 燕山出版社，1989 年。

Preservation of the City Wall Ruins of the Eastern Zhou Dynasty in Luoyang

YAN Haitao, CUI Xinzhan, CHEN Jiachang

(Henan Provincial Institute of Cultural Relics and Archaeology, Zhengzhou, 450002)

Abstract: Based on the historical literature research, current disease investigation and sample analysis, this paper systematically and comprehensively sorted out the cultural relic value of the city walls of the East Zhou Dynasty in Luoyang, and scientifically assessed the preservation status of city wall ruins and put forward specific protection suggestions.

Key words: protection research, city wall ruins, city of the Eastern Zhou Dynasty in Luoyang

钻入阻力仪在云冈石窟砂岩表层风化原位评价中的试验研究

周华[1] 胡源[2] 高峰[2]

（1. 北京联合大学应用文理学院，北京，100191；2. 中国文化遗产研究院，北京，100029）

摘　要：钻入阻力仪可通过微芯钻孔的方式，采集不同钻孔位置深度剖面上的钻削阻力曲线图，根据单位深度上测得的钻削阻力值差异状况，来判定被测物体的内部结构及风化状况。本文采用钻入阻力仪对云冈石窟风化砂岩进行了钻入试验，在10毫米直径金刚石钻头下，测定岩石表面0-20毫米深度的钻削阻力曲线。试验发现不同风化类型有不同的强度变化曲线，紧密型粒状风化、片状风化、空鼓均有特征明显的强度变化曲线，并根据钻削阻力曲线得出风化的深度，空鼓的厚度。另外根据所测得的风化和新鲜砂岩的钻入阻力仪值，尝试定义了云冈石窟所测区域风化砂岩的风化程度 k。虽然该试验比较初步，但该试验研究为砖石文物风化程度及力学强度现场原位测试提供了新的思路。

关键词：钻入阻力仪；风化深度；风化程度；单轴抗压强度

一、概　　述

风化深度是岩石材料劣化程度、耐久性评价和保护方案制定的重要依据。目前，确定石质文物风化深度的方法多是通过物理、化学、矿物成分等单一指标或多个指标沿深度的变化趋势来确定岩石的风化深度[1]，然而这些测试均需取样分析。基于现场原位无损及微损检测的重要性，黄克忠[2]，谢廷藩[3]，钟世航[4]，李宏松[5]等曾使用过微电极测深研究云冈石窟的风化深度，取得了一定的成果。Hélène Svahn[6]，李宏松[7]等人使用声波法和锤击法评估和表征岩石及其劣化情况及保护效果，对表面平整的岩石测试效果较好，然而该方法很难在粗糙的表面和对复杂的形状进行测试[8][9]。

基于现有岩石强度测试方法的局限性，1996年，由多国研究者组成的国际小组开展基于钻入阻力仪标准试验方法的欧共体硬岩项目。F. Fratini，S. Rescic，P. Tiano 对单轴抗压强度测试和钻入

---

① 刘成禹、何满潮：《石质古建筑风化深度确定方法》，《地球科学与环境学报》2008年第30卷第1期，第69~74页。
② 黄克忠、钟世航：《云冈石窟石雕风化的微测深试验》，《文物保护与考古科学》1989年第1期，第28~33页。
③ 黄克忠、谢廷藩：《云冈石窟石雕的风化与保护》，《文物保护与环境地质》（潘别桐，黄克忠主编），中国地质大学出版社，1992年，第19~33页。
④ 钟世航：《地球物理技术在我国考古和文物保护工作中的应用》，《地球物理学进展》2002年第17卷第3期，第498~506页。
⑤ 李宏松、翟松涛：《微电极测深系统在石质文物表层劣化检测中的应用研究》，《工程勘察》2010年第5期，第78~83页。
⑥ Hélène Svahn. Non-Destructive Field Tests in Stone Conservation Literature. Study Final Report for the Research and Development Project, 2006, (3): 32-36.
⑦ 李宏松：《大足宝顶山摩崖造像岩体表层风化深度的研究》，《第四届全国青年工程地质大会论文集》，地质出版社，1997年。
⑧ CHARLES J. HELLIER（戴光，徐彦延译）：《无损检测与评价手册》，中国石化出版社，2006年，第149~161页。
⑨ 姚远：《超声波法在检测石质文物病害方面的试验研究》，中国地质大学，2011年。

阻力仪强度测试方法进行了比较研究[①], Exadaktylos[②③], Theodoridou[④] 也分别研究了钻入阻力仪的有效性。杨盛等人采用抗钻强度测试等方法对材料的渗透深度和加固补强效果进行了评估[⑤]张景科对弹子石摩崖造像表层风化特征与程度开展了研究[⑥]。本文采用钻入阻力仪对云冈石窟砂岩进行了钻入试验，对不同风化类型的砂岩的风化深度和风化程度进行原位测试和研究。

二、钻入阻力仪原理

钻入阻力仪指的是测定在恒定旋转速度和进尺速度下，钻入设定深度所需要的力，一般而言，钻入一定深度所需的力越大，则样品抗钻强度就越高。设备软件采集不同钻孔位置上的钻削阻力曲线图，根据单位深度上测得的钻削阻力值波动频率的变化次数及波峰波谷之间的差异状况，来判定被测物体的内部结构及风化状况。

三、现场实验研究及测试结果

（一）测试位置及方法

本课题采用此方法对云冈石窟岩面的风化程度进行评价，云冈石窟始凿于北魏兴安二年（453年），是世界闻名的石雕艺术宝库之一。1961年国务院公布为全国重点文物保护单位，2001年被列为世界文化遗产。云冈石窟保护区主要是中生界侏罗系云冈组和新生界第四系上更新统及全新统地层。在经历一千多年的风雨侵蚀、自然灾害、战争等破坏后，石窟风化严重，损毁破坏现象十分普遍。测试地点为云冈石窟东侧冲沟（位于4、5号窟之间）的西侧石窟的外壁面。呈现不同程度的片状风化，空鼓及粒状风化现象（图一）。

本试验测试条件为：在10mm直径金刚石钻头，测定岩石表面0～20mm深度的钻入阻力，进尺速度：10mm/min，旋转速度：60rpm，得到试验区砂岩的钻削阻力曲线。测试过程中，需先将三脚架置于稳定位置，将钻头对准要测试区域，并紧紧压在待测物体表面，释放按钮，开始测试并观察显示器上的变化曲线，当钻头无法钻入状态时，停止钻入，关掉按钮。根据测试的变化曲线对岩石风化情况进行分析。

---

① F. Fratini, S. Rescic, P. Tiano. A new portable system for determining the state of conservation of monumental stones Materials and Structures (2006) 39:139-147.

② Exadaktylos, G., et al. In situ assessment of masonry stones mechanical properities through the micro-drilling technique. In Structural Studies, Repairs and Maintenance of Heritage Architecture VII. 2003, 177-182.

③ Exadaktylos, G.; Papadopoulos, Ch.; Stavropoulou, M. and Athanassiadou, A.; Lab and in situ assessment of masonry stones mechanical properties through the micro-drilling technique; In Structural Studies, Repairs and Maintenance of Heritage Architecture VII; Editor: Brebbia, C. A; 2003, 173-182

④ Magdalini Theodoridou. Physical and mineralogical changes of Hungarian monumental stones exposed to different conditions: stone-testing in-situ and under laboratory conditions. Doctorial Thesis University of Bologna 2009:64-66

⑤ 杨盛、韦荃、Mathias Kocher、蒋成、付成金：《安岳圆觉洞石刻区防风化加固保护研究》，《中国文物保护技术协会第七次学术年会论文集》，2012年，第218～225页。

⑥ 张景科、王玉超、邵明申、梁行洲、李黎、张理想：《基于原位无/微损测试方法的砂岩摩崖造像表层风化特征与程度研究》，《西北大学学报（自然科学版）》2021年第51卷第3期，379～389页。

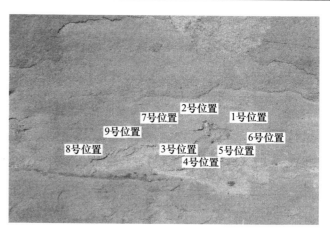

图一 测试现场与测试位置：云冈石窟东侧冲沟（位于 4、5 号窟之间）的西侧石窟的外壁面

（二）测试结果及分析

1. 紧密型粒状风化的测试结果（以 2 号位置为例）

2 号位置测量：该区域为片状风化边缘，质地较硬，未见空鼓；从测试曲线图二可知，该测试区域由于强度较高，在进尺速度：10mm/min，旋转速度：60rpm 条件下，未能进行有效的钻入，根据曲线变化可知在不到 0.1cm 的深度内抗钻系数较小，然后抗钻系数迅速增大，在 0.11cm 处达到 28s/mm，在 0.15cm 深度抗钻系数再次迅速增大，然而钻入深度仍较小，说明该区域强度较高，风化深度较浅，风化仅体现在 2mm 深度内。

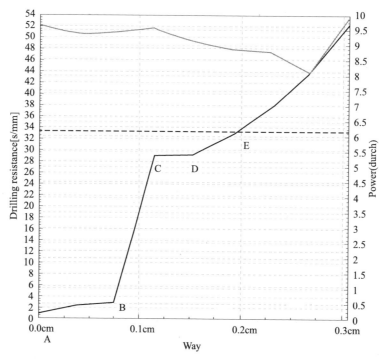

图二 2 号粒状风化测试结果

2. 片状风化测试（以 6 号位置和 9 号位置为例）

对 6 号位置钻入阻力仪测试，发现 0～0.6cm 深度为表面结壳的厚度，其抗钻系数较低为 1s/mm 左右，0.6～0.875cm 为空鼓区域，抗钻系数为 0.5s/mm；在 0.925cm 深度后，抗钻系数急速增大，在 0.925cm 处达到 11s/mm，可判断为风化区；而后在 0.925～1.1cm 处抗钻系数迅速增大，直至新鲜岩石（图三），整个空鼓区厚度为 0.9cm。

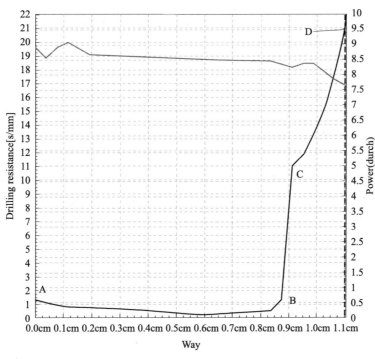

图三　6 号片状风化测试结果

对 9 号位置钻入阻力仪测试，样品在 0～0.4cm 深度内，为空鼓区，0.4～1.05cm 深度内，岩石抗钻系数迅速增大，可判断为弱风化区，在 1.05～1.2cm 深度内，抗钻系数不变，在 1.2cm 深度处，岩石抗钻系数再次迅速增加，为新鲜砂岩区（图四）。从测试曲线可判断，该区域为片状风化，有大面积空鼓区；测量发现该位置表层强度很低，整个空鼓区厚度为 0.4cm，风化壳底部有风化产物，风化层厚度 1.05cm 左右。

3. 空鼓风化测试（以 5 号和 7 号位置为例）

5 号位置测试（图五），该区域为片状风化，有大面积空鼓区；经过测试，发现 0～0.5cm 深度为表面结壳的厚度，其抗钻系数较低，为 7s/mm 左右，0.5～1.55cm 为空鼓区域，抗钻系数为 0；在 1.55cm 深度后，抗钻系数急速增大，在 1.65cm 处达到 33s/mm；而后在 1.65～1.76cm 处抗钻系数不变，仍为风化区，在 1.76cm 以后抗钻系数迅速增大，直至新鲜岩石。可发现该位置风化壳厚度为 0.5cm，空鼓区厚度为 1.05cm，及风化层厚度 1.7cm 左右。

对 7 号位置测试（图六），发现 0～0.5cm 深度为表面结壳的厚度，其抗钻系数较低为 10s/mm，0.5～0.65cm 为完全空鼓区域，抗钻系数为 0；在 0.65～0.78cm 深度，岩石抗钻强度缓慢增大，仍为

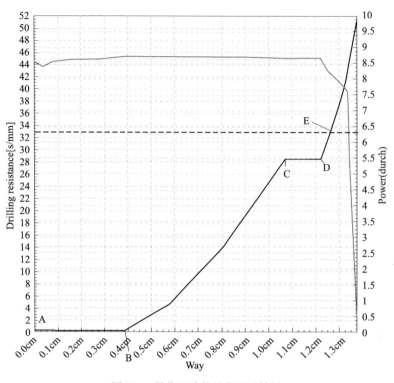

图四 9 号位置片状风化测试结果

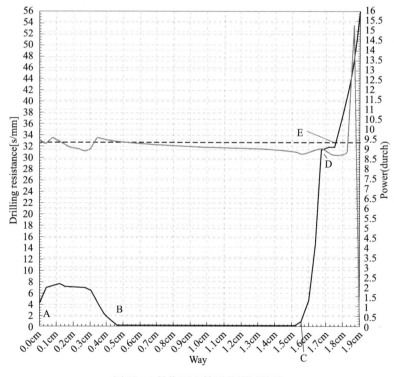

图五 5 号位置空鼓风化测试结果

强风化区；在 0.78～0.8cm 处，岩石强度迅速增大，达到 30s/mm；在 0.8cm 强度迅速增大至新鲜岩石。该位置风化壳厚度为 0.5cm，空鼓区厚度为 0.3cm，及风化层厚度 0.8cm 左右。

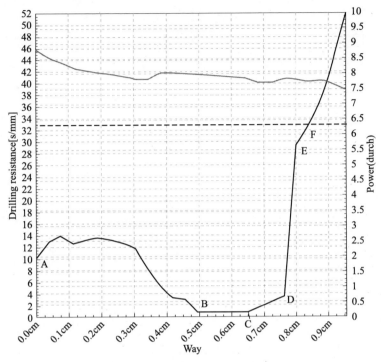

图六　7号位置空鼓风化测试结果

四、讨论与分析

（一）钻入阻尼系数和钻入深度关联性分析

根据钻入阻力系数 DR（J/mm）=power（W=J/s）× 钻入时间（s/mm）得出钻入阻力系数和钻入深度的关系。对 9 号位置片状风化类型的分析可知，图 4 中 A、B、C、D 点对应位置的抗钻系数为 0，238，238，288J/mm，如图七所示。

（二）风化程度评价与分析

1. 单轴抗压强度和钻入阻力系数关系

由于钻入阻力试验方法所具有的技术优势，钻入阻力仪被推荐为表征岩石硬度和评价石质材料加固处理效果的标准工具。另外，Pamplona 等人发现钻入阻力和单轴抗压强度、表面硬度之间有良好的相关性[①]，并得出单轴抗压强度（x）与钻入阻力系数（y）之间的关系为线性关系，并且相关数学关系可

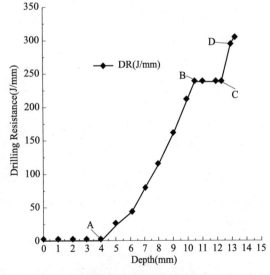

图七　钻入阻尼系数与钻入深度关系曲线

---

① Marisa Pamplona, Mathias Kocher，张金凤译：《钻入阻力技术在石质文物保护中的应用：回顾和展望》，《文物科技研究》2010 年第 7 期，第 203～213 页。

为：$y=0.069x$（$R^2=0.98$）。

结合文献给出了的新鲜中粒砂岩的天然单轴抗压强度为40.5～41.5Mpa[①]。经单轴抗压强度与钻入阻力系数相关函数计算得知新鲜中粒砂岩的钻入阻力系数为：DRi=2.7945～2.8635N/mm，

由于钻头大小为1cm，DRm=DRi/l=279.45～286.35J/mm，平均值为282.9J/mm。

2. 风化程度评价及分级

因为所测的风化砂岩为云冈石窟典型粗砂岩。将风化岩石的值与新鲜岩石的值的比值定义为该种岩石的风化程度k，即：

$$k=\frac{L_w}{L_f} \tag{1}$$

其中，k为风化程度，其范围为（0，1]。该值越小，则风化程度越强。而L_w和L_f分别为风化和新鲜岩面的钻入阻力值。

根据图七可知，A、B、C、D号深度的钻入阻力值的0、238、238、288J/mm，而新鲜砂岩的钻入阻力值的平均值L_f为282.9。将上述L_w和L_f代入公式（1），可知A、B、C、D号深度的风化程度k分别为0、0.841、0.841、1。

若将该区域风化状况风化程度进行分级，可得到OA区间，钻入阻力仪系数几乎为零，可判断为强风化区，AB区域，钻入阻力仪系数均匀增加，可定为中等风化区域；BC区域，钻入阻力系数保持不变，可定为弱风化区；由于D位置钻入阻力系数值还略高于新鲜砂岩的值，可以判断D位置已达新鲜岩石层，则CD区域可判断为微风化区域。

$$\text{而阻力系数 DRm（J/mm）=power（W=J/s）× 钻入时间（s/mm）} \tag{2}$$

由测量参数可知，测试过程中功率约为8.5J/s；则计算得新鲜砂岩的钻入时间为：32.88～33.69s/mm。

通过钻入阻力仪强度 - 深度曲线与钻入阻力仪时间 - 深度曲线，及通过单轴抗压强度与钻入阻力系数相关函数计算结果可知，该曲线D点位于新鲜岩石层，其钻入阻力仪时间为32s/mm。对新鲜中粒砂岩的钻入阻力仪时间计算结果为：32.88～33.69s/mm，而D点钻入阻力仪时间为37s/mm＞33.69s/mm，D点位于新鲜砂岩处。则对不同风化类型不同深度剖面进行风化程度评价（表一）：

表一　钻入阻力风化程度分级表

类型	位置	A	B	C	D	E	F
紧密型粒状风化	2号	0.03	0.091	0.879	0.879	1	
松散型鳞片状风化	6号	0.03	0.03	0.333	0.636	—	
松散型鳞片状风化	9号	0	0	0.879	0.879	1	
片状风化 - 空鼓	7号	0.303	0.02	0.02	0.091	0.879	1
片状风化 - 空鼓	5号	0.121	0	0	0.939	1	

---

① 晏鄂川、方云：《云冈石窟立柱岩体安全性定量评价》，《岩石力学与工程学报》2004年第23卷（增刊2），第5046～5049页。

从表一中可知，不同风化类型具有不同的风化变化趋势，由于钻入阻力系数可以反映岩石的强度，则对于片状风化而言，一般有四个拐点，分别为片状层前位置（9号位置的B点）片状层后位置（9号位置C点），严重风化位置（9号位置D点），微风化位置（9号位置E点）。另发现对于空鼓型片状风化，其严重风化 - 新鲜砂岩位置强度变化大，深度较浅，一般不超过2mm。

从钻入阻力时间 - 深度曲线上，很容易得知对空鼓类型的片状风化中的空鼓位置和深度进行定位。

五、结　语

① 通过实验室和云冈石窟现场测量试验，可知由于云冈石窟粗粒长石砂岩较多，颗粒较大，一些颗粒和钻入阻力仪钻头大小相当，导致一些位置的测量极易受到影响，并很难钻入。另外，由于不同的风化形式，对岩石表层的结构变化影响不一，粗砂岩表面粒状风化和鳞片状风化，强度降低不明显，很难采用钻入阻力仪进行测量。

② 表面疏松的片状风化和空鼓则在钻入阻力仪下较好测量。并能得出风化层的厚度。为进一步的保护措施提供依据。

③ 钻入阻力仪因具有冲击能量小、对岩石的强度变化比较敏感等特点，使其可以应用到石质文物的无损测量中。在山西云冈石窟的应用表明，该仪器可以用于评价风化砂岩的风化程度。根据所测得的风化和新鲜砂岩的钻入阻力仪值，定义了云冈石窟风化砂岩的风化程度 k [即公式（1）]，并据此得到了4个测试深度的风化程度分别为0, 0.841, 0.841, 1。笔者认为，可以在实验室内测定几种不同层位的新鲜岩石的钻入阻力值作为标准值，将现场测到风化岩壁的阻力值与之对比，即可得到该处岩壁的风化程度。还得出了上述4个风化深度的单轴抗压强度分别为0、34.49、34.49、42.90Mpa。

本次测试试验比较粗浅，但该试验研究为石质文物风化程度及力学强度现场原位测试提供了新的思路。

The Drilling Resistance Research on the Sandstone Surface Weathering of Yungang Grottoes

ZHOU Hua[1], HU Yuan[2], GAO Feng[2]

(1. College of Applied Arts and Science, Beijing Union University, Beijing, 100191; 2. Chinese Academy of Cultural Heritage, Beijing, 100029)

Abstract: Drilling resistance is the equipment to measure the rock profile strength with the depth of change in the structure of ancient and modern buildings, it could be used in the lab and heritage site and could take rock quality evaluation and conservation evaluation. The paper showed the drilling resistance experiment on coarse sandstone of Yungang Grottoes. It found that due to the impact of the coarse grain of sandstone, especially quartz particles, only the area of weathering formed by loose of sheet and detachment, were under better measurement. The results can come up with the weathering depth and the thickness of the detachment. According to the drilling resistance data of weathering and fresh sandstone, it defined the degree of weathering 'k', and the degree of weathering of four test area of Yungang Grottoes were 0、0.841、0.841、1. Although the test is preliminary, the study provides a new idea for in-situ testing of weathering degree and mechanical strength of stone cultural relics.

Key words: drilling resistance, weathering depth, degree of weathering, uniaxial compressive strength

综合物探在开封繁塔基础勘察中的应用研究

刘晨辉

（河南省文物建筑保护设计研究中心，郑州，450002）

摘　要：河南地区古塔数量众多，受多重因素影响台基周边基础通常存在沉降和软化等问题，对古塔安全造成威胁，而对古塔的保护工作需要翔实的地质勘察数据支撑。以开封繁塔为例，在现场勘察的基础上，引入高密度电法、地质雷达的无损物探技术，对台基平台、周边基础的地质问题进行详细勘察，解译基础的破碎程度及软弱带的位置、空间展布情况。探测结果表明：综合物探是一种勘察文物建筑基础的有效手段，在避免对文物建筑造成负面影响的基础上，高密度电法和地质雷达可由垂直及水平方向上的地质体物性变化规律初步推断地质情况，可为进一步采取防治与保护措施提供技术支持。

关键词：综合物探；基础勘察；高密度电法；地质雷达

一、引　　言

河南地区的古塔文化在全国现存文物建筑中特色鲜明，不仅数量是全国之最，其价值与特征均得到广泛关注，砖、石、木、土、琉璃等各种类型百花齐放。繁塔始造于北宋开宝七年（974 年），位于河南省开封市东南郊外，是一座周身遍镶 108 种、6925 块佛像砖的六角形楼阁式仿木结构砖塔，亦是全国重点文物保护单位北宋东京城遗址的重要组成部分。从现场勘察结果看，繁塔兀立于古都开封已千年有余，自然侵蚀、材料劣化和人为破坏等多重因素导致塔体存在局部地基软化，基础不均匀沉降等一系列明显病害，故查明塔体赋存的地质环境对于文物建筑养护和修缮具有指导意义。在实际工作中，考虑到文物建筑的不可再生性，探查文物建筑地质环境时要求不对文物造成负面影响。

以无损勘察为特点的综合物探是地质环境勘察的重要手段，其通过地层间的物性差异变化来解译文物建筑基础的地质问题，不对现有基础做破坏性勘察，具有设备轻便、成本低、效率高、工作空间广等优点。常用的物探方法包括地质雷达、高密度电法等。刘剑等采用地质雷达对阳华岩摩崖石刻上部山体内部岩溶发育和裂隙分布情况进行了深度探测。刘艺等采用了地质雷达在内的多种物探勘察手段对西安城墙顶面海墁部分病害进行了大量研究，结果可有效指导施工。梁爽等通过地质雷达、高密度电法等多种信息化测绘技术手段在古塔保护管理中的应用，提出了不同层次相对完整的测绘技术解决方案。鉴于文物建筑保护对勘察技术的严格要求，物探技术将在基础勘察领域发挥其巨大优势，在应用的深度与广度方面也将不断提升。

本文主要探讨了地质雷达和高密度电法两种无损物探技术手段在古塔基础勘察中的综合应用，旨在为文物建筑保护工作提供从局部到整体，从浅层到深层的综合物探无损勘察方案。以开封繁塔为例，利用倾斜摄影测量、全站仪测绘技术获取繁塔周围的地形地貌特征，为繁塔基础的物探方案制定提供从局部到整体的测绘数据服务；利用高密度电法、地质雷达技术获取繁塔基础从浅层到深层的地质病害数据资料。研究成果可为全省范围内的古塔基础无损勘察、分析及研究工作提供理论支撑。

二、工程概况

　　繁塔由台基、塔身、塔刹三部分组成，除楼板使用木材外，全部以砖石建造，塔身为青砖不岔分卧砌而成，通高 36.68 米，开封繁塔如图一所示。繁塔现状形态较为特殊，台基高 1.81 米，三层塔身高 24.14 米，上部突变为六层六棱锥型塔刹；使繁塔呈现出被台基包围、三层塔身上擢小塔的奇特形式。繁塔台基修砌于 20 世纪 80 年代，内部为粉土夯筑，平台表面及周边地面区域均为方砖铺墁，陡板为青砖卧砌，边长 19.8 米，面积 1018.5 平方米。

　　为满足排水防渗需要，平台及地面区域设计依靠自然坡度排水，开封繁塔公园总平面图如图二所示。其中，平台表面高程由塔根向台基边缘呈一定角度外扩下降；周边区域则依靠距台基陡板 3～4 米处的环形排水沟加快排水进程。受年久失修影响，地表方砖碎裂、灰缝脱落严重，局地沉降明显（台基西侧和西南侧），排水防渗能力大幅下降，雨季地表径流和降雨入渗较多，导致基础承载力和稳定性降低，危及台基及塔体安全。因此，基于地质雷达和高密度电法的无损探测技术，开展全面而深入的地质勘察，在避免对文物建筑造成负面影响的基础上，可明晰塔体基础的地质问题及其病害成因。

图一　开封繁塔

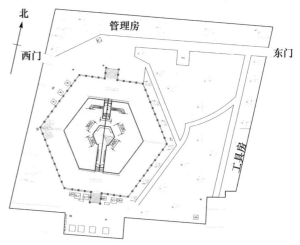

图二　开封繁塔公园总平面图

三、技术原理及方案设计

（一）技术原理

1. 地质雷达原理

　　地质雷达探测是一种对地下或结构物内部不可见目标体或分界面进行定位或判别的电磁波探测

技术。该探测技术基于宽频短脉冲形式的高频电磁波，由发射天线定向送入地下，经存在电性差异的地层反射后返回地面，由接收天线所接收。

就文物建筑基础勘探而言，高频电磁波在传播过程中，遇到基础中阻抗不同的地层界面时将产生反射波和透射波，可利用基础地层土性的介电常数差异性探测地下一定范围内的地层信息。如基础内地层完整性、密实度良好时，采集信号的同相轴连续性较好，看不到明显的异常反映，或仅出现局部中断，但异常形态规模较小。如基础地层内土体不密实、含破碎体较多时，信号异常主要表现为同相轴连续性局部中断，雷达波形局部错乱或沿孔隙发展方向出现强正相波形同相轴。因此，可根据雷达剖面相位和变化幅度等情况，确定地下是否存在不密实、孔洞和破碎体等地质体病害。

2. 高密度电法原理

高密度电法是一种阵列勘探方法，它以岩、土导电性的差异为基础，研究人工施加稳定电流场的作用下地层中电流传导的分布规律。电流传导过程中，基础中各地质体对传导电流的吸引不同，吸引力的大小对应着基础地质体的电阻率大小。根据地层剖面上的视电阻率变化特征，即可解译对应的地质问题，继而深入探究其原因。

就文物建筑基础勘探而言，不同地层中的电阻率值不同，土体夯筑密实为低阻，破碎带为高阻，空腔及孔洞为高阻；据此可对地层分布和性质等作出判别。根据地下介质电阻率的分布情况，可了解文物建筑基础的病害和空间分布，推测断层构造及其发育特征等。

（二）方案设计

通过多种无损物探手段对周围基础进行勘察研究，研究以服务开封繁塔的日常养护和修缮加固为首要目的，其次是探究降雨入渗对基础病害的形成和破坏机理，并提出治理措施，以便全面地为繁塔保护工作服务。所采用的研究方法及方案如下：

①依靠倾斜摄影测量技术绘制繁塔周边平面图，以此为参照，以现场踏勘为依据，规划物探的测绘方案及测线位置。通过全站仪测绘台基周围高程数据，检测依靠高差形成的自然坡度是否满足排水要求。

②地质雷达工作根据繁塔保护区划地质勘测范围和目的要求，使用LTD-2100探地雷达，沿台基平台及台基周边地面共布置测线12条，即位于台基周围地面距台基陡板1.5米处的1#-6#测线，以及台基平台之上距塔体3.6米处的7#-12#测线；测线具体位置见图三，测绘现场见图五，表一为地质雷达测线参数。

表一 雷达测线参数

测线编号	天线型号（Mhz）	位置	探测深度（m）	扫描速率（Hz）	时窗（ns）	记录道长度
1-6#	100	距台基陡板1.5米	7	64	125	1024
7-12#	100	距塔根3.6米	7	64	125	1024

③高密度电法工作根据繁塔保护区划地质勘测范围和目的要求，通过 WDJD-3 多功能数字直流激电仪，在台基周边地面共布置 6 条剖面，合计测线 180 米，有效测点 180 个。其中 1-1 剖面位于台基南侧，2-2 剖面位于台基东南侧，3-3 剖面位于台基东北侧，4-4 剖面位于台基北侧，5-5 剖面位于台基西北侧，6-6 剖面位于台基西南侧；剖面具体位置见图四，测绘现场见图六。

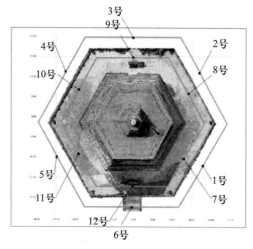

图三　地质雷达测线位置示意图

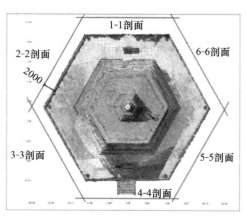

图四　高密度电法剖面位置示意图

图五　地质雷达物探现场

图六　高密度电法物探现场

四、研 究 成 果

（一）现场踏勘

倾斜摄影测量技术在文物建筑勘察工作中，不仅提供了数据分析和参考的基础模型，更是对传统测绘工作方式的一种补充和完善，尤其是针对砖塔类的文物建筑，整个测绘工作的精度和效率都有了巨大提升。基于影像绘制塔体周边的平面图，可对整个景区的布局和周边环境进行把握。其次，利用全站仪观测繁塔周围高程信息，围绕台基平台上繁塔根部，平台外边沿以及距台基陡板底 1.5 米处的周边地带，共形成 3 条六边形测绘曲线。

图七　全站仪测绘曲线及控制点位置图

图七为繁塔公园内布设的 3 条测绘曲线及其控制点位置图。通过测绘高程数据，可知繁塔塔根处位置较高，在台基平台上向外扩散形成排水坡度，但平台上各向排水坡度不均，其排水坡度值处于 0.5%～2%，小于《建筑地基基础设计规范》第 5.1.9-6 条"外门斗、室外台阶和散水坡等部位宜与主体结构断开，散水坡分段不宜超过 1.5 米，坡度不宜小于 3%，其下宜填入非冻胀性材料。"的规定，且方砖砖缝处未做防渗处理。台基周边排水口多分布于塔体西侧和南侧，排水路径不畅，排水能力严重下降。现场勘察发现，排水井口附近淤积有大量沉淀土体，主要来自于台基内部夯土，尤其是在台基南侧和西侧，易形成无组织排水和积水。

（二）高密度电法试验

为获得高质量的数据，本次勘测选取了约 1 米的密集测深点距布级。超高密度的多通道、超高密度地面 / 井地 / 井井直流电法勘探系统采用非常规的电法数据采集模式，在同样电极数的情况下，采集的数据量将大幅超过常规方法。

高密度电法视电阻率等值线剖面图如图八。由反演结果分析可知：台基西侧和南侧的浅层地基存在地质情况及水文条件较差的现象，在视电阻率等值线剖面图上表现为等值线突变的闭合圈或半闭合圈的高阻，依此推测此处地下夯实土体的含水率总体较高，密实程度较差，这与此处排水不畅有较大关联。其中，西侧部分区域地表以下 0.5 米深度范围内的岩土体视电阻率大于其下土体，分析由于地表浅层覆盖有地砖、碎石等高阻材料所致，导致密实程度不一，杂质较多；距地 4.3 米深度以下的土体物性差异明显，表现为地层复杂，在较多位置存在异常高阻区域。此外，台基周边其他方向的视电阻率等值线表现为等值线变稀疏，梯度变化较小，等值线呈闭合圈或半闭合圈的相对高阻区域范围较小；分析可知，基础含水量较为统一，土体夯筑均匀及密实度较好，无明显异常体存在，局部高阻区域为填充不均一，填土杂质较多引起。

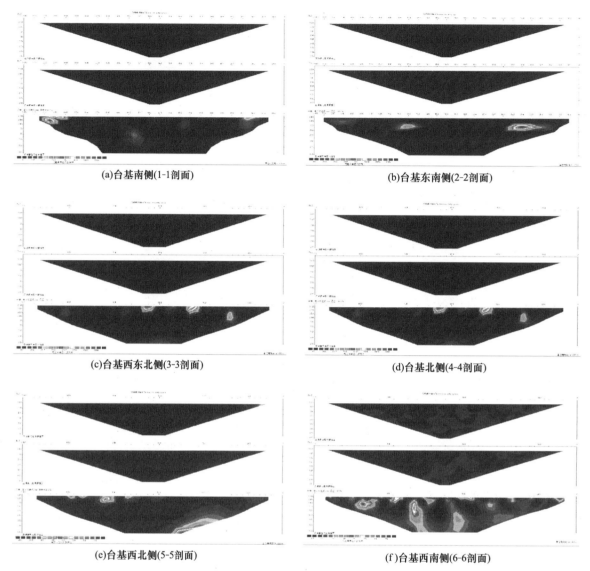

(a)台基南侧(1-1剖面)   (b)台基东南侧(2-2剖面)

(c)台基西东北侧(3-3剖面)   (d)台基北侧(4-4剖面)

(e)台基西北侧(5-5剖面)   (f)台基西南侧(6-6剖面)

图八　高密度电法视电阻率等值线剖面图

（三）地质雷达试验

根据任务要求，地质雷达探测工作在繁塔台基平台及周边地面共布设 2 条测线，即 1#-6# 和 7#-12#。2 条测线分别合围成六边形，可完整覆盖繁塔周围地基。采用中心频率为 100MHz，数据采集时间窗为 125ns 的天线进行地质雷达探测，探测目的为寻找此区域地层中孔洞与水囊等不良地质灾害。地质雷达探测结果如图九。

从探测的雷达图谱上可看出：① 台基周边 1#-6# 测线下方的 7 米深度基础范围内，仅繁塔西侧的 2# 测线下方存在 3 处异常带。其中，1# 水平层状异常带，异常区域深度约为 0.5～2 米，出现水平带状高亮杂乱波，该异常带表明浅层基础土体中土体密实度较低和含水量过高，疑为杂填土碎砖石填充夯筑而成。距地表 3～6.5 米深度范围内的 2# 和 3# 竖状异常带，为两处范围较大的破碎体，裂隙十分发育，土体密实度较差，土层破碎复杂，分析其为初建过程中地层扰动而未完全夯筑密实导致，加之后期雨水入渗较多，加剧深层基础沉降和土体松软。② 其他方向的基础地层未见明显

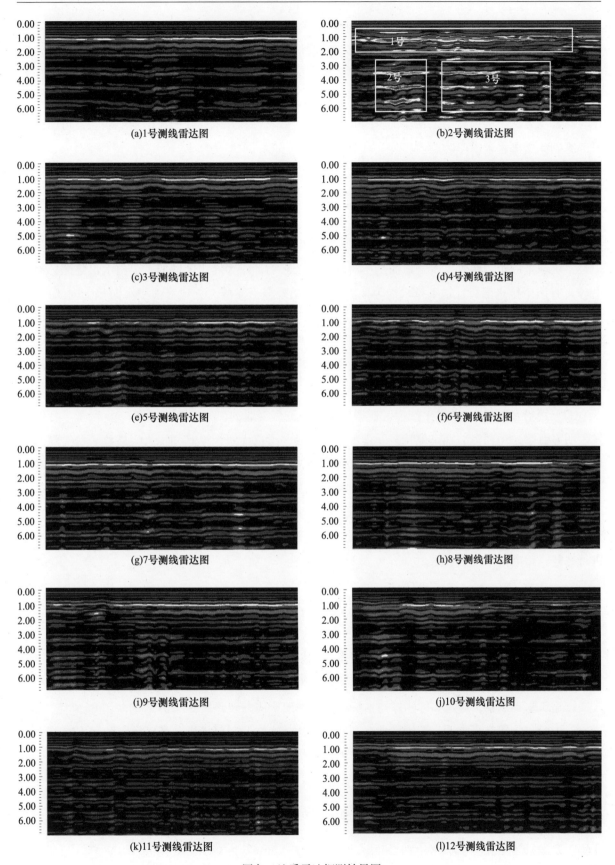

(a)1号测线雷达图

(b)2号测线雷达图

(c)3号测线雷达图

(d)4号测线雷达图

(e)5号测线雷达图

(f)6号测线雷达图

(g)7号测线雷达图

(h)8号测线雷达图

(i)9号测线雷达图

(j)10号测线雷达图

(k)11号测线雷达图

(l)12号测线雷达图

图九　地质雷达探测结果图

异常带存在，可见基础土体密实度较好，并未存在相关地质病害。③ 台基平台 7#-12# 测线下方 7 米深度范围内，无明显的异向轴反射和局部杂乱波形出现，未发现明显异常破碎体存在，也未发现显著裂缝。考虑到现存台基为 20 世纪 80 年代修筑，其稳定性较好，土体抗剪强度较大，稳定性和耐候性较好；其存在的微小区域断层现象，是降雨入渗导致的基础密实度不均一且差异较大引发。这与高密度电法试验所得结果相印证。因此，可判断繁塔台基并未存在明显的地质病害，可保护其下部基础免受雨水入渗影响。

五、综合分析及治理措施

结合现场勘察，综合高密度电法和地质雷达成果，分析繁塔基础病害的原因如下：

（1）台基周边的西侧、南侧地面受相对高程较低影响，作为周边区域的主要雨水汇集区，地面上分布有多个排水明口，地下排水沟因地面下沉而出现变形渗漏，导致降雨积水向基础内部入渗，最终引起地质条件及水文条件变差。其中，浅层夯土基础的含水率总体较高，密实度不均一，填土杂质较多；深层基础则普遍存在不密实情况，加之雨水的大量入渗可降低土层抗剪强度，使土的工程性质变差。台基周边其他方向的基础含水量较为统一，地层密实情况较好，局部高阻区域为填充不均一所致。

（2）繁塔台基是在 1983 年修缮时根据基础遗迹进行复建的，分析结果得知：① 台基平台处未发生明显沉降，但西侧、西南侧转角处排水坡度不足，形成无组织排水和积水，导致平台上降雨入渗显著，径流较多，易对台基内部夯土的稳定性造成较大影响。② 台基当前稳定性和耐候性较好，不存在明显的结构病害，可保护其下部基础免受降雨入渗影响。

因此，影响繁塔周边地面和平台基础稳定性的主要诱因是大气降水，亟须对台基周边和平台地面进行防渗处理（铺设膨润土防水毯等），改善地表排水设施，对地下排水沟中存在的变形和渗漏进行修复，阻断雨水下渗通道。

六、结　　语

（1）近年来，物探技术作为一种无损或微损的勘测方法，在砖石质文物、城墙本体和文物建筑基础病害勘察中，得到了广泛应用。开封繁塔前期勘察研究中将地质雷达、高密度电法物探技术引入文物建筑基础勘察，通过多种物探技术解译基础中地质体的破碎程度及软弱带的空间分布。

（2）此次物探结果表明，高密度电法和地质雷达技术在开封繁塔周边基础病害勘察中取得了良好的应用效果，可由垂直及水平方向上的物性变化规律初步推断地质情况，探测结果可为进一步采取防治与保护措施提供理论支撑。

参 考 文 献

付力：《无人机影像在文物建筑保护中的应用》，《中国文化遗产》2016 年第 5 期。

梁爽、张海霞、赵宝军：《测绘技术在古塔保护管理中的应用》，《测绘标准化》2020 年第 36 卷第 4 期。

刘剑、邓世坤、彭涛等：《地质雷达在石质文物渗水病害探测中的应用》，《工程勘察》2017 年第 45 卷第 8 期。

刘艺、黄跃廷、郝丽霞：《西安城墙北段某海墁病害勘察研究》，《工程勘察》2014 年第 42 卷第 11 期。

谭远发：《长大深埋隧道工程地质综合勘察技术应用研究》，《铁道工程学报》2012 年第 29 卷第 4 期。

唐咸远、罗得把、李迎春：《高速公路下伏浅层小煤窑采空区综合勘察技术》，《公路工程》2013 年第 38 卷第 2 期。

吴冠仲、杜升涛：《综合勘察技术在古水利工程灵渠保护中的应用研究》，《铁道建筑技术》2013 年第 12 期。

许翔：《繁塔的空间构成》，《建筑》2017 年第 12 期。

Applicable Research on Comprehensive Survey Technology in Foundation Survey of Po Pagoda in Kaifeng

LIU Chenhui

(Henan Ancient Architecture Protection, Design and Research Center, Zhengzhou, 450002)

Abstract: There are a large number of ancient pagodas in Henan. Affected by multiple factors, the foundation usually has problems such as settlement and softening, which poses a threat to the safety of ancient pagodas, and the protection of ancient pagodas needs the support of detailed geological survey data. Taking Po Pagoda in Kaifeng as an example, on the basis of on-site investigation, the comprehensive survey technology of high-density electrical method and geological radar is introduced to conduct detailed investigation of the geological problems of the platform and surrounding foundations, and to interpret the degree of foundation breakage, the location and spatial distribution of the weak zone. The results show that comprehensive survey technology is an effective means to investigate the foundation of ancient architecture. The high density electrical method and geological radar can preliminarily infer geological conditions from the changes of physical properties in vertical and horizontal directions, which can provide technical support for further prevention and protection measures.

Key words: comprehensive survey technology, foundation survey, high-density electric method, geological radar

建 筑 考 古

禹州新峰墓地出土空心砖探析

杨俊伟

（许昌市文物考古研究管理所，许昌，461000）

摘 要： 禹州新峰墓地是南水北调中线工程经过地段，2007 年 6 月至 2011 年 5 月发掘出土了一批空心砖，它们为许昌地区收藏的大量空心砖分期断代提供了佐证，个别汉代画像的装饰手法是许昌地区乃至河南省首次发现，为汉画研究提供了实物资料。

关键词： 新峰墓地；空心砖；研究

新峰墓地隶属于河南省许昌市禹州市梁北镇苏王口村和郭村两个行政村，是南水北调中线工程经过禹州地段。2007 年 6 月至 2011 年 5 月，由许昌市文物工作队（今许昌市文物考古研究管理所）和禹州市文物工作队组成的联合考古发掘队分两次对此区域进行考古发掘，共发掘战国至汉代空心砖墓、空心砖与实心砖混筑墓 273 座[1]，出土了一批模印有花纹图案和画像的空心砖，它们为许昌地区收藏的大量空心砖分期断代提供了佐证，个别汉代画像的装饰手法是许昌地区乃至河南省首次发现。以下就这批空心砖的种类、题材、装饰风格等方面进行分析探讨。

一、新峰墓地出土空心砖的种类

这批空心砖是经过考古发掘的墓葬出土，因此，它们在墓葬中的位置和用途比较清晰。空心砖种类齐全，分墓壁砖、铺地砖、封门砖、门楣砖、门柱砖、门扉砖和门槛砖，其造型绝大部分为长条形，只是位置和用途不同，画像布局有竖长条形或横长条形之分。

二、新峰墓地出土空心砖的题材

新峰墓地出土的空心砖，不同年代其装饰题材存在有差异，从战国晚期单一的"米"字纹发展到东汉早期丰富的画像内容。

---

① 河南省文物局编著：《禹州新峰墓地》，科学出版社，2015 年，第 322 页。

（一）战国晚至西汉空心砖题材

这一时期的空心砖装饰题材有十余种，以几何纹、云纹和叶纹多见，另有少量的鳞趾纹和半两钱纹。几何纹的表现形式多种多样，如米字纹、同心圆纹、菱形纹、短线纹、乳钉纹、三角纹和连珠纹等，特别是米字纹，菱形大方格内套有小方格，小方格的行数从 3 行到 6 行不等，每个小方格对角线相连，构成"米"字纹，排列整齐有序。"米"字纹主要流行于战国晚期，到了秦至西汉单纯的"米"字纹装饰已经少见，可以看到的"米"字纹也是与四叶纹、连珠纹等纹饰相间排列（图一），四叶或五叶纹、云纹、连珠纹、半两钱纹等纹饰两种及以上图案的组合成了主题装饰。西汉晚期前段已出现部分画像空心砖，画像占砖面份额较少，画像内容相对简单。

图一

（二）新莽至东汉早期空心砖题材

空心砖题材从新莽时期开始变得复杂多样化，菱形纹、连珠纹、四叶纹等不再作为主题装饰，装饰题材由图案变成了丰富的画像，主要有骑射狩猎、铺首衔环、常青树、玉璧、凤鸟、鹿、人物和建筑等。具有代表性的空心砖画像题材有以下几种：

1. 凤鸟逐鹿画像空心砖

M355 的门楣砖，呈横长条形，画像为横列式，画面正中为一谷纹璧，左侧山峦中有一兽追逐一鹿，鹿纹与兽纹之间的空白处四组四叶纹和圆形连珠纹相间排列，兽纹与璧纹间饰三组四叶纹；右侧凤鸟，花形冠，孔雀羽，长尾，凤鸟、鹿兽身上羽毛刻画的手法相同，非常清晰。边框饰短线纹（图二）。

图二

2. 车马出行画像空心砖

M3 的门楣砖，呈横长条形，画像分左中右三部分：中间一组以绶带悬挂的谷纹璧为中心，两侧分别是神荼、郁垒和常青树，神荼、郁垒呈蹲踞状，裸上身，着短襦，脚蹬云头履，肩扛斧钺。左右各两组完全相同的画像，每组画像为并排的两座建筑与车马出行图，其中左侧建筑内端坐一人，背朝前，向左侧仰视，建筑物檐上饰瑞鸟，左侧饰常青树，疾驰的辌车在右侧，一马驾，乘两人。画像四周蟠虺纹的弧形凹陷处均有椭圆形图案，内饰多重菱形纹和方形柿蒂纹。神荼、郁垒是上古传说中的两位神人，后世用他们作门神，有驱逐辟邪之意（图三）。

图三

3. 武士画像空心砖

M3 的左右两侧门柱，呈竖长条形，画像内容大同小异，左、右、上边框饰短线纹。门柱纹饰分为上下两部分，下端纹饰相同，两列连续多重波折纹之间为一列连续的菱形纹。左门柱上端画像分三层，自上而下依次是武士和门吏、常青树、重檐式建筑。上层右侧为持戟门吏，左侧是持斧钺的武士，头戴帻，瞋目，高鼻，须发猥张，右手持斧钺置于右肩，左手臂抬起作抵挡状，脚穿云头履，面向左呈半蹲状；中层为左右排列的两株常青树；下层为两座重檐式建筑，其前各站立一双手拥盾于胸前的门吏。右门柱上端画像也分三层，自上而下依次是武士和楼阁、重檐式建筑、常青树。上层右侧为三重楼阁，左侧为面向右的持戟武士，双足踞地，双手持戟刺向前上方；中层和下层画像分别为同左门柱的下层和中层（图四）。

4. 文官画像砖

M355 门柱，呈竖长条形，左右两门柱画像内容相同，左、右、上端边框饰短线纹。纹饰也分为上下两部分，上端两株常青树间一人，头戴进贤冠，着长袍，双手持笏板面向右侧立，此人应为文官。下端上为铺首衔环，下为菱形柿蒂纹和圆形连珠纹，两侧为蟠虺纹，蟠虺纹间饰以多组菱形纹、柿蒂纹和圆形连珠纹（图五）。

5. 牛虎斗画像空心砖

M269 门槛砖，呈横长条形，右端有部分缺失。主题纹饰分为三层，上层现有五组连续的牛虎相斗画像，左牛右虎，牛四蹄踞地，尾弓，低首，双角向前作冲抵状，虎也四蹄踞地，张口，仰首，拱背，尾上卷，做进攻状；下层为两排连续的三重折线水波纹。砖的边框为短线纹（图六）。

6. 悬璧画像空心砖

M3 门扉砖，该墓门扉用此种造型砖共四块。边饰短线纹，画像内容相同，上端为绶带悬璧画像和常青树，下端中间为两列连续的菱形纹，两侧为蟠虺纹，蟠虺纹间饰以多组菱形纹、柿蒂纹和圆形连珠纹（图七）。

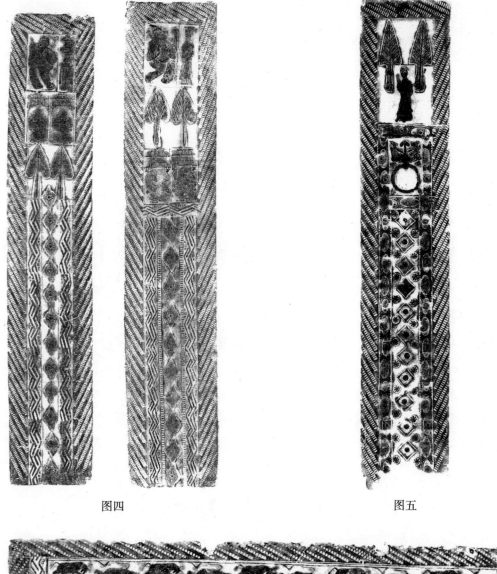

图四　　　　　　　　　　图五

图六

7. 骑射狩猎画像空心砖

　　M275 壁砖，呈横长条形，左端缺失较多。砖的边框饰短线纹，主题纹饰分为五层，画面中间一排为菱形柿蒂纹与圆形连珠纹相间，其上下及右侧为山峦和狩猎图，连绵的山峦间有虎、牛、鹿出没，狩猎为骑射狩猎，有两种不同的表现形式，一种为猎人骑马，张弓搭箭瞄准前方仓皇而逃的鹿，奋力奔驰的猎犬紧随其后；另一种也为猎人骑马，张弓搭箭却转身射向身后奔跑的鹿，两种狩猎形式之间以山峰相隔（图八）。

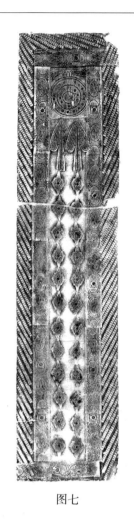
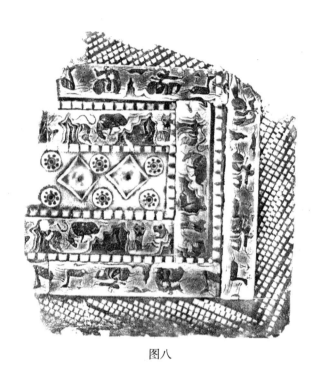

图七　　　　　　　　　　　　　图八

三、新峰墓地出土空心砖的装饰风格

新峰墓地出土的空心砖无论是花纹图案还是画像均是用大小长短不等的印模印制出来的，一模一个主题。印模的形式有菱形、圆形、长方形和不规则形等多种，同一种造型的印模表现的主题也不尽相同。往往在印制之前已做好周密的安排，重复使用一种印模或把两种及以上内容毫不相干的印模交替印制，在砖面形成的画面装饰性强，视觉效果好。门扉和门柱砖不仅造型相同，装饰风格也非常相似。画面一般分为上下两部分，上部为画像，仅占砖高度的 1/3 左右，下部为上下排列并左右对称的几何纹，或中间一列为主题图案，两侧几何纹对称，这两种砖边饰的短线纹带较宽，约占砖面宽度的 1/2。门楣砖的画面一般比较丰满，整个砖面几乎不留空隙，画面布局讲究左右对称。门槛砖的画面相对简单，只在砖面上部有一排相同内容的画像，其余部分以几何纹来填白。壁砖的画面也是布满整个砖面，往往使用重复的题材，不但无单调乏味之意，反而更显得动感十足。如图八，连绵起伏的山峦间，有兽类出没，狩猎者在疾驰马背上的姿态惟妙惟肖，鹿四肢腾空，仓皇逃窜，狩猎场面描绘得惊心动魄。

特别引人瞩目的是，新峰墓地 M355 出土的一块凤鸟逐鹿画像空心砖门楣（图二），这种题材是许昌地区发现的几千块画像空心砖中唯一的一块，凤鸟、兽、鹿羽毛的表现形式极为罕见。许昌空心砖上模印的画像多呈浅浮雕[①]，鸟兽类画像突显于砖面，羽毛没有再做细部的刻画，人物衣着的纹理、虎身上的斑纹以阳线条形式展现。而新峰墓地出土的凤鸟、兽鹿画像在浅浮雕的画面之上又进行了二次加工，在其身上雕刻出短线纹、弧形纹和圆形纹，展示给人们的是一种雍容华贵、富丽典雅之美，这种装饰风格在许昌乃至河南省出土的汉代画像中也是绝无仅有的。

四、结　　语

新峰墓地出土的空心砖时间跨度长，从战国晚期到东汉早期都有发现，花纹图案和画像题材时代特点突出，印模的线条纤细流畅，各种小印模印制的图案整齐划一，人物、动物、建筑形象栩栩如生。个别画像的制作手法彰显了许昌汉代空心砖装饰已经具备了高超的技术水平，这一发现为汉画研究增添了新的实物资料。

Analysis of Hollow Brick Unearthed from the Xinfeng Cemetery of Yuzhou

YANG Junwei

(Xuchang Institute of Cultural Relics and Archaeology, Xuchang, 461000)

Abstract: The Xinfeng Cemetery is the middle route of south-to-north water transfer project. From June 2007 to May 2011, archaeologists excavated a batch of hollow bricks, which provides evidence for the evolution and age of large collection of hollow brick in Xuchang area. Individual adornment bricks with Han-dynasty-style portrait brick were new discovered in Xuchang area, even Henan Province, and provides data for the study of the Han-dynasty-style portrait.

Key words: Xinfeng Cemetery, hollow brick, research

---

① 陈文利：《许昌汉砖》，中州古籍出版社，2018年，第233页。

偃师商城军事防御体系研究

周要港

（河南省文物考古研究院，郑州，450000）

摘　要：偃师商城作为商代早期辅都所在，为保障其安全而构建了完备的军事防御体系。其防御体系是以城墙、壕沟、道路、宫墙等城市人工防御为主，以高山峻岭、关隘、河流等自然屏障防御为辅，注重对于城市周边防御环境的选择，从而形成多重防御体系、多种防御设施相结合及防御重点突出的特点。

关键词：偃师商城；军事防御体系；早商时期

自 1983 年偃师商城发现以来，学界对其进行了多方面的研究与讨论，但主要集中于夏商分界、城址性质、宫殿建筑、城址布局、墓葬等方面，关于军事防御体系的研究仅在少数著作中提及，未有进一步的分析与探讨[①]。偃师商城作为商代早期辅都[②]，地处郑洛一线，位于夏都腹地，起着拱卫郑州商城、维护西部疆域稳定及镇压夏遗民的重要作用，故构建稳固、强有力的军事防御体系十分重要。《春秋繁露·三代改制质文》云："汤受命而王，应天变夏作殷号，……作宫邑于下洛之阳，名相宫曰尹"，邹衡先生进一步分析称"成汤于下洛之阳所作的宫邑应即指此，成汤在灭夏后作宫邑于此，显然是为了镇压夏遗民。"[③]笔者以偃师商城历年来的考古发掘材料为基础，结合学界已有的研究成果，从商城自身的军事防御、自然屏障防御、外围城市的防御等方面对偃师商城的军事防御体系进行分析，进而对偃师商城的军事防御特点进行研究，以期对于夏商城市研究有所裨益。

一、偃师商城自身的军事防御

偃师商城位于偃师塔庄村一带，平面呈"刀"形，南北最长 1700 米，东西最宽 1200 米，南端仅宽 740 米，由外大城、外小城、宫城及两座附属小城等 5 部分组成[④]（图一）。商城自身的军事防御设施主要包括护城壕、桥梁、城墙及附属设施、道路、宫城及大型基址的墙体建筑等。

---

① 中国社会科学院考古研究所汉魏故城工作队：《偃师商城的初步勘探和发掘》，《考古》1984 年第 6 期，第 488～504 页；中国社会科学院考古研究所河南第二工作队：《河南偃师商城东北隅发掘简报》，《考古》1998 年第 6 期，第 1～8 页；中国社会科学院考古研究所河南第二工作队：《河南偃师商城小城发掘简报》，《考古》1999 年第 2 期，第 1～11 页；中国社会科学院考古研究所河南第二工作队：《河南偃师商城西城墙 2007 与 2008 年勘探发掘报告》，《考古学报》2011 年第 3 期，第 385～410 页；王学荣、谷飞：《偃师商城宫城布局与变迁研究》，《中国历史文物》2006 年第 6 期，第 4～15 页；张国硕：《中原先秦城市防御文化研究》，社会科学文献出版社，2014 年；周要港：《中原地区早商时期城防体系的考古学观察》，《文物建筑（第十三辑）》，科学出版社，2020 年：第 167～173 页。

② 张国硕：《夏商都城制度研究》，河南人民出版社，2001 年。

③ 邹衡：《偃师商城即太甲桐宫说》，《北京大学学报》1984 年第 4 期，第 17～19 页。

④ 中国社会科学院考古研究所：《偃师商城（第一卷）》，科学出版社，2013 年。

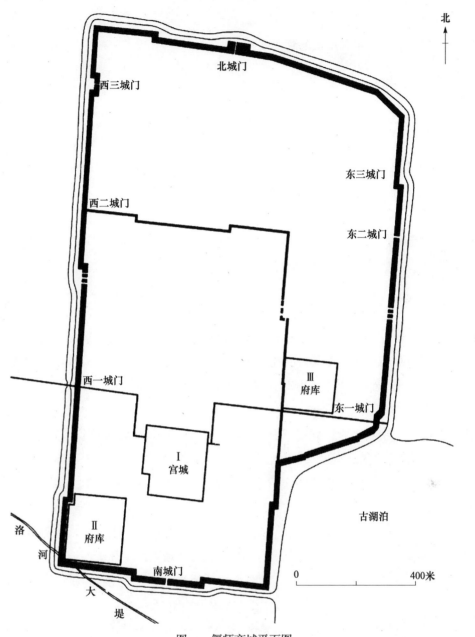

图一　偃师商城平面图

[采自中国社会科学院考古研究所:《偃师商城（第一卷）》，第 11 页]

（一）护城壕

护城壕是古代城市防御中最主要的防御设施之一，也是城址自身最外围的防线，所以多数城池会在城墙外侧开挖一道或者数道的壕沟作为防御设施来增强城池的防御能力[1]。偃师商城外郭城外发现一圈闭合的护城壕，城壕与城墙的距离在 12 米左右。壕沟口宽底窄，剖面呈倒梯形，外侧坡度较陡、内侧坡度较缓，口宽 16～20 米，东墙和北墙外壕沟深 8～10 米，西墙外壕沟深 6 米，壕沟

---

① 张国硕：《中原地区早期城市综合研究》，科学出版社，2018 年，第 103 页。

内有淤泥^①。根据现存壕沟形制分析，外城城壕宽且深可以称之为巨型壕沟，具备较强的防御能力，同时壕沟距离城墙稍远，一定程度上起到了缓冲作用。

（二）桥梁

在古代城市建设中通常会建造桥梁作为与壕沟相对应的配套设施，平时方便居民出行，战时则成为防御的关键部分。偃师商城西壕沟内正对西一城门的位置发现有自护城壕两岸向内堆出两个半圆形土台，东西斜坡上各有 4 个柱洞，半圆形土台直径 14 米，其中心对准城门，两个土台的建立减少了护城壕两侧的宽度，方便了桥梁的建设。在护城壕底部发现有 1 条深且窄的小沟，沟两侧有 6 对桥桩柱础痕迹，间距 9 米，柱础底部平铺有大块的扁平石块，扁平石块周边有几块较小的石块，从而构成一个凹槽，起到巩固桥桩的作用，凹窝直径 0.2～0.25 米^②。这些遗迹的发现表明在早商时期桥梁已经作为一种极为重要的设施应用到商城的防御体系中来。

（三）城墙及附属设施

城墙是古代城市建设中最为重要的防御设施，也是目前考古发掘中最容易发现的城市遗迹，城墙的坚固与否、建造形态等是衡量其防御能力的重要指标，正如《周礼·夏官》中记载"掌固，掌修城郭沟池树渠之固"。同时为了增强城墙的防御能力，在城墙上增设许多附属防御设施，如城门、瓮城、马面等。

从考古报告公布的资料来看，商城城墙仅存地下夯土，大城城墙基槽口部宽在 18 米以上，深度约 1～1.3 米；城墙墙体基部宽度在 16 米以上，残存墙体高度 0.2～1.85 米不等；夯层厚 0.08～0.12 米^③。其城墙建造技术先进，采用版筑工艺，每版高度多在 0.4～0.5 米之间，上下版之间均有错位，上版较下版收缩 0.1～0.15 米，城墙的收分较为固定，坡度在 70°～80° 之间。同时在修筑外大城时，在外小城的基础上将基槽有意加宽，将城墙建成凹凸曲折状，在东南部地势低洼处将各段城墙长度降低从而缩短每段城墙之间的距离，上述措施的实施极大地增强了城墙的坚固性。综合外大城城墙各方面分析，其具备极强的防御性。同时城墙的修建，将手工业者、平民等集中在一起，起到了"造郭守民"的重要作用，也为战时提供重要的兵源与物资储备。

城门作为城市的重要防御设施之一，是整个城市防御的重点同时又是城市防御的薄弱点，关系到城市的存亡。目前根据已有材料，偃师商城外大城可能存在 8 座城门^④，东西各三、南北各一，具有很强的对称性。商城城门基本形制为长条状通道式，门道两侧是紧贴城墙夯土的木骨夯土墙，两墙之间为通行的道路。西一城门与东一城门下还发现有地下水道。东一城门两侧城墙为红褐色土夯

① 中国社会科学院考古研究所：《偃师商城（第一卷）》，科学出版社，2013 年，第 210 页。
② 中国社会科学院考古研究所河南第二工作队：《河南偃师商城西城墙 2007 与 2008 年勘探发掘报告》，《考古学报》2011 年第 3 期，第 385～410 页；谷飞：《关于偃师商城西一城门外护城壕内桥涵设施的复原设想》，《三代考古》，科学出版社，2011 年，第 234～241 页。
③ 中国社会科学院考古研究所：《偃师商城（第一卷）》，科学出版社，2013 年，第 185～186 页。
④ 中国社会科学院考古研究所河南第二工作队：《河南偃师商城西城墙 2007 与 2008 年勘探发掘报告》，《考古学报》2011 年第 3 期，第 385～410 页；中国社会科学院考古研究所：《偃师商城（第一卷）》，科学出版社，2013 年，第 195 页。关于大城城门数量，最新发掘成果显示共有 9 座城门，其中西城墙有 4 座城门。详见陈国梁：《都与邑——多重视角下偃师商城遗址的探究（上）》，《南方文物》2021 年第 6 期，第 12 页。

筑而成，极其坚固，门道全长 22 米，西部最窄处 2.3 米，中部最宽处 3 米。城墙两侧为木骨泥墙，夯土筑城，木骨泥墙内发现有柱洞，南侧长 22.5 米，北侧长 23.1 米。西二城门为单门道式，全长 16.5 米，宽 2.3～2.4 米，门道两侧为木骨夯土墙，木骨夯土墙内共发现柱洞 34 个，排列密集且有规律，此类柱洞被包裹在泥墙内形成暗柱，从而增强墙体的坚固性。西三城门门道东西长 16 米，南北宽 3.35 米，两侧也修建有木骨泥墙，同时在门道最西段有南北向烧土痕迹，应为木门痕迹。这样一种城门的设计一定程度上增强了城门附近城墙的防御能力，长门道的应用客观上增强了内城的防御能力，一定意义上起到了内瓮城的作用。

马面与瓮城作为加强城市防御的重要设施，在偃师商城城墙建设中也已初露端倪。偃师商城城内平坦、起伏较小，但是外大城和外小城城墙多凹凸不平，曲折分布。如外小城西城墙中段内凹、南城墙中段外凸，东西城墙也是如此，形成阴阳互补的形态。而且商城四周城墙多见拐折且拐折处均为直角，应为有意识的修建而成，如外大城北城墙直线距离约 1213 米，自西向东可分为 4 段，第 1、2 段平行交错且有重叠，从而形成一个拐折角[1]。这种城墙的营建设计应与后世的"马面"作用一致，即通过增加城墙曲度，达到压缩防御距离的效果，便于观察和防御从而强化杀伤能力。同时在西三城门发现有明显的内凹、南北城门处发现有明显的外凸，如西三城门边为两段夯土墙筑成，两段墙体并排紧贴、错位交叠，交叠长度 10 米，错位城墙东西宽 40 米左右，内凹部分为门道，这种状况在望京楼城址[2]也有发现，应起到"内瓮城"的作用。北城墙北城门处有一凸出部分，平面呈长方形，东西向长 85 米，南北宽 18 米，凸出部分城墙夯土总宽约 37 米，北城门位于凸出部分偏西位置，这种现象与后期的"瓮城"基本一致[3]。虽然偃师商城并未出现成熟的瓮城、马面等防御设施，但是其在城市营建过程中已经开始将这种设施应用到城市防御建设中，从而作为城墙的辅助设施来增强城市的防御能力。

（四）道路

道路作为城市最主要的交通设施，战时则成为士兵调动、物资运输的重要通道。在商城内经过钻探目前可确定的商代道路只有西一城门、西二城门等几个地方城墙内外侧的顺城路[4]。顺城路出西一城门外，呈南北走向，东侧紧邻城墙，红褐色路途，东西宽 9 米，东部与城门洞内路土相接，呈斜坡状，路土厚 0.15～0.20 米。

（五）宫城及大型基址的墙体建筑

商城内最为关键的一道防御设施为宫城及大型基址外围所建立的一夯土围墙，作为保护统治者生命安全的最后一道屏障，也是身份地位的一种标志。经考古发掘来看，宫城是一处四面设有夯土围墙的大型建筑群，整体近方形，北墙长 200 米，东墙长 180 米，南墙长 190 米，西墙长 185 米，墙宽 3 米左右，夯土厚 1～1.5 米[5]，红褐色夯土，土质极硬。除宫城外，在商城内发现有如府库等

---

[1] 中国社会科学院考古研究所：《偃师商城（第一卷）》，科学出版社，2013 年，第 188 页。

[2] 郑州市文物考古研究院：《河南新郑望京楼二里岗文化城址东一城门发掘简报》，《文物》2012 年第 9 期，第 4～15 页。

[3] 中国社会科学院考古研究所：《偃师商城（第一卷）》，科学出版社，2013 年，第 188 页。

[4] 中国社会科学院考古研究所：《偃师商城（第一卷）》，科学出版社，2013 年，第 18 页。

[5] 中国社会科学院考古研究所汉魏故城工作队：《偃师商城的初步勘探和发掘》，《考古》1984 年第 6 期，第 488～504 页。

在内的大型夯土建筑，在其周围多发现有封闭的夯土围墙，如在第Ⅱ号府库周围发现有封闭的夯土围墙，围墙长约 220 米左右，基槽宽 3～3.3 米，墙体宽 2～2.2 米，夯土红褐色，土质坚硬，内为排列有序的大型夯土基址①。这样一种夯土围墙的营建可以很好地起到"筑城卫君"的效果，同时在战争时期能有效地保障统治者及贵族的安全。

二、偃师商城的自然屏障防御

古代城市或者聚落选址时除考虑政治因素外还会将周边自然界中存在的大河峻岭、沟壑、湖泊等地理环境因素融入防御中，这些利用自然屏障进行军事防御称为"自然防御"②。郑樵在《通志》中云："建邦设都，皆凭险阻。山川者，天之险也；城池者，人之阻也；城池必以山川为固。……所以设险之大者莫如大河……故中原依大河为固。"《说文解字》中也有对于自然防御的解释，其中云"固，四塞也"，即指四面阻塞、有险可守。从而可以看出高山、河流等自然地理环境对都城防御的重要性。《史记·留侯世家》中对洛阳记载为："倍河，向伊雒，其固亦足恃"，偃师商城位于洛阳盆地内，地理位置相当优越，周边的河流湖泊、山脉、关隘、盆地等构成了商城最外围的军事防御体系，在此建立辅都完全可以实现"阻山河之险以令诸侯"的作用。武王克商后就开始着手在洛阳地区营建成周一事也可从侧面反映出洛阳地区战略位置的重要性。

先秦时期中原城市多濒河而建，河流湖泊作为最常见的自然防御设施而存在。司马迁《史记·封禅书》中云"三代之居，皆在河、洛之间"，说明商都的营建与其周围分布的自然河流有着密切的关系。偃师商城南邻伊洛河，北靠黄河天险，西有古河道，东部有湖泊沼泽。同时洛河河道与护城河相连，引洛水进入护城河，从而形成商城外围的水域防御设施。

城市周边的高山峻岭、关隘等作为城市外围最为稳固的自然防御屏障应用到城市防御中。文献中存在大量对于洛阳盆地周围地势分布的记载，《史记·周本纪》中记载武王灭商后想要在洛阳一带定都的原因有一条就是看中了当地的地貌条件，文中记载为"我南望三涂，北望岳鄙，顾瞻有河，宛瞻洛、伊"，文章所涉及的"三涂"、"岳鄙"等学界已多进行过考释。"三涂"山名，在今河南嵩县境内，《史记·周本纪·索隐》中认为"岳"为今河北太行山，"鄙"为"近岳之邑"，"河"、"伊"、"洛"代指黄河、伊水和洛水三条河流。此文献记载说明洛阳周围遍布自然屏障，南部有三涂山、北部有太行山脉，周围分布着黄河、洛河、伊河等河流，是理想的建都之地。再观偃师商城的地理位置，其位于洛阳盆地之中，盆地四面环山、中部低平、整体狭长，周围多高山峻岭环绕，易守难攻，《汉书·翼奉传》中记载其为"左居成皋，右阻渑池；前乡嵩高，后介大河"。邙山横亘于商城北部，临近黄河，绵延数十公里，为商城北部提供了一道天然的防御屏障；万安山位于商城南部，绵延 40 余公里；西有崤山、伏牛山，地势险要。道路横穿于高山之间，道路狭窄，通行不便，便于进行防御。所以城市四周关隘林立，形成一夫当关万夫莫开之势，东部通过黑石关、虎牢关和汜水关直达黄淮海平原，西过函谷关、潼关进入八百里秦川，南有轩辕关、伊阙，北有黄河关渡。

---

① 中国社会科学院考古研究所：《偃师商城（第一卷）》，科学出版社，2013 年，第 233 页。
② 张国硕：《中原地区早期城市综合研究》，科学出版社，2018 年，第 108 页。

三、偃师商城外围城市的防御

偃师商城作为商代早期辅都，除了建立起完善的城市自身防御体系外，还在周边地区建立一系列的军事重镇与方国作为最外围的防御设施。相比较主都郑州商城而言，偃师商城的防御主要针对北方与西方两个区域，所以其外围城市或方国的防御也主要来自这两个方向。根据考古发现与文献记载来看，在北方晋南和豫西北地区、西方豫西陕东地区发现有焦作府城①、东下冯商城②、垣曲商城③、粮宿商城④等四座城址以及霍、崇、黎方等方国，从而在该区域形成一道军事重镇环带来拱卫偃师商城的安全。

除郑、偃两座商城外，早商时期其他城址多分布于商疆域的重要地区，且多与镇压夏人有关。经过研究发现，夏朝灭亡后夏人一部分北上晋南⑤，晋南地区在史书中被称为"夏墟"，在该地区发现了早商时期商人修筑的三座商城，这三座商城与焦作府城均始建于二里岗下层时期，废弃于二里岗上层时期，呈"一"字排开，相距约几十公里，而且这些城址与偃师商城的建筑模式基本一致，应是商人为防御北方地区的入侵或镇压夏遗民而设立的军事重镇。所以在早商时期，商人将城址建立在边远地区或者夏人活动的中心地区，从而构成偃师商城最外围稳固的军事防线。

四、偃师商城军事防御体系的特点

（一）由外及内多重防御体系的构建

偃师商城的军事防御体系不是孤立存在的，而是多重防御相互配合，从而形成稳固的防御体系。最外围的防御主要是商疆域周围的军事重镇环带，它是偃师商城防御最前沿地带，关系到商国家的安全，也起到了预警的作用；其次为商城外围的关隘、河流、高山等自然屏障所构建的外围防御圈；第三重防御圈是与洛水相连的外大城的护城壕；第四重防御圈是商城外大城与外小城高大的城垣，也是商城最为重要的防御设施；第五重防御圈是宫城城墙以及外小城内的府库，府库应起到拱卫宫城的作用；最后一道防御是与郑州商城类似的大型宫殿的封闭式院墙。这样由外及内六重防御圈构成了商城稳固的军事防御体系。同时商城内发现了较多的手工业作坊及仓储区⑥，也为商城的军事防御提供了充足的物质保障。

---

① 杨贵金、张立东：《焦作市府城古城遗址调查报告》，《华夏考古》1994年第1期，第1～11页；袁广阔、秦小丽：《河南焦作府城遗址发掘报告》，《考古学报》2000年第4期，第501～536页。

② 中国社会科学院考古研究所：《夏县东下冯》，文物出版社，1988年。

③ 中国历史博物馆考古部等：《垣曲商城》，科学出版社，1996年。

④ 卫斯：《商"先王"昭明之都"砥石"初探》，《古都研究》（第二十辑），山西人民出版社，2005年。

⑤ 张国硕：《从夏族北上晋南看夏族的起源》，《郑州大学学报（哲学社会科学版）》1998年第6期，第101～105页。

⑥ 陈国梁等：《河南偃师商城囷仓遗址》，《大众考古》2019年第11期，第14～15页；中国社会科学院考古研究所：《囷窌仓城：偃师商城第XⅢ号建筑基址群初探》，《中原文物》2020年第6期，第45～54页。

（二）因地制宜综合性军事防御设施的利用

偃师商城军事防御体系的构建呈现出以人工防御为主、自然防御为辅的多种防御设施并存的防御模式。偃师商城的军事防御建设以人工修筑防御设施为主，修筑了高大的城墙与宽阔的护城壕，并修筑类"马面"、"瓮城"等附属防御设施增强城墙的整体防御能力，城内以宫城城墙、府库、道路等设施来保护内城的安全。同时在城外交通要道、夏人聚集区则修筑军事重镇环带作为商城周边区域最为重要的一道防御设施来拱卫都城的安全。其次，偃师商城修建者因地制宜地进行军事防御体系的构建，对于周边的自然环境进行合理的利用，其地处洛阳盆地、四周多高山峻岭、关隘林立，北部以黄河、邙山为依托，东部有虎牢、氾水险关，南部洛水横亘，西部有函谷、潼关，这些天然的自然屏障作为外围防御体系的一部分有效的拱卫着商城的安全。

（三）防御重点突出

商灭夏后，在原夏人聚集区建立了一系列城址作为维护商人统治的重要举措，同时也是"守在四边"这样一种防御模式的运用。偃师商城位于豫西地区，东部为早商都城郑州商城及商王朝腹地，夏都二里头遗址据此仅6公里，加之当时商王朝立国之初征伐的重点在于西北地区，因而其防御的重点主要在西部，这种状况与在西北地区相继发现了四座早商时期的城址是相符的。偃师商城的修建，对于维护早商时期西部疆域的稳定以及镇压夏遗民的反抗具有重要意义。

总体而言，偃师商城的防御体系是卓有成效的，而且以偃师商城防御体系为代表的商代城市防御范式对于商王朝的发展意义重大，有商一代除了殷墟被周人攻破外从未受到大规模的外敌威胁。偃师商城的防御体系是以城墙、壕沟、道路、宫墙等城市人工防御为主，以高山峻岭、关隘、河流等自然屏障防御为辅，注重对于城市周边防御环境的选择，从而形成多种、多重自然与人工防御设施综合而成的防御体系。在当时的社会政治环境下，偃师商城的修建主要是作为辅都来拱卫郑州商城、保障商代西部疆域的安全与镇压夏遗民的反抗，这种防御体系形成后对于焦作府城、垣曲商城等早商城址的军事防御建设意义重大。随着商代政治中心从郑偃一线迁移到安阳殷墟，偃师商城逐渐被废弃，防御体系也随之瓦解。

Research on Military Defense System of the Yanshi City, Shang Dynasty

ZHOU Yaogang

(Henan Provincial Institute of Cultural Relics and Archaeology, Zhengzhou, 450001)

Abstract: As the auxiliary capital of the early Shang Dynasty, Yanshi city own a complete military defense system to ensure its security. Its defense system focuses on the artificial defense of city such as city walls, trenches, roads and palace walls, supplemented by the defense of natural barriers such as high mountains, passes and rivers, and pays attention to the selection of the defense environment around the city, so as to form the characteristics of multiple defense systems, the combination of a variety of defense facilities and prominent defense focus.

Key words: Yanshi city, military defense system, early Shang Dynasty

中原地区夏商重叠型城市防御研究

李子良

（郑州大学历史学院，郑州，450001）

摘　要：重叠型城市指的是经历过多次兴废，从而形成了多个上下叠压的早晚城市。通过对中原地区夏商时期重叠型城市的防御设施、防御体系、防御体系特征的研究，可以观察夏商国家的防御体系和特征。夏国家重叠型城市的防御特征主要以都城为核心，结合本时期新建造城市，以东面防御为主；早商国家以都城为核心，结合本时期新建造城市以北西南三防御为主；晚商国家重叠型城市防御力量衰落。夏商时期的重叠型城市防御设施以城垣、城壕为主，并形成了"叠城""套城"和"连城"三种形式。

关键词：中原地区；夏商时期；重叠型城市；再利用；防御体系

古代城市的发展过程并不是简单的由兴建到彻底废弃，有些城市经历了兴建—废弃—再次利用—再次废弃—再次利用的多次循环往复的演变，从而形成了多个上下叠压的早晚期城市。该类城市在城市考古研究中被称为"重叠型城市"。除因自然灾害导致的城市大面积损坏外，早期城市在废弃时都会遗留下部分遗迹，此类遗迹多为城垣、城门、街道、夯土基址等，徐苹芳先生称其为"城市遗痕"[①]。后世对于这些城市遗痕的使用，可视作对早期城市的再利用，有该类现象的城市也可称其为"再利用城"。这些城市遗痕的再利用，直观地反映了聚落的变迁、城市历史形态的演变，对于研究城市功能及演变具有重要作用。在夏商时期，城市遗痕和再利用现象多与城垣、城壕等大型防御设施有关，而运用这类城市御敌，以及所构建的国家防御体系和特征就是本文所要探讨的内容。目前学术界对于夏商城市防御的研究，多集中于该时期新建城市，本文将两者相结合，更加全面的进行研究。如有不足之处，敬请方家批评指正。

一、防御设施

夏商时期重叠型城市的前身多为龙山和夏代城址，可分为下早上晚叠压的"叠城"、内外相套的"套城"和位置相邻的"连城"三种形式。新砦期的重叠型城址目前只发现新密新砦城址一座，二里头时期的重叠型城市包括登封王城岗大城、新密古城寨、蒲城店二里头城、郑州东赵中城，二里岗时期的重叠型城市包括二里头遗址、新密古城寨、登封王城岗大城、辉县孟庄城址、大师姑城址、望京楼城址，殷墟时期的重叠型城市包括登封王城岗大城、焦作府城、殷墟遗址、辉县孟庄城址和新密古城寨。值得注意的是，并不是所有的重叠型城市都具有防御能力：一些城不具有城垣、城壕等防御设施，或有可以依靠的自然、人工防御设施但是遗存规模较小，无法支撑城市防御的要求。

---

①　徐苹芳：《现代城市中的古代城市遗痕》，《远望集》（下），陕西人民美术出版社，1998年，第695页。

（一）新砦期

新密新砦城沿用废弃的龙山城，处于略高于四周的高岗位置，形成了以外壕、城壕与城垣、内壕为主的多重防御体系。最外部的防御圈由北部的外壕、南部的双洎河、西边的武定河、东边的圣寿溪河相结合而成，外壕宽约 6～14 米，深约 3～4 米，自西向东还有三处缺口。在外壕之中，新砦早期居民在龙山城垣遗痕上夯筑 CT4～CT7QIC 的第 1 层夯土，在晚期时于 CT4～CT7QIC 的第 1 层之上继续夯筑了 CT4～CT7QIA、B 层夯土[①]，从而构成了夯土城垣，城垣现存东、西、北三面城垣，宽约 11.5 米，城垣外又有城壕，两者结合形成了中部防御圈。在城垣之内的内壕存东、西、北三面壕，构成了最内侧的防御圈。城内发现有大型浅穴式基址和陶容器残片，年代为新砦期。

（二）二里头文化时期

登封王城岗大城由北部的城垣、城壕和东侧的五渡河以及南侧颍河构成防御圈，西城垣存状不详。北城墙外二里头时期城壕 HG2 利用龙山时期大城北城壕 HG1 修整而成（图一），HG2 大口、弧壁、圜底，不甚规整，长度稍短于龙山城壕，口宽 15.8，底宽 2，深 3.48 米，较 HG1 深 0.8-1 米，壕口、壕底也稍大于龙山城壕[②]。此时的北城墙应存于地面（详后），可以起到防御作用，但高度、厚度及具体情况不详。城内发现有少量灰坑和墓葬遗存，年代在二里头文化二期至四期，城壕属二里头文化三期。

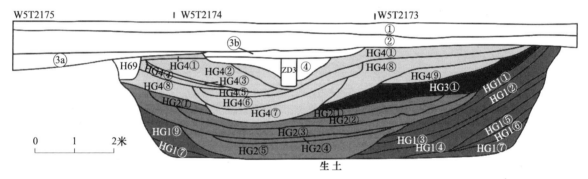

图一 王城岗 W5T2173-W5T2175 探方城壕剖面图
（改自北京大学考古文博学院、河南省文物考古研究所：《登封王城岗考古发现与研究 2002-2005》，
大象出版社，2007 年，第 53 页）
HG1.龙山时期城壕 HG2.二里头时期壕沟 HG3.二里岗时期壕沟 HG4.春秋时期壕沟

新密古城寨高于周围地面 5 米左右，城址南北各一处城门，城垣至今仍存于地表，部分地段甚至高出现今地面 13～16 米[③]，城壕使用时期仅为王湾三期文化，二里头时期已经彻底废弃[④]，西侧的溱水可以作为护城河进行防御。城内发现有大量二里头文化时期遗存。可见，二里头时期沿用古城

① 中国社会科学院考古研究所河南新砦队、郑州市文物考古研究院：《河南新密市新砦遗址东城墙发掘简报》，《考古》2009 年第 2 期，第 29～30 页。

② 北京大学考古文博学院、河南省文物考古研究所：《登封王城岗考古发现与研究（2002～2005）》，大象出版社，2007 年，第 236 页。

③ 蔡全法等：《河南省新密市发现龙山时代重要城址》，《中原文物》2000 年第 5 期，第 4 页。

④ 河南省文物考古研究院：《河南新密古城寨城址 2016～2017 年度发掘简报》，《华夏考古》2019 年第 4 期，第 13 页。

寨城址，并以此进行防御。

平顶山蒲城店龙山城废弃之后，二里头城在其旁的岗地上建立起来，属重叠型城市中的"连城"形式。蒲城店二里头城其北为湛河故道，可作为北面的自然防御屏障。人工防御设施由城垣和城壕组成，城垣宽约16.5米，版筑和堆筑结合筑成。紧邻城墙外有护城壕，弧壁，双圜底，宽9.1米，残深3.65米。城内发现有排房、灶址、墓葬、窖穴等遗存，该城于二里头文化一期兴建，使用时期为二里头文化一至三期[①]，其性质为二里头文化的军事重镇[②]，似乎是为保护二里头文化南缘、守卫湛河这道自然防线而建造的。

郑州东赵小城废弃后，东赵中城在其外圈建城，两者形成内外相套的"套城"形式。中城由城垣以及其外的护城河组成，护城河宽3-6米，底深2-3米，城垣基槽宽4-7米不等。城内发现有祭祀遗存、窖穴、房基等遗存，该城址建于二里头二期，废弃于二里头文化第四期[③]。

（三）二里岗文化时期

二里头遗址地处伊洛盆地东部，四周河流广布，关隘及山岭众多，适合城市防御。遗址中发现有二里岗晚期的夯土墙、路面、灰坑、房址等遗迹叠压在宫殿基址上的现象[④]。但这时的二里头遗址已经衰落，为小型的聚居点，不具备城市防御功能。

古城寨城址内有大量的二里岗时期[⑤]，主要依靠龙山时期城垣、城门以及西侧的溱水等防御设施，与二里头时期相似。

二里岗时期的登封王城岗大城防御圈与二里头时期类似，都由北部的城垣、城壕和东侧的五渡河以及南侧颍河构成，西城垣存状不详。北城墙外二里岗文化城壕HG3利用龙山文化城壕HG1修整而成，口残宽5.4，底残宽3.8，残深0.48米[⑥]。另外发现在紧贴龙山文化大城北墙南侧，有条道路遗迹（W2T6566L1），该路址呈东西走向、西低东高的斜坡状，残长5米，宽1~1.85米，厚0.16~0.20米，发掘者推测可能为登城之用[⑦]。结合春秋时期仍有9座灶址修建于大城北墙南侧上判断[⑧]，二里岗时期该城墙保存尚好，仍有部分留于地面，能够起到城市防御的作用。城内北侧发现有二里岗时期文化层、房屋、道路、灰坑、墓葬等遗存，与HG3同属于二里岗文化晚期。

辉县孟庄城址本时期的防御设施来自于再次利用龙山文化、二里头文化时期（下七垣文化）的城垣，年代为二里岗下层二期至殷墟时期。有学者认为至少在二里岗下层二期时，该城被二里岗文

① 河南省文物考古研究所等：《河南平顶山蒲城店遗址发掘简报》，《文物》2008年第5期，第49页。
② 张国硕：《中原地区早期城市综合研究》，科学出版社，2010年，第156页。
③ 顾万发等：《夏商周考古的又一重大收获——河南郑州东赵遗址发现大中小三座城址、二里头祭祀坑和商代大型建筑遗址》，《中国文物报》2015年2月27日。
④ 中国社会科学院考古研究所：《二里头——1999~2006》，文物出版社，2014年，第467页。
⑤ 蔡全法等：《河南省新密市发现龙山时代重要城址》，《中原文物》2000年第5期，第4页。
⑥ 北京大学考古文博学院、河南省文物考古研究所：《登封王城岗考古发现与研究（2002~2005）》，大象出版社，2007年，第264页。
⑦ 北京大学考古文博学院、河南省文物考古研究所：《登封王城岗考古发现与研究（2002~2005）》，大象出版社，2007年，第274页。
⑧ 北京大学考古文博学院、河南省文物考古研究所：《登封王城岗考古发现与研究（2002~2005）》，大象出版社，2007年，第383页。

化精英使用 ①。城内发现有广场、灰坑、灰沟、水井、墓葬等遗存，年代为二里岗文化一至四期。

二里岗时期的大师姑城址人工防御设施由城垣和城壕两部分组成，索河作为其西侧的自然防御屏障。在二里岗时期，大师姑城址城垣延续使用，并没有受到严重破坏 ②，具有一定的防御能力。城壕则利用二里头时期壕沟扩建而成，位于二里头护城壕的内侧，外侧打破二里头文化护城壕沟，或者利用该壕沟的外侧壕壁，内侧则为新挖成，口部较宽，壁较缓，至中下部内收后陡直，底部较平，沟口宽 13 米，沟底宽 2 米，沟深 7.4 米 ③，始建年代约在二里岗下层一期至二里岗下层二期之间，二里岗上层阶段基本淤平。城内发现有壕沟、灰坑、墓葬等遗存，遗存年代包括二里岗下层偏早到二里岗上层一期 ④。

望京楼二里头城废弃之后，二里岗城在其内建立起来，形成了"套城"，构建了由外壕及自然水系、外城、内壕、内城组成的多重防御体系。此时期沿用了二里头城址北部的外壕，东、西、南三面又有黄水河和黄沟水与外壕相连，构成最外围的自然与人工防御设施相结合的防御屏障。外壕之内又建造了外城，作为第二道防御屏障。二里头城垣之又新添了二里岗时期的内城和内壕（图二），并且还沿用了一段时间二里头时期的内壕 ⑤，作为第三道防御屏障。内城东一门为"内瓮城"，城内还发现有 3 条贯穿全城并且连通城门的大道。城内发现有夯土基址、道路、灰坑、墓葬、房基、水井等遗存，遗存年代包括二里岗文化一至四期 ⑥。

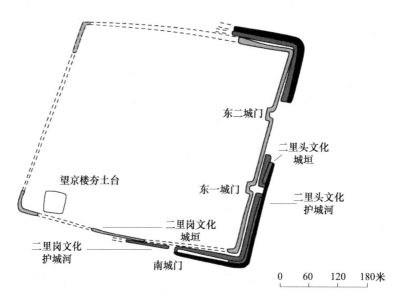

图二 望京楼二里头文化城址和二里岗文化城址内城平面图
（改自张国硕：《中原地区早期城市综合研究》，科学出版社，2018 年，第 25 页）

① 侯卫东、张玲：《论辉县孟庄商城的年代》，《江汉考古》2020 年第 1 期，第 67 页。
② 李峰：《郑州大师姑城址商汤韦亳之我见》，《考古与文物》2007 年第 1 期，第 63 页。
③ 郑州市文物考古研究所：《郑州大师姑》，科学出版社，2004 年，第 275 页。
④ 李峰：《郑州大师姑城址商汤韦亳之我见》，《考古与文物》2007 年第 1 期，第 332~334 页。
⑤ 郑州市文物考古研究院：《新郑望京楼（2010~2012 年田野考古发掘报告）》，科学出版社，2016 年，第 386 页。
⑥ 郑州市文物考古研究院：《新郑望京楼（2010~2012 年田野考古发掘报告）》，科学出版社，2016 年，第 719 页。

（四）殷墟文化时期

殷墟时期的王城岗大城目前仅发现两座灰坑，遗存较少，不具备防御功能。

焦作府城在战国、汉代时期在早商城墙上继续增夯，表明这时期的城墙还未掩埋于地表。但在城内殷墟时期，仅发现有极少量该时期遗存，不足以说明此时具有防御功能。

洹北商城废弃后，其南部新建了小屯殷墟，两者属于"连城"形式。殷墟主要依靠外部的防御体系进行防御，其本身并无大型防御设施。只有在宫殿区西、南部有大壕沟与东、北两侧的洹河相连，构成防御圈。城市自身的防御功能较为薄弱。

殷墟时期的辉县孟庄城址再利用早期城垣进行防御。城址西城墙、东城墙上发现有增筑的夯土痕迹，夯窝清晰，夯层较厚（图三）[①]。城内发现有灰坑、灰沟、水井、房基、墓葬等遗存。

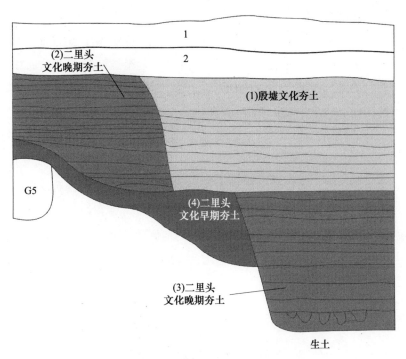

图三　辉县孟庄ⅩⅢT128西壁地层剖面图
（改自河南省文物考古研究所：《辉县孟庄》，中州古籍出版社，2003年，第182页）

殷墟时期古城寨城址主要依靠龙山时期城垣、城门以及西侧的溱水等防御设施，与二里头、二里岗时期相似。城墙北城门西侧顶侧发现有殷墟晚期的陶鬲残片和夯层[②]，说明在殷墟时期曾经修补过早期城墙，并以此作为防御屏障。城内也发现有殷墟时期遗存。

二、防御体系

通过对夏商重叠型城市防御设施的梳理可以发现，此阶段再利用早期城市的防御设施，以充实

---

① 河南省文物考古研究所：《辉县孟庄》，中州古籍出版社，2003，第306页。
② 蔡全法、郝红星：《会变身的古城——河南新密古城寨龙山文化遗址》，《大众考古》2018年第4期，第31页。

自身的防御力量。而运用再利用城和新建城所构建的防御体系，又可以分为夏商两个时期，每个时期可分为两段。

（一）夏代

目前发现的新砦期城只有两座，重叠型城市也仅有新密新砦城一座，防御体系表现不明显。但从中原地区龙山文化时期王湾三期文化的新密古城寨、登封王城岗、平顶山蒲城店、新密新砦等城址来看[1]，新砦时期应当已经有了构建城市防御体系的雏形。这一时期城址较少的原因可能与龙山晚期大洪水有关，如温县徐堡北城墙被沁河冲毁[2]、博爱西金城沼泽堆积的各亚层覆盖了早期城市东墙和南墙大部分及城内第 6 层，并伸入到城内约 40 米[3]、蒲城店龙山城北东西三面城墙被湛河冲毁[4]、王城岗疑毁于洪水等。或是与夏初政治格局不稳定有关，如《甘誓》记载夏启征讨有扈氏、"后羿代夏"事件等，因此未能够快速的建立起大范围的城市防御圈。

二里头时期的城址主要集中于二里头遗址东部，位于今黄河南岸，呈南北一线分布。首先在二里头文化一期时修筑了靠南的平顶山蒲城店二里头城，持续至三期，该城址面积较小，但城垣较厚，城垣外还有宽阔的护城河，城内还发现有排房建筑，可能为士兵居所，建造该城的主要目的是为了防范南方势力的入侵。二里头文化二期到四期时，防御性城市体系相继建造并且持续使用，自北向南由大师姑、东赵中城、古城寨、望京楼构成，嵩山地区的登封王城岗在二里头文化二期也被再次利用，这些城址都具备城垣以及护城河作为防御屏障，有的还依靠自然屏障进行防御。这时期通过再利用城和新建城形成了一道自北向南的防线，主要用于防卫东方岳石文化的反扑。这条防线上的新密古城寨和郑州东赵城址补全了该条防线的北部和中部，使得防线更加密集，突出了抵御岳石文化的能力。通过这几座城，构建了二里头时期中原地区的防御体系，即南方设置蒲城店二里头城这个军事重镇进行防御，二至四期时则重点利用大师姑等城址对东方进行防御，而西、北两方面不以城市设防。

（二）商代

二里岗时期最为重视重叠型城市防御。这时期以郑州商城为中心，接管了二里头时期遗留下来的大部分东部防线城市，并结合着新建造的城市构成了早商时期北、西、南三面的防御体系。二里岗下层一期郑州商城西侧的大师姑城址继续沿用，二里岗上层一期彻底废弃，该城依靠城垣、城壕以及索河拱设防，在其废弃后，登封王城岗城址被再次沿用，利用城垣、城壕、环壕以及自然水系进行防御。除此之外，偃师商城也构成了郑州商城西侧的防御力量。郑州商城南部的望京楼城址使用时期在二里岗一至四期，其与古城寨城址一道拱卫郑州商城南部。位于郑州商城北部的辉县孟庄、焦作府城以及邻近地区的垣曲商城、东下冯商城位于黄河以北地区，构成了郑州商城的北部防线，用以抵御北方势力的入侵。较二里头时期，二里岗时期再利用城数量明显增长，并且紧邻都城

① 魏兴涛：《中原龙山城址的年代与兴废原因探讨》，《华夏考古》2010 年第 1 期，第 49 页。
② 毋建庄等：《河南焦作徐堡发现龙山文化城址》，《中国文物报》2007 年 2 月 2 日。
③ 河南省文物管理局南水北调文物保护办公室、山东大学考古系：《河南博爱县西金城龙山文化城址发掘简报》，《考古》2010 年第 6 期，第 34 页。
④ 河南省文物考古研究所、平顶山市文物局：《河南平顶山蒲城店遗址发掘简报》，《文物》2008 年第 5 期，第 34 页。

四周，与新建城一道构成了早商时期的城市防御体系。

就目前来看，殷墟时期中原地区利用城垣进行防御的城市只有辉县孟庄和新密古城寨两座，防御力量较薄弱。此时期的辉县孟庄与古城寨城址均是为了守护殷墟南土而继续沿用的。主要依靠城垣进行防御，城内部也发现有殷墟时期的遗存，证明此时殷人利用该城址进行防御。但两城相距较远，并不能够很好的联系构成防御圈，很可能是各自作为一个据点，依托城垣等防御设施集结周围的殷人进行防御。殷墟时期青铜文化繁荣，对外联系的密切程度、取得资源方式以及自身的力量得到了前所未有的发展，但在这一时期，城防力量衰落，并且仅有的城防力量也不是环绕都城展开的。这说明此时的国家防御体系较二里岗时期出现了变化，很可能是以非城市力量保卫殷墟外围，并建立了完备的军事预警和信息传递系统[①]。

三、防御体系特征

中原地区遗留下来的早期城市较多，保存较好，通过再利用早期城市防御设施，可快速构建城市防御圈，并节省人力物力，为重叠型城市的防御设施提供了条件。夏商时期重叠型城市所构建的防御体系特征，主要体现在时间及空间分布、种类、形式等方面。

在夏商城市的演变过程中，新砦期到二里岗时期重叠型城市的防御力量基本上是稳步增强的，都城主要方面的城市存续少有空缺。殷墟时期，随着国家防御体系的变化，重叠型城市的防御力量衰弱。空间分布上，二里头和二里岗时期都注重以都城为核心的重叠型城市防御体系，重叠型城市与新建城结合分布、交错分布，并紧临都城，便于防御，是国家防御体系的重要组成部分。二里头时期将防御城市安排在东方，二里岗时期则不在东方设防，反映了"后羿代夏"和"商夷联盟"的相关史实。殷墟时期的重叠型防御体系已经衰落，数量少、距离远、防御力量较弱，未能构建起如二里岗时期紧密的城防体系，该时期的重叠型城市或是军事据点、前沿哨所，或是有类似后世"驿站"性质的据点。

从防御设施种类来看，早期城市所利用的人工防御设施多是城市外圈保存完好的大型固线型设施，如城垣、城壕等。早期城市中的城门、门房、护门墙、桥梁、瓮城、马面、角楼、道路多数不存，或是已失去防御能力。城垣、城壕等防御设施只需直接沿用，或是进行修整之后便可再次使用，就能为城市提供相当优越的防御能力。城垣和城壕一般结合使用，或者是仅仅使用还存于地表城垣作为防御，突出显示运用该类城市进行防御时希望节省消耗的观念。就目前的材料来看，再利用城并不是完全的沿用早期城市的城垣、城壕等防御设施，多数都是疏浚部分城壕，或是增夯一部分城墙等。

夏商时期的重叠型城市分为以新密新砦、辉县孟庄城址为代表的下早上晚叠压的"叠城"，以东赵、望京楼城址为代表的内外相套的"套城"和以平顶山蒲城店、洹北和小屯殷墟为代表的位置相邻的"连城"三种形式。"叠城"属于夏商时期重叠型城市中最典型的形式，数量最多，应用最广。该类城市依靠早期城市中保存较好的各类设施进行防御，如增夯城墙或疏通城壕等，城址延续

---

① 张国硕：《中原先秦城市防御文化研究》，社会科学文献出版社，2014年，第146～148页。

时间长，也节省建造消耗，并且能够快速利用，但该类城址城垣和城壕状态稍差，或不同时存在，防御能力少有逊色。"叠城"的城市形制往往沿用早期城市，后世很难做出大规模改变。"套城"的形成多由于早期城墙被破坏，无法形成"叠城"，或是晚期有了更好的夯筑技术而放弃早期防御设施，这类城市可利用早期未完全废弃的城垣和城壕，形成多道防御，防御能力强，但建造消耗稍大。"连城"的形成的多与早期城市环境恶劣或突发灾害有关，该类城市既可以摆脱早期城市的恶劣环境又可以保留相当多的环境优势。城内活动范围大，防御设施得到更新，但建造消耗量大，且城内早期的夯土基址无法被再次利用，形制与早期城市有所不同。

对中原地区夏商重叠型城防御体系研究有助于我们探求夏商国家对于早期城市资源、城市空间分布、种类和利用形式的认识，对于我们认识夏商国家城市防御体系具有重要的意义。城市作为重要的防御资源，其兴建、废弃、再利用具有国家层次的意义，深入研究可以让我们探求社会变革之际各文化的继承和发展，研究中原乃至中国城市的变迁和规律。

Study on the Defense System of Overlapping Cities in Central Plains during Xia-Shang Dynasties

LI Ziliang

(School of History, Zhengzhou University, Zhengzhou, 450001)

Abstract: Overlapping city refers to the earlier and later city which has experienced the rise and fall for many times, thus forming a number of overlapping cities. Through the study of the defense facilities, its defense systems and characteristics in the Central Plains during the Xia and Shang dynasties are examined. The defense characteristics in the Xia Dynasty were mainly centered on the capital city, combined with the newly built cities in this period, the defense was mainly in the east. The early Shang countries took the capital as the core, combined with the three defenses in the north and southwest of the newly built cities in this period. The defense force in the late Shang Dynasty declined. During the Xia-Shang dynasties, the urban defense facilities were mainly composed of city walls and trenches, and formed three types of "overlapping cities", "nested cities" and "linked cities".

Key words: Central Plains, Xia and Shang Dynasties, overlapping city, reuse, defense system

征 稿 启 事

　　《文物建筑》于 2007 年创刊，由河南省文物建筑保护研究院主办，以学术性、知识性和资料性为其主要特色，是面向文物建筑研究与保护领域的专业刊物。设文物建筑研究、文物建筑鉴赏、保护工程案例、古典园林、历史文化名城、民居研究、建筑考古、建筑文化交流、古建知识、建筑彩绘选粹、科技保护、古建筑管理、人物、书评、文物建筑写生等栏目。我刊为年刊，截稿日期为每年五月。现面向社会各界诚征稿件，欢迎踊跃来稿！

　　稿件基本要求：

　　1. 文字精练，层次分明，条理顺畅，以 5000～10000 字为宜。需提供 200 字左右的中、英文内容摘要和 3～6 个关键词。来稿请注明作者、单位、职称或职务、详细联系方式。

　　2. 内容真实，数据可靠，图文并茂。为确保出版质量，文中附图、照片要清晰，含 CAD 图的请附原图。

　　3. 确保稿件的原创性，不得侵犯他人著作权或其他权利，由此而引起的任何纠纷，均由稿件署名人承担。

　　4. 凡向本刊投稿，稿件录用后即视为授权本刊，并包括本刊关联的出版物、网站及其他合作出版物和网站。

　　5. 稿件录用与否将在三个月内回复。稿件一经采用和刊出，将按规定支付稿酬和寄送样刊。出刊后将其编入《中国学术期刊网络出版总库》、CNKI 系列数据库等数据库，编入数据库的著作权使用费包含在编辑部所付稿酬之中。

通讯地址：河南省郑州市文化路 86 号河南省文物建筑保护研究院《文物建筑》编辑部

电子邮箱：wenwujianzhu@126.com

联系电话：0371-63661970